工业和信息化
精品系列教材

微课版

U0742476

大学
计算机基础 第4版

刘志成 石坤泉 / 主编

人民邮电出版社
北 京

图书在版编目（CIP）数据

大学计算机基础 : 微课版 / 刘志成，石坤泉主编
. -- 4版. -- 北京 : 人民邮电出版社，2024.1
工业和信息化精品系列教材
ISBN 978-7-115-62970-8

Ⅰ. ①大… Ⅱ. ①刘… ②石… Ⅲ. ①电子计算机－
高等学校－教材 Ⅳ. ①TP3

中国国家版本馆CIP数据核字(2023)第192715号

内 容 提 要

本书以微型计算机为基础，全面、系统地介绍计算机的基础知识及基本操作。全书共分 12 个项目，主要包括了解并使用计算机、了解计算机新技术、学习操作系统知识、管理计算机中的资源、编辑 Word 文档、排版文档、制作 Excel 表格、计算和分析 Excel 数据、制作演示文稿、设置并放映演示文稿、认识并使用计算机网络、计算机维护与安全等内容。

本书参考了全国计算机等级考试一级计算机基础及 MS Office 应用考试大纲，采用项目驱动的讲解方式来使学生掌握计算机的操作能力，培养学生的信息素养。本书中任务主要以"任务要求+相关知识+任务实现"的结构进行讲解，每个项目的最后都安排了课后练习，以便学生对所学知识进行练习和巩固。

本书适合作为普通高等学校、高职高专院校计算机基础课程的教材或参考书，也可作为计算机培训机构的教材或全国计算机等级考试一级计算机基础及 MS Office 应用的自学参考书。

◆ 主　编　刘志成　石坤泉
责任编辑　马小霞
责任印制　王　郁　焦志炜

◆ 人民邮电出版社出版发行　　　北京市丰台区成寿寺路 11 号
邮编　100164　电子邮件　315@ptpress.com.cn
网址　https://www.ptpress.com.cn
保定市中画美凯印刷有限公司印刷

◆ 开本：787×1092　1/16
印张：16　　　　　　　　　2024 年 1 月第 4 版
字数：402 千字　　　　　　　2024 年 7 月河北第 4 次印刷

定价：49.80 元

读者服务热线：(010)81055256　印装质量热线：(010)81055316
反盗版热线：(010)81055315
广告经营许可证：京东市监广登字 20170147 号

前言 PREFACE

党的二十大报告提出："教育、科技、人才是全面建设社会主义现代化国家的基础性、战略性支撑。必须坚持科技是第一生产力、人才是第一资源、创新是第一动力，深入实施科教兴国战略、人才强国战略、创新驱动发展战略，开辟发展新领域新赛道，不断塑造发展新动能新优势。"

如今，正是信息技术飞速发展的时代，计算机成为人们生活、工作中的重要工具，被广泛应用于军事、科研、经济和文化等领域，掌握计算机相关技术的人才也成为国家、社会需要的高素质人才。因此，能够运用计算机进行信息处理已成为每位大学生必备的基本能力。

"大学计算机基础"作为一门普通高校的公共基础必修课程，具有很大的学习价值。从目前大多数学校对这门课程的学习和应用的调查情况来看，学生对这门课程普遍感到比较枯燥。编者在编写本书时综合考虑了目前大学计算机基础教育的实际情况和计算机技术的发展状况，并结合全国计算机等级考试一级计算机基础及 MS Office 应用的操作要求，采用项目—任务的讲解方式来介绍具体的知识点，以激发学生的学习兴趣。

本书的内容

本书紧跟当下主流技术，包括以下六部分内容。

- 计算机基础知识（项目一～项目四）。该部分主要包括了解计算机的发展历程、认识计算机中信息的表示和存储形式、了解并连接计算机硬件、了解计算机的软件系统、使用鼠标和键盘、认识人工智能、认识大数据、认识云计算、认识其他新兴技术、了解操作系统、操作 Windows 10、定制 Windows 10 工作环境、设置汉字输入法、管理文件和文件夹资源、管理程序和硬件资源等内容。
- Word 2016 办公应用（项目五、项目六）。该部分主要通过编辑学习计划、招聘启事、公益宣传海报、图书入库单、端午节活动策划方案和毕业论文等文档，详细讲解 Word 2016 的基本操作，包括字符格式的设置、段落格式的设置、图片的插入与设置、表格的使用和图文混排的方法，以及编辑目录和长文档等制作与编辑 Word 文档的相关知识。
- Excel 2016 办公应用（项目七、项目八）。该部分主要通过制作职业技能培训登记表、产品价格表、工作考核表、员工绩效表和销售分析表等表格，详细讲解 Excel 2016 的基本操作，包括输入数据、设置工作表格式、使用公式与函数进行运算、筛选和数据分类汇总、用图表分析数据等相关内容。
- PowerPoint 2016 办公应用（项目九、项目十）。该部分主要通过制作工作总结演示文稿、国家 5A 级景区介绍演示文稿、市场分析演示文稿和环保宣传演示文稿，详细讲解 PowerPoint 2016 的基本操作，包括为幻灯片添加文字、编辑图片等对象、设置演示文稿、设置幻灯片的切换、添加动画效果、设置放映效果和打包演示文稿等内容。

- 网络应用（项目十一）。该部分主要讲解计算机网络基础知识、Internet 基础知识和 Internet 的应用等。
- 计算机维护与安全（项目十二）。该部分主要讲解磁盘与计算机系统的维护，以及计算机病毒的防治等知识。

本书的特色

本书具有以下特色。

（1）任务驱动，目标明确。每个项目分为几个不同的任务，讲解每个任务时先结合情景式教学模式给出"任务要求"，便于学生了解实际工作需求并明确学习目的，然后指出完成任务需要具备的相关知识，再将操作实施过程分为几个具体的操作阶段进行介绍。

（2）讲解深入浅出，实用性强。本书在注重系统性和科学性的基础上，突出了实用性及可操作性，对重点概念和操作技能进行详细讲解，语言流畅，深入浅出，符合计算机基础教学的规律，并满足社会人才的培养要求。

本书在讲解过程中，还通过"提示"和"注意"小栏目为学生提供更多解决问题的方法和更加全面的知识，引导学生尝试更好、更快地完成当前工作任务及类似工作任务。

（3）配有微课视频，配套出版上机指导与习题集。本书所有操作讲解内容均已录制成视频，并上传至"微课云课堂"，读者只需扫描书中提供的二维码，便可以随扫随看，轻松掌握相关知识。本书还同步推出了实验教材《大学计算机基础上机指导与习题集（微课版）（第 4 版）》，以加强对学生实际应用技能的培养，实验教材可与本书配套使用。

本书提供微课视频、实例素材和效果文件、课后练习答案等教学资源，可扫描书中的二维码随时观看微课视频，获取课后练习答案。此外，为了方便教学，可以在 www.ryjiaoyu.com 网站下载本书的素材和效果文件等相关教学资源。

编　者
2023 年 5 月

目录 CONTENTS

项目一
了解并使用计算机

01

计算机的出现使人类迅速步入了信息社会。计算机是一门科学，同时也是一种能够按照指令对各种数据和信息进行自动加工和处理的电子设备。掌握计算机的相关技术已成为各行业对其从业人员的基本要求之一。本项目将通过 5 个任务来介绍计算机的基础知识，包括了解计算机的发展历程、认识计算机中信息的表示和存储形式、了解并连接计算机硬件、了解计算机的软件系统、使用鼠标和键盘等，为后面的学习奠定基础。

学习目标	素养目标
<ul><li>了解计算机的发展历程。</li><li>认识计算机中信息的表示和存储形式。</li><li>了解并连接计算机硬件。</li><li>了解计算机的软件系统。</li><li>使用鼠标和键盘。</li></ul>	<ul><li>培养职业道德，树立对未来的职业愿景。</li><li>树立正确的技能观，努力提升自己的职业技能。</li><li>培养踏实勤奋的学习精神，有志投身于国家高精尖技术事业。</li></ul>

任务一 了解计算机的发展历程

任务要求

肖磊报考大学时选择了与计算机相关的专业，虽然他平时在生活中也会使用计算机，但是他知道计算机的功能其实很强大，远不止他目前所了解的那么简单。作为一名计算机相关专业的学生，肖磊迫切地想要了解计算机是如何诞生与发展的，计算机有哪些功能和分类，以及计算机的未来发展是怎样的。

本任务要求了解计算机的诞生及发展阶段，认识计算机的特点、应用和分类，了解计算机的发展趋势等。

任务实现

（一）了解计算机的诞生及发展阶段

17 世纪，德国数学家莱布尼茨发明了二进制记数法。20 世纪初，电子技术得到了飞速发展。

1904年，英国电气工程师弗莱明研制出了真空二极管；1906年，美国科学家福雷斯特发明了真空三极管，为计算机的诞生奠定了基础。

20世纪40年代，西方国家的工业技术得到迅猛发展，相继出现了雷达和导弹等高科技产品，原有的计算工具难以满足大量高科技产品复杂计算的需要，因此迫切需要在计算技术上有所突破。1943年正值第二次世界大战，由于军事上的需要，美国宾夕法尼亚大学电子工程系的教授莫奇利和他的研究生埃克特计划采用真空管建造一台通用电子计算机。1946年2月，由美国宾夕法尼亚大学研制的世界上第一台通用电子计算机——电子数字积分计算机（Electronic Numerical Integrator And Computer，ENIAC）诞生了，如图1-1所示。

图1-1　世界上第一台通用电子计算机 ENIAC

ENIAC的主要元件是电子管，每秒可完成约5000次加法运算、300多次乘法运算，比当时最快的计算工具还要快约300倍。ENIAC重30多吨，占地约170m²，使用了18000多个电子管、1500多个继电器、70000多个电阻器和10000多个电容器，功率约为150kW。虽然ENIAC的体积庞大、性能不佳，但它的出现具有划时代的意义，它开创了电子技术发展的新时代——"计算机时代"。

同一时期，离散变量自动电子计算机（Electronic Discrete Variable Automatic Computer，EDVAC）研制成功，这是当时最快的计算机，其主要设计理论是采用二进制代码和存储程序工作方式。从ENIAC诞生至今，计算机技术成为发展最快的现代技术之一。根据计算机所采用的物理器件，可以将计算机的发展划分为4个阶段，如表1-1所示。

表1-1　计算机发展的4个阶段

阶段	时间	采用的元器件	运算速度（次/秒）	主要特点	应用领域
第一代计算机	1946～1957年	电子管	几千次至几万次	主存储器采用磁鼓，体积庞大、耗电量大、运算速度低、可靠性较差、内存容量小	国防及科学研究工作
第二代计算机	1958～1964年	晶体管	几万次至几十万次	主存储器采用磁芯，开始使用高级程序及操作系统，运算速度提高、体积减小	工程设计、数据处理
第三代计算机	1965～1970年	中小规模集成电路	几十万次至几百万次	主存储器采用半导体存储器，集成度高、功能增强、价格下降	工业控制、数据处理
第四代计算机	1971年至今	大规模、超大规模集成电路	几百万次至上亿次	计算机走向微型化，性能大幅度提高，软件也越来越丰富，为网络化创造了条件。同时计算机逐渐走向人工智能化，并采用多媒体技术，具有听、说、读和写等功能	工业、生活等各个方面

（二）认识计算机的特点、应用和分类

随着科学技术的发展，计算机已被广泛应用于各个领域，在人们的生活和工作中起着重要的作用。下面介绍计算机的特点、应用和分类。

1. 计算机的特点

计算机主要有以下 5 个特点。

- 运算速度快。计算机的运算速度是指计算机在单位时间内执行指令的条数，一般以每秒能执行多少条指令来描述。早期的计算机由于技术的原因，工作效率较低，但随着集成电路技术的发展，计算机的运算速度得到飞速提升，目前世界上已经有运算速度超过每秒亿亿次的超级计算机了。

- 计算精度高。计算机的计算精度取决于采用机器码的字长（二进制代码的位数），即常说的 8 位、16 位、32 位和 64 位等。机器码的字长越长，有效位数就越多，精度也就越高。

- 逻辑判断准确。除了计算功能外，计算机还具有数据分析能力和逻辑判断能力，高级计算机还具有推理、诊断和联想等模拟人类思维的能力，因此，计算机俗称"电脑"。具有准确、可靠的逻辑判断能力是计算机实现自动化信息处理的重要保证。

- 存储能力强。计算机具有许多存储载体，既可以将运行的程序和运算的结果存储起来，供计算机本身或用户使用，也可以即时输出文字、图像、声音和视频等各种信息。例如，在一个大型图书馆中使用人工查阅的方法查找一本图书可能会比较费时，而采用计算机管理后，所有的图书目录及索引都会被存储在计算机中，此时查找一本图书只需要几秒。

- 自动化程度高。计算机内具有运算单元、控制单元、存储单元和输入/输出单元。计算机可以按照编写的程序（一组指令）实现工作自动化，不需要人为干预，而且可以反复执行。例如，因为植入了计算机控制系统，工厂生产自动化才成为可能。

> **提示** 除了以上的主要特点外，计算机还具有可靠性高和通用性强等特点。

2. 计算机的应用

在诞生初期，计算机主要应用于科研和军事等领域，负责的工作内容主要是大型的高科技研发活动。近年来，随着社会的发展和科技的进步，计算机的功能不断扩展，计算机在社会各个领域都得到了广泛的应用。

计算机的应用可以概括为以下 7 方面。

- 科学计算。科学计算即通常所说的数值计算，是指利用计算机来完成科学研究和工程设计中提出的数学问题的计算。计算机不仅能进行数字运算，还能解微积分方程及不等式。由于计算机运算速度较快，以往人工难以完成甚至无法完成的数值计算，计算机都可以完成，如气象资料分析和卫星轨道的测算等。目前，基于互联网的云计算，甚至可以达到每秒 10 万亿次的超高运算速度。

- 数据处理和信息管理。数据处理和信息管理是指使用计算机来完成对大量数据的分析、加工和处理等工作，这些数据不仅包括"数"，还包括文字、图像和声音等。现代计算机运算速度快、存储容量大，因此在数据处理和信息管理方面的应用十分广泛，如企业的财务管理、事务管理、资料和人事档案的文字处理等。计算机数据处理和信息管理方面的应用为实现办公自动化和管理自动化创造了有利条件。

- 过程控制。过程控制也称为实时控制，是指利用计算机对生产过程和其他过程进行自动监测，以及自动控制设备工作状态的一种控制方式，被广泛应用于各种工业环境中，还可以代替人在危险、有害的环境中作业。计算机作业不受疲劳等因素的影响，可完成大量有高精度和高速度要求的操作，节省了大量的人力、物力，大大提高了经济效益。

- 人工智能。人工智能（Artificial Intelligence，AI）是指设计智能的计算机系统，让计算机具有人类才有的智能特性，模拟人类的智能活动，如"学习""识别图形和声音""推理""适应环境"等。目前，人工智能主要应用于智能机器人、机器翻译、医疗诊断、故障诊断、案件侦破和经营管理等方面。

- 计算机辅助。计算机辅助也称为计算机辅助工程应用，是指利用计算机协助人们完成各种设计工作。计算机辅助是目前正在迅速发展并不断取得成果的重要应用领域，主要包括计算机辅助设计（Computer Aided Design，CAD）、计算机辅助制造（Computer Aided Manufacturing，CAM）、计算机辅助工程（Computer Aided Engineering，CAE）、计算机辅助教学（Computer Aided Instruction，CAI）和计算机辅助测试（Computer Aided Testing，CAT）等。

微课

计算机辅助

- 网络通信。网络通信利用通信设备和线路将地理位置不同、功能独立的多个计算机系统连接起来，从而形成一个计算机网络。随着 Internet 技术的快速发展，人们可以通过计算机网络在不同地区和国家间进行数据的传递，并进行各种商务活动。

- 多媒体技术。多媒体技术（Multimedia Technology）是指通过计算机对文字、数据、图形、图像、动画和声音等多种媒体信息进行综合处理和管理，使用户可以通过多种感官与计算机进行实时信息交互的技术。多媒体技术拓宽了计算机的应用领域，使计算机被广泛应用于教育、广告宣传、视频会议、服务业和文化娱乐业等领域。

3. 计算机的分类

计算机的种类非常多，划分的方法也有很多种。

微课

计算机的分类

按计算机的用途可将其分为专用计算机和通用计算机两种。其中，专用计算机是指为满足某种特殊需要而设计的计算机，如计算导弹弹道的计算机等。因为这类计算机都强化了计算机的某些特定功能，忽略了一些次要功能，所以有高速度、高效率、使用面窄和专机专用的特点。通用计算机广泛应用于一般科学运算、学术研究、工程设计和数据处理等领域，具有功能多、配置全、用途广和通用性强等特点。目前市场上销售的计算机大多属于通用计算机。

按计算机的性能、规模和处理能力，可以将计算机分为巨型机、大型机、中型机、小型机和微型机 5 类，具体介绍如下。

- 巨型机。巨型机也称超级计算机或高性能计算机，如图 1-2 所示。巨型机是速度最快、处理能力最强的计算机之一，是为满足少数部门的特殊需求而设计的。巨型机多用于国家高科技领域和尖端技术研究，是一个国家科研实力的体现，现有的超级计算机运算速度大多可以达到每秒 1 万亿次以上。

- 大型机。大型机也称大型主机，如图 1-3 所示。大型机的特点是运算速度快、存储容量大和通用性强，主要针对计算量大、信息流通量大、通信需求大的用户，如银行、政府部门和大型企业等。

- 中型机。中型机的性能低于大型机，其特点是处理能力强，常用于中小型企业和公司。

- 小型机。小型机是指采用精简指令集处理器，性能和价格介于微型机和大型机之间的一种高性能 64 位计算机。小型机的特点是结构简单、可靠性高和维护费用低，它常用于中小型企业。随着微型机的飞速发展，小型机被微型机取代的趋势已非常明显。

图 1-2　巨型机

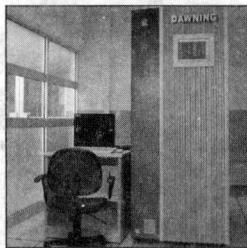

图 1-3　大型机

● 微型机。微型计算机简称微型机、微机，是应用最普遍的机型。微型机价格较低、功能齐全，被广泛应用于机关、学校、企业、事业单位和家庭中。微型机按结构和性能可以划分为单片机、单板机、个人计算机（Personal Computer，PC）、工作站和服务器等。其中个人计算机又可分为台式计算机和便携式计算机（如笔记本电脑）两类，分别如图 1-4 和图 1-5 所示。

图 1-4　台式计算机

图 1-5　便携式计算机

提示　工作站是一种高端的通用微型计算机，它可以提供比个人计算机更强大的性能，通常配有高分辨率的大屏、多屏显示器及容量很大的内存储器和外存储器，一般多用于图像处理和计算机辅助设计领域。服务器是提供计算服务的设备，它可以是大型机、小型机或高档微机。在网络环境下，根据提供的服务类型，可将服务器分为文件服务器、数据库服务器、应用程序服务器和 Web 服务器等。

（三）了解计算机的发展趋势

下面从计算机的发展方向和未来新一代计算机芯片技术两方面对计算机的发展趋势进行介绍。

1. 计算机的发展方向

计算机未来的发展呈现出巨型化、微型化、网络化和智能化四大趋势。

● 巨型化。巨型化是指计算机的运算速度更快、存储容量更大、功能更强和可靠性更高。巨型化计算机的应用范围主要包括天文、天气预报、军事和生物仿真等。这些领域需进行大量的数据处理和运算，这些数据的处理和运算只有性能强的计算机才能完成。

● 微型化。随着超大规模集成电路的进一步发展，个人计算机将更加微型化。膝上型、书本型、笔记本型和掌上型等微型化计算机将不断涌现，并受到越来越多的用户的喜爱。

● 网络化。随着计算机的普及，计算机网络也逐步深入人们的工作和生活。人们通过计算机网络可以连接分散于全球的计算机，然后共享各种分散的计算机资源。计算机网络逐步成为人们工作和生活中不可或缺的事物，它可以让人们足不出户就获得大量的信息，并能与世界各地的人们进行网络通信、网上贸易等。

- 智能化。早期，计算机只能按照人的意愿和指令去处理数据，而智能化的计算机能够代替人进行脑力劳动，具有类似人的智能，如能听懂人类的语言、能看懂各种图形、可以自己学习等。智能化的计算机可以进行知识的处理，从而代替人类完成部分工作。未来的智能化计算机将会代替甚至超越人类在某些方面的脑力劳动。

2. 未来新一代计算机芯片技术

计算机的核心部件是芯片，计算机芯片技术的不断发展是推动计算机未来发展的关键因素。几十年来，计算机芯片的集成度严格按照摩尔定律发展，不过该技术的发展并不是无限的。计算机采用电流作为数据传输的载体，而电流主要靠电子的迁移产生，电子最基本的通路是原子。由于晶体管计算机存在上述物理极限，因此世界上许多国家在很早的时候就开始了各种非晶体管计算机的研究，如 DNA 计算机、光计算机和量子计算机等。这类计算机也被称为第五代计算机或新一代计算机，它们能在更大程度上模仿人类的智能，相关技术也是目前世界各国计算机技术的研究重点。

- DNA 计算机。DNA 计算机以脱氧核糖核酸（Deoxyribo Nucleic Acid，DNA）作为基本的运算单元，通过控制 DNA 分子间的生化反应来完成运算。DNA 计算机具有体积小、存储容量大、运算快、耗能低、并行性的优点。

- 光计算机。光计算机是以光作为载体来进行信息处理的计算机。光计算机具有光器件的带宽非常大，传输和处理的信息量非常大；信息传输过程中畸变和失真小，信息运算速度高；光传输和转换时，能量消耗非常低等优点。

- 量子计算机。量子计算机是遵循物理学的量子规律来进行多数计算和逻辑计算，并进行信息处理的计算机。量子计算机具有运算速度快、存储容量大、功耗低的优点。

任务二　认识计算机中信息的表示和存储形式

任务要求

肖磊知道利用计算机技术可以采集、存储和处理各种用户信息，也可将这些用户信息转换成用户可以识别的文字、声音或视频进行输出，然而让肖磊疑惑的是，这些信息在计算机内部是如何表示的呢？该如何对信息进行量化呢？肖磊认为，只有学习好这方面的知识，才能更好地使用计算机。

本任务要求认识计算机中的数据及其单位，了解数制及其转换，了解二进制数的运算方式，了解计算机中字符的编码规则，以及了解多媒体技术的相关知识。

任务实现

（一）计算机中的数据及其单位

在计算机中，各种信息都是以数据的形式呈现的。数据经过处理后产生的结果为信息，因此数据是计算机中信息的载体。数据本身没有意义，只有经过处理和描述，才有实际意义。例如，单独一个数据"32℃"并没有什么实际意义，但将其描述为"今天的气温是 32℃"时，这条信息就有意义了。

计算机中处理的数据可分为数值数据和非数值数据（如字母、汉字和图形等）两大类，无论什么类型的数据，在计算机内部都是以二进制代码的形式存储和运算的。计算机在与外部交流时会采用人们熟悉和便于阅读的形式表示数据，如十进制数据、文字和图形等，涉及的转换由计算机系统完成。

在计算机内存储和运算数据时，通常涉及的数据单位有以下 3 种。

- 位（bit）。计算机中的数据都以二进制代码来表示，二进制代码只有"0"和"1"两个数码，采用多个数码（0 和 1 的组合）来表示一个数。其中每一个数码称为一位，位是计算机中最小的数据单位。
- 字节（Byte）。字节是计算机中信息组织和存储的基本单位，也是计算机体系结构的基本单位。在对二进制数据进行存储时，以 8 位二进制代码为一个单元存放在一起，称为 1 字节，即 1 Byte= 8 bit。在计算机中，通常用 B（Byte，字节）、KB（千字节）、MB（兆字节）、GB（吉字节）或 TB（太字节）为单位来表示存储器（如内存、硬盘和 U 盘等）的存储容量或文件的大小。所谓存储容量，是指存储器中能够容纳的字节数。存储单位 B、KB、MB、GB 和 TB 的换算关系如下。

1 KB（千字节）=1024 B（字节）=2^{10}B（字节）

1 MB（兆字节）=1024 KB（千字节）=2^{20}B（字节）

1 GB（吉字节）=1024 MB（兆字节）=2^{30}B（字节）

1 TB（太字节）=1024 GB（吉字节）=2^{40}B（字节）

- 字长。人们将计算机一次能够并行处理的二进制代码的位数称为字长。字长是衡量计算机性能的一个重要指标，字长越长，数据所包含的位数越多，计算机的数据处理速度越快。计算机的字长通常是字节的整倍数，如 8 位、16 位、32 位、64 位和 128 位等。

（二）数制及其转换

数制是指用一组固定的数字符号和统一的规则来表示数值的方法。其中，按照进位方式记数的数制称为进位记数制。在日常生活中，人们习惯用的进位记数制是十进制，而计算机则使用二进制。除此以外，进位记数制还包括八进制和十六进制等。顾名思义，二进制就是逢二进一的数制；以此类推，十进制就是逢十进一，八进制就是逢八进一等。

进位记数制中，每个数码的数值大小不仅取决于数码本身，还取决于数码在数中的位置。如十进制数 828.41，整数部分的第 1 个数码"8"处在百位，表示 800；第 2 个数码"2"处在十位，表示 20；第 3 个数码"8"处在个位，表示 8；小数点后第 1 个数码"4"处在十分位，表示 0.4；小数点后第 2 个数码"1"处在百分位，表示 0.01。也就是说，同一数码处在不同位置所代表的数值是不同的。数码在一个数中的位置称为数制的数位，数制中数码的个数称为数制的基数，十进制数有 0、1、2、3、4、5、6、7、8、9 这 10 个数码，其基数为 10。每个数位上的数码代表的数值等于数码乘以一个固定值，该固定值称为数制的位权，数码所在的数位不同，其位权也不同。

无论在何种进位记数制中，数值都可写成按位权展开的形式，如十进制数 828.41 可写成：

$$828.41=8×100+2×10+8×1+4×0.1+1×0.01$$

或者

$$828.41=8×10^{2}+2×10^{1}+8×10^{0}+4×10^{-1}+1×10^{-2}$$

查看计算机中常用的几种进位记数制的表示

上式为将数值按位权展开的表达式，其中 10^i 称为十进制数的位权，其基数为 10，使用不同的基数，便可得到不同的进位记数制。设 R 表示基数，则称为 R 进制，使用 R 个基本的数码，R^i 就是位权，其加法运算规则是"逢 R 进一"，则任意一个 R 进制数 D 均可以展开表示为：

$$(D)_R = \sum_{i=-m}^{n-1} K_i \times R^i$$

上式中的 K 为第 i 位的数码，可以为 0，1，2，…，$R-1$ 中的任意一个数，R^i 表示第 i 位的位权。

为了区分不同进制的数，可以用括号加数制基数下标的方式来表示不同数制的数。例如，$(492)_{10}$ 表示十进制数，$(1001.1)_2$ 表示二进制数，$(4A9E)_{16}$ 表示十六进制数；也可以用带有字母的形式分别将其表示为 $(492)_D$、$(1001.1)_B$ 和 $(4A9E)_H$。在程序设计中，常在数字后直接加英文字母来区别不同进制数，如 492D、1001.1B 等。

下面将具体介绍 4 种常用数制之间的转换方法。

1. 非十进制数转换为十进制数

将二进制数、八进制数和十六进制数转换成十进制数时，只需用相应数制的各位数乘以它们各自对应的位权，然后将乘积相加，用按位权展开的方法得到对应的结果。

（1）将二进制数 10110 转换成十进制数

先将二进制数 10110 按位权展开，然后将乘积相加，转换过程如下所示。

$$(10110)_2 = (1 \times 2^4 + 0 \times 2^3 + 1 \times 2^2 + 1 \times 2^1 + 0 \times 2^0)_{10}$$
$$= (16 + 4 + 2)_{10}$$
$$= (22)_{10}$$

（2）将八进制数 232 转换成十进制数

先将八进制数 232 按位权展开，然后将乘积相加，转换过程如下所示。

$$(232)_8 = (2 \times 8^2 + 3 \times 8^1 + 2 \times 8^0)_{10}$$
$$= (128 + 24 + 2)_{10}$$
$$= (154)_{10}$$

（3）将十六进制数 232 转换成十进制数

先将十六进制数 232 按位权展开，然后将乘积相加，转换过程如下所示。

$$(232)_{16} = (2 \times 16^2 + 3 \times 16^1 + 2 \times 16^0)_{10}$$
$$= (512 + 48 + 2)_{10}$$
$$= (562)_{10}$$

2. 十进制数转换成其他进制数

将十进制数转换成二进制数、八进制数和十六进制数时，可将数值分成整数和小数部分分别转换，然后再拼接起来。

例如，将十进制数转换成二进制数时，整数部分和小数部分分别转换。整数部分采用"除 2 取余倒读"法，即将十进制数除以 2，得到一个商和余数（K_0），再将商除以 2，又得到新的商和余数（K_1）；如此反复，直到商为 0 时得到余数（K_{n-1}）。然后将得到的各个余数，以最后余数为最高位，最初余数为最低位依次排列，即 $K_{n-1} \cdots K_1 K_0$，这就是十进制数对应的二进制数的整数部分。

小数部分采用"乘 2 取整正读"法，即将十进制数的小数部分乘以 2，取乘积中的整数部分作

为相应二进制数小数点后的最高位 K_{-1}，取乘积中的小数部分反复乘 2，逐次得到 K_{-2}，K_{-3}，...，K_{-m}，直到乘积的小数部分为 0 或位数达到所需的精度要求为止，然后把每次乘积的整数部分由上而下（即从左往右）依次排列起来（$K_{-1} K_{-2}...K_{-m}$），即所求的二进制数的小数部分。

同理，将十进制数转换成八进制数时，整数部分除 8 取余，小数部分乘 8 取整。将十进制数转换成十六进制数时，整数部分除 16 取余，小数部分乘 16 取整。

> **提示**　在进行小数部分的转换时，有些十进制小数不能转换为有限位的二进制小数，此时只有用近似值表示。例如，$(0.57)_{10}$ 不能用有限位二进制小数表示，如果要求 5 位小数的近似值，则得到 $(0.57)_{10} \approx (0.10010)_2$。

将十进制数 225.625 转换成二进制数。

先用除 2 取余倒读法进行整数部分的转换，再用乘 2 取整正读法进行小数部分的转换，转换过程如下所示。

$(225.625)_{10} = (11100001.101)_2$

整数部分			小数部分		
2	225	余 1　低位		0.625	
2	112	余 0	×	2	取整
2	56	余 0		1.250	1　高位
2	28	余 0	×	2	
2	14	余 0		0.500	0
2	7	余 1	×	2	
2	3	余 1		1.000	1　低位
2	1	余 1　高位			

3．二进制数转换成八进制数、十六进制数

（1）二进制数转换成八进制数

二进制数转换成八进制数所采用的转换原则是"3 位分一组"，即以小数点为界，整数部分从右向左每 3 位为一组，若最后一组不足 3 位，则在最高位前面添 0 以补足 3 位，然后将每组中的二进制数按位权相加得到对应的八进制数；小数部分从左向右每 3 位分为一组，最后一组不足 3 位时，尾部用 0 补足 3 位，然后按照顺序写出每组二进制数对应的八进制数。

将二进制数 1101001.101 转换为八进制数，转换过程如下所示。

二进制数	001	101	001	.	101
八进制数	1	5	1	.	5

得到的结果为 $(1101001.101)_2 = (151.5)_8$

（2）二进制数转换成十六进制数

二进制数转换成十六进制数采用的转换原则是"4 位分一组"，即以小数点为界，整数部分从右向左、小数部分从左向右每 4 位一组，不足 4 位用 0 补齐。

将二进制数 101110011000111011 转换为十六进制数，转换过程如下所示。

二进制数	0010	1110	0110	0011	1011

十六进制数	2	E	6	3	B

得到的结果为$(10111001100011011)_2 = (2E63B)_{16}$

4．八进制数、十六进制数转换成二进制数

（1）八进制数转换成二进制数

八进制数转换成二进制数的转换原则是"一分为三"，即从八进制数的低位开始，将每一位上的八进制数写成对应的 3 位二进制数。如有小数部分，则从小数点开始，按上述方法分别向左右两边进行转换。

将八进制数 162.4 转换为二进制数，转换过程如下所示。

八进制数	1	6	2	.	4
二进制数	001	110	010	.	100

得到的结果为$(162.4)_8 = (1110010.1)_2$

（2）十六进制数转换成二进制数

十六进制数转换成二进制数的转换原则是"一分为四"，即把每一位上的十六进制数写成对应的 4 位二进制数。

将十六进制数 3B7D 转换为二进制数，转换过程如下所示。

十六进制数	3	B	7	D
二进制数	0011	1011	0111	1101

得到的结果为$(3B7D)_{16} = (11101101111101)_2$

（三）二进制数的运算

计算机内部采用二进制数表示数据，主要原因是技术实现简单、易于转换。二进制数的运算规则简单，可以方便地利用逻辑代数分析和设计计算机的逻辑电路等。下面将对二进制数的算术运算和逻辑运算进行简要介绍。

1．二进制数的算术运算

二进制数的算术运算也就是通常所说的四则运算，包括加、减、乘、除，算术运算比较简单，其具体运算规则如下。

- 加法运算。按"逢二进一"法，向高位进位，运算规则为：0+0=0、0+1=1、1+0=1、1+1=10。例如，$(10011.01)_2+(100011.11)_2=(110111.00)_2$。
- 减法运算。减法实质上是加上一个负数，主要应用于补码运算，运算规则为：0-0=0、1-0=1、0-1=1（向高位借位，结果本位为 1）、1-1=0。例如，$(110011)_2-(001101)_2=(100110)_2$。
- 乘法运算。二进制数的乘法运算与常见的十进制数的运算规则类似，运算规则为：0×0=0、1×0=0、0×1=0、1×1=1。例如，$(1110)_2×(1101)_2=(10110110)_2$。
- 除法运算。二进制数的除法运算也与十进制数的运算规则类似，运算规则为：0÷1=0、1÷1=1，而 0÷0 和 1÷0 是无意义的。例如，$(1101.1)_2÷(110)_2=(10.01)_2$。

2．二进制数的逻辑运算

二进制数 1 和 0 可以代表逻辑运算中的"真"与"假""是"与"否"和"有"与"无"。二进制数的逻辑运算包括"与""或""非""异或"4 种，具体介绍如下。

- "与"运算。"与"运算又被称为逻辑乘，通常用符号"×""∧""·"来表示。其运算规则

为：$0 \wedge 0=0$、$0 \wedge 1=0$、$1 \wedge 0=0$、$1 \wedge 1=1$。通过上述运算规则可以看出，当两个参与运算的数中有一个数为 0 时，其结果也为 0，此时是没有意义的；只有当数值都为 1 时，其结果才为 1，即所有的条件都符合时，逻辑结果才为肯定值。

● "或"运算。"或"运算又被称为逻辑加，通常用符号"+"或"$\vee$"来表示。其运算规则为：$0 \vee 0=0$、$0 \vee 1=1$、$1 \vee 0=1$、$1 \vee 1=1$。该运算规则表明，只要有一个数为 1，运算结果就是 1。例如，假定某一个公益组织规定加入该组织的成员可以是女性或慈善家，那么只要符合其中任意一个条件或两个条件都符合便可加入该组织。

● "非"运算。"非"运算又被称为逻辑否运算，通常通过在逻辑变量上加上画线来表示，如变量为 A，则其非运算结果用 $\overline{A}$ 表示。其运算规则为：$\overline{0}=1$、$\overline{1}=0$。例如，假定 A 变量表示男性，$\overline{A}$ 就表示非男性，即女性。

● "异或"运算。"异或"运算通常用符号"$\oplus$"表示，其运算规则为：$0 \oplus 0=0$、$0 \oplus 1=1$、$1 \oplus 0=1$、$1 \oplus 1=0$。该运算规则表明，当逻辑运算中变量的值不同时，结果为 1；当变量的值相同时，结果为 0。

（四）计算机中字符的编码规则

编码就是利用计算机中的 0 和 1 两个代码的不同长度表示不同信息的一种约定方式。由于计算机是以二进制编码的形式存储和处理数据的，因此只能识别二进制编码信息。数字、字母、符号、汉字、语音和图形等非数值信息都要用特定规则进行二进制编码才能被计算机识别。西文与中文字符由于形式不同，使用的编码也不同。

1. 西文字符的编码

计算机对字符进行编码，通常采用 ASCII 和 Unicode 两种编码。

● ASCII。美国信息交换标准代码（American Standard Code for Information Interchange，ASCII）是基于拉丁字母的一套编码系统，主要用于显示现代英语和其他西欧语言，它被国际标准化组织指定为国际标准（ISO 646 标准）。标准 ASCII 使用 7 位二进制编码来表示所有的大写字母和小写字母、数字 0~9、标点符号，以及在美式英语中使用的特殊控制字符，共有 $2^7=128$ 个不同的编码值，可以表示 128 个不同字符。其中，低 4 位编码 $b_3 b_2 b_1 b_0$ 用作行编码，高 3 位 $b_6 b_5 b_4$ 用作列编码。128 个不同字符的编码中，95 个编码对应计算机键盘上的符号或其他可显示或打印的字符，另外 33 个编码被用作控制码，用于控制计算机某些外部设备的工作特性和某些计算机软件的运行情况。例如，字母 A 的编码为二进制数 1000001，对应十进制数 65 或十六进制数 41。

微课

查看标准 7 位
ASCII

● Unicode。Unicode 也是一种国际标准编码，采用两个字节编码，几乎能够表示世界上所有的书写语言中可能用于计算机通信的文字和其他符号。目前，Unicode 在网络、Windows 操作系统和大型软件中得到应用。

2. 汉字的编码

在计算机中，汉字信息的传播和交换必须通过统一的编码进行，才不会造成混乱和差错。因此，计算机中处理的汉字是包含在国家或国际组织制定的汉字字符集中的汉字，常用的汉字字符集包括 GB 2312、GB 18030、GBK 和 CJK 编码等。为了使每个汉字都有一个统一的代码，我国颁布了汉字编码的国家标准，即《信息交换用汉字编码字符集》（GB/T 2312—1980）。这个字符集是目

前国内所有汉字系统的统一标准。

汉字的编码方式主要有以下 4 种。

- 输入码。输入码也称外码，是为了将汉字输入计算机而设计的代码，包括音码、形码和音形码等。

- 区位码。将 GB 2312 字符集放置在一个 94 行（每一行称为"区"）、94 列（每一列称为"位"）的方阵中，将方阵中的每个汉字所对应的区号和位号组合起来就得到了该汉字的区位码。区位码用 4 位数字编码，前两位叫作区码，后两位叫作位码，如汉字"中"的区位码为 5448。

- 国标码。国标码采用两字节表示一个汉字，将汉字区位码中的十进制区号和位号分别转换成十六进制数，再分别加上 20H，就可以得到该汉字的国标码。例如，"中"字的区位码为 5448，区码 54 对应的十六进制数为 36，加上 20H，即 56H；而位码 48 对应的十六进制数为 30，加上 20H，即 50H。所以"中"字的国标码为 5650H。

- 机内码。在计算机内部进行存储与处理所使用的代码，称为机内码。对汉字系统来说，汉字机内码规定在汉字国标码的基础上，每字节的最高位置为 1，每字节的低 7 位为汉字信息。将国标码的两字节编码分别加上 80H（即 10000000B），便可以得到机内码，如汉字"中"的机内码为 D6D0H。

（五）多媒体信息技术简介

多媒体（Multimedia）是由单媒体复合而成，融合了两种或两种以上的人机交互式信息交流和传播媒体。多媒体不仅指文本、声音、图形、图像、视频和动画这些媒体信息本身，还包含处理和应用这些媒体信息的一整套技术，即多媒体技术。多媒体技术是指能够同时获取、处理、编辑、存储和演示两种以上不同类型的媒体信息的媒体技术。在计算机领域中，多媒体技术就是用计算机实时地综合处理图、文、声和像等信息的技术，这些多媒体信息在计算机内都是转换成 0 和 1 的数字化信息进行处理的。

微课

多媒体技术在工作生活中的应用

1. 多媒体技术的特点

多媒体技术主要具有以下 5 个特点。

- 多样性。多媒体技术的多样性是指信息载体的多样性，计算机所能处理的信息从最初的数值、文字、图形已扩展到音频和视频等多种形式的信息。

- 集成性。多媒体技术的集成性是指以计算机为中心综合处理多种信息媒体，使其集文字、声音、图形、图像、音频和视频于一体。此外，多媒体处理工具和设备的集成性能够为多媒体系统的开发与实现提供理想的集成环境。

- 交互性。多媒体技术的交互性是指用户可以与计算机进行交互操作，并提供多种交互控制功能，使人们在获取信息的同时，将信息的使用行为从被动变为主动，改善人机操作界面。

- 实时性。多媒体技术的实时性是指多媒体技术需要同时处理声音、文字和图像等多种信息，其中声音和视频还要求实时处理。因此计算机应具有能够对多媒体信息进行实时处理的软、硬件环境的支持。

- 协同性。多媒体技术的协同性是指多媒体中的每一种媒体都有其自身的特性，因此各媒体信息之间必须有机配合，并协调一致。

2. 多媒体计算机的硬件

多媒体计算机的硬件系统除了计算机的常规硬件外，还包括声音/视频处理器、多媒体输入/输出设备及信号转换装置、通信传输设备与接口装置等。具体来说，多媒体计算机的硬件主要包括以下 3 种。

微课

多媒体计算机的
硬件

- 音频卡。音频卡即声卡，它是多媒体技术中最基本的硬件组成部分之一，是实现声波/数字信号相互转换的一种硬件，其基本功能是把来自话筒等的原始声音信息加以转换，从而输出到耳机、扬声器、扩音机和录音机等声响设备，也可通过乐器数字接口（Musical Instrument Digital Interface，MIDI）输出声音。

- 视频卡。视频卡也叫视频采集卡，用于将模拟摄像机、录像机、LD 视盘机和电视机输出的视频数据或者视频和音频的混合数据输入计算机，并转换成计算机可识别的数值数据。视频卡按照用途可以分为广播级视频采集卡、专业级视频采集卡和民用级视频采集卡。

- 各种外部设备。多媒体在信息处理过程中会用到的外部设备主要包括摄像机/录放机、数字照相机/头盔显示器、扫描仪、激光打印机、光盘驱动器、光笔/鼠标/传感器/触摸屏、话筒/音箱（或扬声器）、传真机（Fax）和可视电话机等。

3. 多媒体计算机的软件

多媒体计算机的软件种类较多，根据功能可以分为多媒体操作系统、多媒体处理系统工具和用户应用软件 3 种。

- 多媒体操作系统。多媒体操作系统应具有实时任务调度、多媒体数据转换和同步控制、对多媒体设备的驱动和控制以及图形用户界面管理等功能。目前，大部分计算机中安装的 Windows 操作系统已完全具备上述功能。

- 多媒体处理系统工具。多媒体处理系统工具主要包括多媒体创作软件工具、多媒体节目写作工具和多媒体播放工具，以及其他各类媒体处理工具（如多媒体数据库管理系统等）。

- 用户应用软件。用户应用软件是根据多媒体系统终端的用户要求来定制的应用软件。目前国内外已经开发出了很多服务于图形、图像、音频和视频处理的软件，通过这些软件，可以创建、收集和处理多媒体素材，制作出丰富多样的图形、图像和动画。目前，比较流行的用户应用软件有 Photoshop、Illustrator、Cinema 4D、Authorware、After Effects 和 PowerPoint 等。这些软件各有所长，在多媒体处理过程中可以综合运用。

4. 常见的多媒体文件格式

在计算机中，利用多媒体技术可以将声音、文字和图像等多种媒体信息进行综合式交互处理，并以不同的媒体文件格式进行存储。下面分别介绍常用的媒体文件格式。

微课

常见的多媒体文件
格式及应用

- 声音文件格式。在多媒体系统中，语音和音乐是十分常见的，存储声音信息的文件格式有多种，包括 WAV、MIDI、MP3、RM、Audio 和 VOC 等。

- 图像文件格式。图像是多媒体中非常基本和重要的一种数据，包括静态图像和动态图像。其中，静态图像又可分为矢量图形和位图图像两种，动态图像又分为视频和动画两种。

- 视频文件格式。视频文件一般比其他媒体文件大一些，占用的存储空间较多。常见的视频文件格式有 AVI、MOV、MPEG、ASF、WMV 等。

任务三　了解并连接计算机硬件

任务要求

随着计算机的普及，使用计算机的人越来越多，肖磊与很多使用计算机的其他人一样，并不了解计算机的工作结构、计算机内部的硬件组成，以及连接计算机硬件的方法。

本任务要求认识计算机的基本结构，对微型计算机的各硬件组成，如主机及主机内部的硬件、显示器、键盘和鼠标等有基本的认识和了解，并能将这些硬件连接在一起。

微课

计算机系统的组成

任务实现

（一）计算机的基本结构

尽管各种计算机在性能和用途等方面都有所不同，但是其基本结构都遵循冯·诺依曼结构，因此人们便将符合这种设计的计算机称为冯·诺依曼计算机。

冯·诺依曼计算机主要由运算器、控制器、存储器、输入设备和输出设备 5 部分组成，这 5 个组成部分的职能和相互关系如图 1-6 所示。

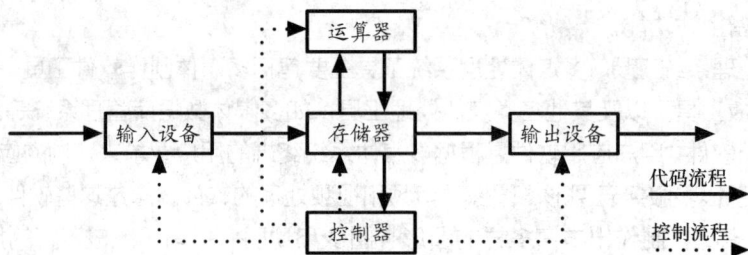

图 1-6　计算机的基本结构

从图 1-6 中可知，计算机的核心是控制器、运算器和存储器 3 部分。其中，控制器是计算机的指挥中心，它根据程序执行每一条指令，并向存储器、运算器以及输入/输出设备发出控制信号，以达到控制计算机，使其有条不紊地进行工作的目的；运算器在控制器的控制下对存储器提供的数据进行各种算术运算（加、减、乘、除）、逻辑运算（与、或、非、异与）和其他处理（存数、取数等），控制器与运算器构成了中央处理器（Central Processing Unit，CPU），中央处理器被称为"计算机的心脏"；存储器是计算机的记忆装置，它以二进制代码的形式存储程序和数据，分为内存储器和外存储器两种。内存储器是影响计算机运行速度的主要设备之一，外存储器主要有光盘、硬盘和 U 盘等。存储器中能够存放的最大信息数量称为存储容量，常见的存储容量单位有 KB、MB、GB 和 TB 等。

输入设备是计算机系统中重要的人机接口，用于接收用户输入的命令和程序等信息，负责将命令转换成计算机能够识别的二进制代码，并放入内存储器中，输入设备主要包括键盘、鼠标等。输出设备用于将计算机处理的结果以人们可以识别的信息形式输出，常用的输出设备有显示器、打印机等。

（二）计算机的硬件组成

计算机硬件是指计算机中看得见、摸得着的一些实体设备。从外观上看，微型计算机主要由主机、显示器、鼠标和键盘等部分组成。主机背面有许多插孔和接口，用于接通电源和连接键盘、鼠标等输入设备；主机箱内包含 CPU、主板、内存储器、显卡和硬盘等硬件。图 1-7 所示为微型计算机的外观组成及主机内部的主要硬件。

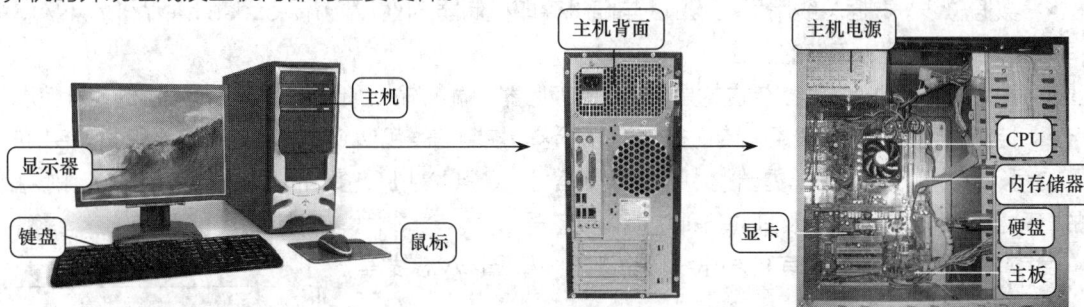

图 1-7　微型计算机的外观组成及主机内部的主要硬件

下面将按类别对微型计算机的主要硬件进行详细介绍。

1. CPU

CPU 是由一片或少数几片大规模集成电路组成的，这些电路执行控制部件和算术逻辑部件的功能。CPU 既是计算机的指令中枢，又是系统的最高执行单位，如图 1-8 所示。CPU 主要负责执行指令，是计算机系统的核心组件，在计算机系统中具有举足轻重的地位，也是影响计算机系统运算速度的重要因素。目前，CPU 的生产厂商主要有 Intel 公司、AMD 公司、威盛公司（VIA）和龙芯公司（Loongson）等，市场上销售的 CPU 产品大多是由 Intel 公司和AMD 公司生产的。

图 1-8　CPU

2. 主板

主板（Mainboard）也称为"主机板"或"系统板"（System Board），从外观上看，主板是一块方形的电路板，如图 1-9 所示，其上布满了各种电子元器件等，它可以为计算机的所有部件提供插槽和接口，并通过其中的线路统一协调所有部件的工作。

随着主板制板技术的发展，主板已经能够集成很多计算机硬件，如 CPU、显卡、声卡、网卡、基本输入/输出系统（Basic Input Output System，BIOS）芯片和南北桥芯片等，这些硬件都可以芯片的形式集成到主板上。其中，BIOS 芯片是一块矩形的存储器，里面存有与主板匹配的基本输入/输出系统程序，能够让主板识别各种硬件，还可以设置引导系统的设备和调整 CPU 外频等，如图 1-10 所示。南北桥芯片通常由南桥芯片和北桥芯片组成，南桥芯片主要负责硬盘等

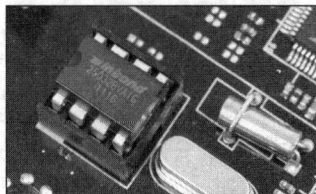

图 1-9　主板

图 1-10　主板上的 BIOS 芯片

存储设备和 PCI 总线之间的数据流通，北桥芯片主要负责处理 CPU、内存储器和显卡三者间的数据交流。

3. 总线

总线（Bus）是计算机各种功能部件之间传送信息的公共通信干线，主机的各个部件通过总线相连接，外部设备通过相应的接口电路与总线相连接，从而形成了计算机硬件系统，因此，总线被形象地比喻为"高速公路"。按照为计算机传输的信息类型，总线可以分为数据总线、地址总线和控制总线，分别用来传输数据、地址信息和控制信号。

- 数据总线。数据总线用于在 CPU 与随机存取存储器（Random Access Memory，RAM）之间来回传送需处理、存储的数据。
- 地址总线。地址总线上传送的是 CPU 向存储器、输入/输出（I/O）接口设备发出的地址信息。
- 控制总线。控制总线用来传送控制信号，这些控制信号包括 CPU 对内存储器和 I/O 接口的读写信号、I/O 接口对 CPU 提出的中断请求等信号、CPU 对 I/O 接口的回答与响应信号、I/O 接口的各种工作状态信号，以及其他各种功能控制信号。

目前，常见的总线标准有 ISA 总线、PCI 总线和 EISA 总线等。

4. 存储器

计算机中的存储器包括内存储器和外存储器两种，其中，内存储器简称内存，也叫主存储器，是计算机用来临时存放数据的地方，也是 CPU 处理数据的中转站，内存的容量和存取速度直接影响 CPU 处理数据的速度。图 1-11 所示为 DDR4 内存储器。

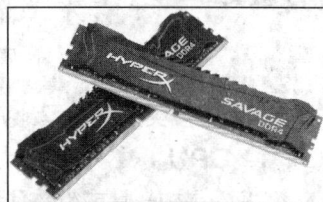

图 1-11　DDR4 内存储器

从工作原理上说，内存一般采用半导体存储单元，包括 RAM、只读存储器（Read-Only Memory，ROM）和高速缓冲存储器（Cache）。平常所说的内存通常是指 RAM，既可以从中读取数据，又可以写入数据，当计算机断电时，存于其中的数据会丢失。ROM 一般只能读出信息，不能写入信息，即使断电，这些数据也不会丢失，如 BIOS ROM。Cache 是指介于 CPU 与内存之间的高速存储器，通常由静态随机存储器（Static Random Access Memory，SRAM）构成。

外存储器简称外存，是指除计算机内存及 CPU 缓存以外的存储器，此类存储器一般在断电后仍然能保存数据，常见的外存储器有硬盘和可移动存储设备（如 U 盘等）等。

- 硬盘。硬盘通常是计算机中容量最大的存储设备，通常用于存放永久性的数据和程序。目前，硬盘有机械硬盘和固态硬盘两种。机械硬盘如图 1-12 所示，其内部结构比较复杂，主要由主轴电机、盘片、磁头和传动臂等部件组成。在机械硬盘中，通常将磁性物质附着在盘片上，并将盘片安装在主轴电机上，当硬盘开始工作时，主轴电机将带动盘片一起转动，盘片表面的磁头将在电路和传动臂的控制下移动，并将指定位置的数据读取出来，或将数据存储到指定的位置。硬盘容量是机械硬盘的主要性能指标之一，包括总容量、单片容量和盘片数 3 个参数。其中，总容量是表示机械硬盘能够存储多少数据的一项重要指标，通常以 TB 为单位，目前主流机械硬盘容量从 1TB 到 10TB 不等。固态硬盘（Solid State Drive，SSD）是目前最热门的硬盘类型，如图 1-13 所示，用固态电子存储芯片阵列制成，其优点是数据写入和读取的速度快，缺点是容量较小、价格较高。
- 可移动存储设备。可移动存储设备包括移动 USB（Universal Serial Bus，通用串行总线）盘（简称 U 盘，如图 1-14 所示）和移动硬盘等。这类设备即插即用，容量能满足人们的日常需求，是计算机必不可少的附属配件。

图 1-12　机械硬盘　　　　　图 1-13　固态硬盘　　　　　图 1-14　U 盘

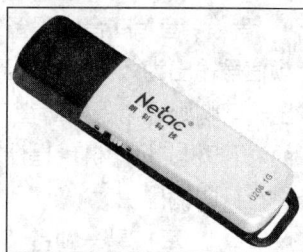

5. 输入设备

输入设备是向计算机输入数据和信息的设备，是用户和计算机系统之间进行信息交换的主要装置，用于将数据、文本和图形等转换为计算机能够识别的二进制代码并将其输入计算机。键盘、鼠标、摄像头、扫描仪、光笔、手写输入板、游戏杆和语音输入装置等都属于输入设备。下面介绍常用的 3 种输入设备。

* 鼠标。鼠标是计算机的主要输入设备之一，因为其外形与老鼠类似，所以被称为"鼠标"。根据鼠标按键的数量可以将鼠标分为三键鼠标和两键鼠标；根据鼠标的工作原理可以将其分为机械鼠标和光电鼠标。另外，还有无线鼠标和轨迹球鼠标等类型。

* 键盘。键盘是计算机的另一种主要输入设备，是用户和计算机进行交流的工具，用户可以通过键盘直接向计算机输入各种字符和命令，简化计算机的操作。不同生产厂商生产出的键盘型号不同，目前常用的键盘主要是 104 键，除此之外，还有 61 键、87 键、107 键等。

* 扫描仪。扫描仪是利用光电技术和数字处理技术，以扫描的方式将图形或图像信息转换为数字信号的设备，其主要功能是对文字和图像进行扫描与输入。

6. 输出设备

输出设备是计算机硬件系统的终端设备，用于将各种计算结果（如数据或信息）转换成用户能够识别的数字、图像和声音等形式。常见的输出设备有显示器、音箱、打印机、耳机、投影仪、绘图仪、影像输出系统、语音输出系统和磁记录设备等。下面介绍常用的 5 种输出设备。

* 显示器。显示器是计算机的主要输出设备，其作用是将显卡输出的信号（模拟信号或数字信号）以肉眼可见的形式表现出来。目前主要有两种显示器，一种是液晶显示器（Liquid Crystal Display，LCD），如图 1-15 所示；另一种是使用阴极射线管（Cathode Ray Tube，CRT）的显示器，如图 1-16 所示。LCD 是目前市场上的主流显示器，具有无辐射危害、屏幕不会闪烁、工作电压低、功耗小、重量轻和体积小等优点，但 LCD 的画面颜色逼真度不及 CRT 显示器。显示器的常见尺寸包括 17 英寸（1 英寸≈2.54 厘米）、19 英寸、20 英寸、22 英寸、24 英寸、26 英寸、29英寸等。

图 1-15　液晶显示器　　　　　　　　　　图 1-16　CRT 显示器

- 音箱。音箱在音频设备中的作用类似于显示器，可直接连接声卡的音频输出接口，并将声卡的音频信号输出为人们可以听到的声音。需要注意的是，音箱是整个音响系统的终端，只负责声音的输出，音响则通常是指声音产生和输出的一整套系统，音箱是音响的一部分。

- 打印机。打印机也是计算机常见的输出设备，在办公中经常会用到，其主要功能是对文字和图像进行打印输出。

- 耳机。耳机是一种音频设备，它接收媒体播放器发出的信号，利用贴近耳朵的扬声器将其转换成可以听到的声波。

- 投影仪。投影仪又称投影机，是一种可以将图像或视频投射到幕布上的设备。投影仪可以通过特定的接口与计算机相连接并播放相应的视频，是一种负责输出的计算机外部设备。

7. 触摸屏

触摸屏又被称为"触控屏"或"触控面板"，是一种可接收触头等输入信号的感应式液晶显示装置，当用户触摸触摸屏上的图形按钮时，触摸屏上的触觉反馈系统可根据预先编好的程序驱动各种连接装置，并借由液晶显示画面显示出生动的效果。

触摸屏作为一种新型的计算机输入设备，提供了目前相对简单、方便、自然的人机交互方式，主要应用于查询公共信息、工业控制、军事指挥、电子游戏、点歌、点菜和多媒体教学等方面。

（三）连接计算机的各组成部分

购买计算机后，计算机的主机与显示器、鼠标、键盘等通常都是分开包装的，用户需将它们连接在一起，具体操作如下。

（1）将计算机各组成部分放在电脑桌的相应位置，然后将 PS/2 键盘连接线插头对准主机后的键盘接口并插入，如图 1-17 所示。

（2）将 USB 鼠标连接线插头对准主机后的 USB 接口并插入，然后将显示器包装箱中配置的数据线的 VGA 插头插入显卡的 VGA 接口中（如果显示器的数据线是 DVI 或 HDMI 插头，对应连接主机后的接口即可），再拧紧插头上的两颗固定螺丝，如图 1-18 所示。

微课

连接计算机的
各组成部分

（3）将显示器数据线的另外一个插头插入显示器后面的 VGA 接口上，并拧紧插头上的两颗固定螺丝，再将显示器包装箱中配置的电源线的一头插入显示器电源接口中，如图 1-19 所示。

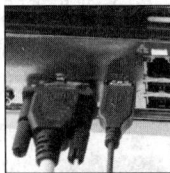

图 1-17　连接键盘	图 1-18　连接鼠标和显卡	图 1-19　连接显示器

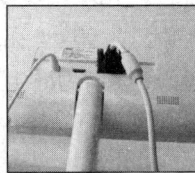

（4）检查前面的各种连线，确认连接无误后，将主机电源线连接到主机后的电源接口上，如图 1-20 所示。

（5）将显示器电源线插头插入电源插线板中，如图 1-21 所示。

（6）将主机电源线插头插入电源插线板中，完成连接计算机各部件的操作，如图 1-22 所示。

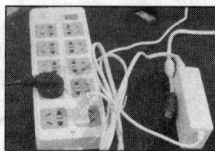

图 1-20　连接主机　　　　　　　图 1-21　连接显示器电源线　　　　图 1-22　完成计算机各部件的连接

任务四　了解计算机的软件系统

任务要求

肖磊为了满足学习需要购买了一台计算机。负责给他组装计算机的售后人员告诉他，新买的计算机中只安装了操作系统及系统自带的应用软件，没有安装其他应用软件，可以在需要使用时自行安装。回校后，肖磊决定先了解计算机软件的相关知识。

本任务要求了解计算机软件的定义，了解系统软件的分类，了解常用的应用软件。

任务实现

（一）计算机软件的定义

计算机软件（Computer Software）简称软件，是指计算机系统中的程序及其文档。程序是对计算任务的处理对象和处理规则的描述，是按照一定顺序执行的、能够完成某一任务的指令集合，而文档则是便于用户了解程序的说明性资料。

计算机之所以能够按照用户的要求运行，是因为计算机采用了程序设计语言（计算机语言），该语言是人与计算机之间沟通时使用的语言，用于编写计算机程序。计算机可通过程序控制自身的工作流程，从而完成特定的设计任务。可以说，程序设计语言是计算机软件的基础和组成部分。

计算机软件总体分为系统软件和应用软件两大类。

（二）系统软件

系统软件是指控制和协调计算机及其外部设备，支持应用软件开发和运行的系统。其主要功能是调度、监控和维护计算机系统，同时负责管理计算机系统中各种独立的硬件，协调它们的工作。系统软件是应用软件运行的基础，所有应用软件都是在系统软件上运行的。

系统软件主要分为操作系统、语言处理程序、数据库管理系统和系统辅助处理程序等，具体介绍如下。

* 操作系统。操作系统（Operating System，OS）是计算机系统的指挥调度中心，它可以为各种程序提供运行环境。常见的操作系统有 Windows 和 Linux 等，如本书项目三将要讲解的 Windows 10 就是一种操作系统。

* 语言处理程序。语言处理程序是为用户设计的编程服务软件，用来编译、解释和处理各种程序所使用的计算机语言，是人与计算机相互交流的一种工具，包括机器语言、汇编语言和高级语言

3 种。由于计算机只能直接识别和执行机器语言，因此要在计算机上运行高级语言程序，就必须配备程序语言翻译程序。程序语言翻译程序本身是一组程序，不同的高级语言对应的程序语言翻译程序不同。

- 数据库管理系统。数据库管理系统（Database Management System，DBMS）是一种操作和管理数据库的大型软件，它是位于用户和操作系统之间的数据管理软件，也是用于建立、使用和维护数据库的管理软件。数据库管理系统可以组织不同性质的数据，以便用户有效地查询、检索和管理这些数据。常用的数据库管理系统有 SQL Server、Oracle 和 Access 等。

- 系统辅助处理程序。系统辅助处理程序也称软件研制开发工具或支撑软件，主要包括编辑程序、调试程序等，这些程序的作用是维护计算机的正常运行，如 Windows 操作系统中自带的磁盘整理程序等。

（三）应用软件

应用软件是指一些具有特定功能的软件，即为解决各种实际问题而编制的程序，包括各种程序设计语言以及用各种程序设计语言编制的应用程序。计算机中的应用软件种类繁多，这些软件能够帮助用户完成特定的任务。例如，要编辑一篇文章可以使用 Word，要制作一份报表可以使用 Excel，这些软件都属于应用软件。常见的应用软件种类有办公、图形处理与设计、图文浏览、翻译与学习、多媒体播放和处理、网站开发、程序设计、磁盘分区、数据备份与恢复和网络通信等。

微课

主要应用领域的
应用软件

任务五　使用鼠标和键盘

任务要求

肖磊在课余时间找了份兼职，工作中经常需要整理大量的文件资料，有中文的，也有英文的。在输入资料时，肖磊由于不太熟悉键盘和指法，输入速度很慢，还经常输入错误，这严重影响了工作效率。肖磊听办公室的同事说要想提高打字速度，必须用好鼠标和键盘，熟练之后甚至可以"盲打"。

本任务要求掌握鼠标的基本操作方法，了解键盘的布局和打字的正确方法，并练习"盲打"。

任务实现

（一）鼠标的基本操作

操作系统进入"图形化时代"后，鼠标就成了计算机必不可少的输入设备。用户启动计算机后，首先使用的便是鼠标，因此鼠标的基本操作是初学者必须掌握的技能。

1. 手握鼠标的方法

鼠标左边的按键被称为鼠标左键，鼠标右边的按键被称为鼠标右键，鼠标中间可以滚动的按键被称为鼠标中键或鼠标滚轮。右手握鼠标的正确方法是：食指和中指自然放置在鼠标的左键和右键上，大拇指横向放于鼠标左侧，无名指和小指放在鼠标的右侧，大拇指与无名指及小指轻轻握住鼠标，手掌心轻轻贴住鼠标后部，手腕自然垂放在桌面上，食指控制鼠标左键，中指控制鼠标右键和滚轮，如图 1-23 所示。当需要使用鼠标滚动页面时，可用中指滚动鼠标滚轮。左手握鼠标的方法与右手握鼠标的方法类似，但使用时需在计算机中进行相应的设置。

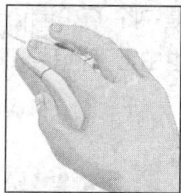

图 1-23　握鼠标的方法（右手）

2. 鼠标的 5 种基本操作

鼠标的基本操作包括移动定位、单击、拖动、右击和双击 5 种，具体介绍如下（这里以右手使用鼠标为例，左手操作类似）。

- 移动定位。移动定位鼠标的方法是握住鼠标，在光滑的桌面或鼠标垫上随意移动，此时在屏幕上的鼠标指针会同步移动，将鼠标指针移到某一对象上停留片刻，就是定位操作，被定位的对象通常会出现相应的提示信息。

- 单击。单击的方法是先移动鼠标，将鼠标指针移到某个对象上，然后用食指按下鼠标左键后快速松开，鼠标左键将自动弹起还原。单击操作常用于选择对象，被选择的对象将高亮显示。

- 拖动。拖动是指将鼠标指针移到某个对象上后，按住鼠标左键不放，然后移动鼠标，把指定对象从屏幕的一个位置拖动到另一个位置，最后释放鼠标左键，这个过程也被称为"拖曳"。拖动操作常用于移动对象。

- 右击。右击是指单击鼠标右键，即用中指单击一下鼠标右键，松开后鼠标右键将自动弹起还原。右击操作常用于打开与对象相关的快捷菜单。

- 双击。双击是指用食指快速、连续地单击鼠标左键两次，双击操作常用于启动某个程序、执行某个任务和打开某个窗口或文件夹。

微课

鼠标的 5 种基本操作

> **注意**　在连续两次按下鼠标左键的过程中，不能移动鼠标。另外，在移动鼠标时，鼠标指针可能不会一次就移动到指定位置，当感觉手臂伸展不方便时，可提起鼠标使其离开桌面，再把鼠标放到易于移动的位置继续移动，在这个过程中鼠标实际上经历了移动、提起、回位、放下、再移动等动作，鼠标指针的移动便是依靠这种动作序列完成的。

（二）键盘的使用

键盘是计算机中最重要的输入设备之一，因此用户必须掌握各个按键的作用和指法，才能达到快速输入的目的。

1. 认识键盘的结构

以常用的 107 键键盘为例，键盘按照各键功能的不同可以分为主键盘区、编辑键区、小键盘区、状态指示灯区和功能键区 5 部分，如图 1-24 所示。

- 主键盘区。主键盘区用于输入文字和符号，包括字母键、数字键、符号键、控制键和 Windows 功能键，共 5 排 61 个键。字母键 "A"～"Z" 用于输入 26 个英文字母。数字键 "0"～"9" 用于输入相应的数字和符号。每个数字键由上下两种字符组成，因此又称双字符键。单独按这些键，将输入下挡字符，即数字；如果按住 "Shift" 键不放再按这些键，将输入上挡字符，即特殊符号。

符号键中除了 ~ 键位于主键盘区的左上角外，其余都位于主键盘区的右侧。与数字键一样，每个符号键也由上下两种不同的符号组成。各控制键和 Windows 功能键的作用如表 1-2 所示。

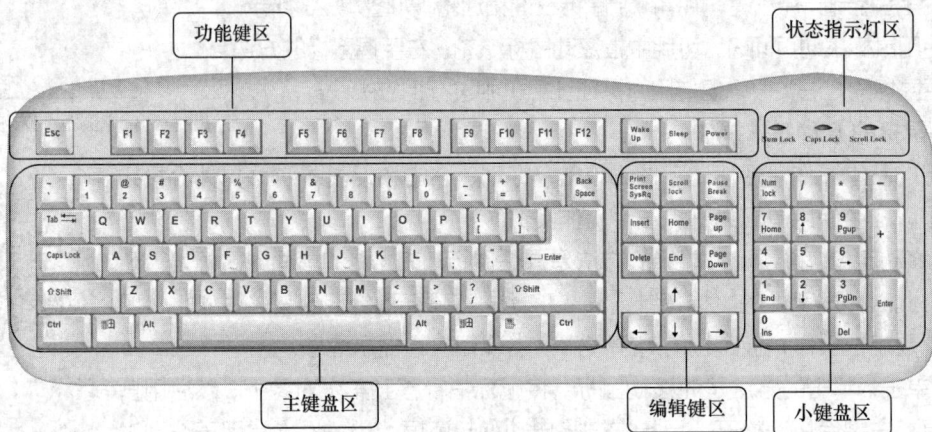

图 1-24 键盘的 5 个部分

表 1-2 各控制键和 Windows 功能键的作用

按键	作用
"Tab" 键	Tab 是英文 "Table" 的缩写，"Tab" 键也称制表定位键。每按一次该键，文本插入点向右移动 8 个字符，常用于完成文字处理中的对齐操作
"Caps Lock" 键	该键又称大写字母锁定键，系统默认状态下输入的英文字母为小写，按下该键后输入的字母为大写，再次按下该键可退出大写锁定状态
"Shift" 键	主键盘区左右两侧各有一个，功能相同，主要用于输入上挡字符，以及输入字母键对应的大写英文字母。例如，按住 "Shift" 键不放再按 "A" 键，可以输入大写字母 "A"
"Ctrl" 键和 "Alt" 键	在主键盘区左下角和右下角各有一个，常与其他键组合使用，在不同的应用软件中，它们的作用也不同
"Space" 键	该键又称空格键，位于主键盘区的下方，其上面无刻记符号，每按一次该键，将在当前文本插入点处产生一个空字符，同时文本插入点向右移动一个字符
"Backspace" 键	退格键。每按一次该键，可使文本插入点向左移动一个字符，若文本插入点左边有字符，将删除该字符
"Enter" 键	回车键。它有两个作用：一是确认并执行输入的命令；二是在输入文字时按此键，文本插入点将移至下一行行首
Windows 功能键	主键盘区左下角的键上面刻有 Windows 窗口图案，称为 "开始菜单" 键，在 Windows 操作系统中，按该键后将弹出 "开始" 菜单；主键盘区右下角的 ▤ 键称为 "快捷菜单" 键，按该键后会弹出相应的快捷菜单，其功能相当于鼠标右击

- 编辑键区。编辑键区的各键主要用于在编辑过程中控制文本插入点等，如图 1-25 所示。
- 小键盘区。小键盘区的各键主要用于快速输入数字及移动文本插入点。当要使用小键盘区输入数字时，应先按小键盘区左上角的 "Num Lock" 键，此时状态指示灯区的第 1 个指示灯亮，表示此时为数字状态，然后输入。
- 状态指示灯区。状态指示灯区主要用来提示小键盘工作状态、大小写状态及滚屏锁定键的状态。

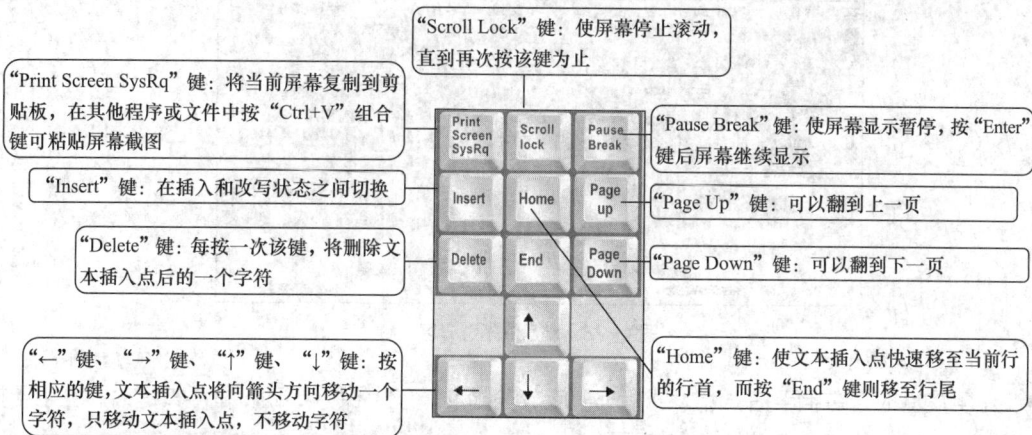

"Scroll Lock"键：使屏幕停止滚动，直到再次按该键为止

"Print Screen SysRq"键：将当前屏幕复制到剪贴板，在其他程序或文件中按"Ctrl+V"组合键可粘贴屏幕截图

"Pause Break"键：使屏幕显示暂停，按"Enter"键后屏幕继续显示

"Insert"键：在插入和改写状态之间切换

"Page Up"键：可以翻到上一页

"Delete"键：每按一次该键，将删除文本插入点后的一个字符

"Page Down"键：可以翻到下一页

"←"键、"→"键、"↑"键、"↓"键：按相应的键，文本插入点将向箭头方向移动一个字符，只移动文本插入点，不移动字符

"Home"键：使文本插入点快速移至当前行的行首，而按"End"键则移至行尾

图 1-25　编辑键区各键的作用

- 功能键区。功能键区位于键盘的顶端，其中"Esc"键用于取消已输入的命令或字符串，在一些应用软件中常起到退出的作用；"F1"～"F12"键称为功能键，在不同的软件中，各个键的功能有所不同，一般在程序窗口中按"F1"键可以获取该程序的帮助信息；"Power"键、"Sleep"键和"Wake Up"键分别为控制电源、转入睡眠状态和唤醒睡眠状态。

2. 键盘的操作与指法练习

正确的打字姿势可以提高打字速度，减缓疲劳，这点对初学者来说非常重要。正确的打字姿势包括身体坐正，双手自然放在键盘上，腰部挺直，上身稍微前倾；双脚的脚尖和脚跟自然地放在地面上，大腿自然平直；座椅的高度与计算机键盘、显示器的放置高度相适应，键盘的高度一般以双手自然垂放在键盘上时肘关节略高于手腕为宜，显示器的高度则以操作者坐下后，其目光水平线处于屏幕的 2/3 处为优，如图 1-26 所示。

准备打字时，将左手的食指放在"F"键上，右手的食指放在"J"键上，这两个键下方各有一个突起的小横杠，用于左右手的定位，其他手指（除大拇指外）按顺序分别放置在相邻的剩下 6 个基准键位上，双手的大拇指放在"Space"键上，如图 1-27 所示。8 个基准键位是指主键盘区第 3 排的"A""S""D""F""J""K""L"";" 8 个键。

图 1-26　打字姿势

图 1-27　准备打字时手指在键盘上的位置

打字时键盘的指法分区是：除大拇指外，其余 8 个手指各有一定的活动范围，把字符键划分成 8 个区域，每个手指负责输入相应区域的字符，如图 1-28 所示。按键的要点及注意事项包括以下 6 点。

- 手腕要平直，胳膊应尽可能保持不动。
- 要严格按照键位分工进行按键，不能随意按键。
- 按键时以手指指尖垂直向键位使用冲力，并立即反弹，不可用力太大。

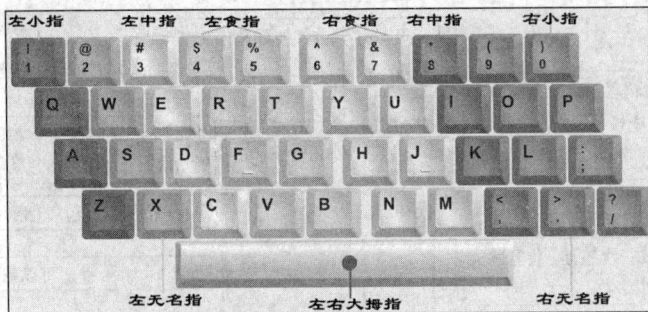

图 1-28　键盘的指法分区

- 左手按键时，右手手指（除大拇指外）应放在基准键位上保持不动；右手按键时，左手手指（除大拇指外）也应放在基准键位上保持不动。
- 按键后手指（除大拇指外）要迅速返回相应的基准键位。
- 不要长时间按住一个键不放，同时按键时应尽量不看键盘，以养成"盲打"的习惯。

为了提高输入速度，一般要求不看键盘，将手指轻放在键盘基准键位上，固定手指位置。将视线集中于文稿，养成科学、合理的"盲打"习惯。在练习时可以一边打字一边默念，便于快速记忆各个键位。

课后练习

选择题

（1）1946 年诞生的世界上第一台通用电子计算机是（　　　）。

A. UNIVAC-I　　　B. EDVAC　　　　C. ENIAC　　　　　D. IBM

（2）第二代计算机的划分年代是（　　　）。

A. 1946～1957 年　　　　　　　　B. 1958～1964 年

C. 1965～1970 年　　　　　　　　D. 1971 年至今

查看项目一答案与解析

（3）1 KB 的准确数值是（　　　）。

A. 1024 Byte　　B. 1000 Byte　　C. 1024 bit　　　　D. 1024 MB

（4）关于数制的转换，下列叙述正确的是（　　　）。

A. 采用不同的数制表示同一个数时，基数（R）越大，使用的位数越少

B. 采用不同的数制表示同一个数时，基数（R）越大，使用的位数越多

C. 不同数制采用的数码是各不相同的，没有一个数码是一样的

D. 进位记数制中每个数码的数值不只取决于数码本身

（5）十进制数 55 转换成二进制数等于（　　　）。

A. 111111　　　B. 110111　　　C. 111001　　　　D. 111011

（6）与二进制数 101101 等值的十六进制数是（　　　）。

A. 2D　　　　　B. 2C　　　　　C. 1D　　　　　　D. B4

（7）二进制数 111+1 等于（　　　）B。

A. 10000　　　B. 100　　　　C. 1111　　　　　D. 1000

（8）一个汉字的内码与它的国标码之间的差是（　　　　）。

A. 2020H　　　　　B. 4040H　　　　　C. 8080H　　　　　　D. A0A0H

（9）多媒体信息不包括（　　　　）。

A. 动画、影像　　B. 文字、图像　　C. 声卡、光驱　　　　D. 音频、视频

（10）计算机的硬件系统主要包括运算器、控制器、存储器、输出设备和（　　　　）。

A. 键盘　　　　　　B. 鼠标　　　　　C. 输入设备　　　　　D. 显示器

（11）计算机的总线是计算机各部件之间传递信息的公共通道，它分为（　　　　）。

A. 数据总线和控制总线　　　　　　　B. 数据总线、控制总线和地址总线

C. 地址总线和数据总线　　　　　　　D. 地址总线和控制总线

（12）下列叙述中，错误的是（　　　　）。

A. 内存储器一般由 ROM、RAM 和 Cache 组成

B. RAM 中存储的数据一旦断电就全部丢失

C. CPU 可以直接存取硬盘中的数据

D. 存储在 ROM 中的数据断电后也不会丢失

（13）能直接与 CPU 交换信息的存储器是（　　　　）。

A. 硬盘存储器　　B. 光盘驱动器　　C. 内存储器　　　　D. 软盘存储器

（14）ROM 的中文全称是（　　　　）。

A. 高速缓冲存储器　　　　　　　　　B. 只读存储器

C. 随机存储器　　　　　　　　　　　D. 光盘

（15）下列设备中，全部属于外部设备的一组是（　　　　）。

A. 打印机、移动硬盘、鼠标

B. CPU、键盘、显示器

C. SRAM 内存条、光盘驱动器、扫描仪

D. U 盘、内存储器、硬盘

（16）下列软件中，属于应用软件的是（　　　　）。

A. Windows 10　　B. Excel 2016　　C. UNIX　　　　　　D. Linux

（17）下列关于软件的叙述中，错误的是（　　　　）。

A. 计算机软件系统由程序和相应的文档资料组成

B. Windows 操作系统是系统软件

C. PowerPoint 2016 是应用软件

D. 使用高级程序设计语言编写的程序，要转换成计算机中的可执行程序，必须经过编译

（18）键盘上的"Caps Lock"键被称为（　　　　）。

A. 上挡键　　　　　B. 回车键　　　　C. 大写字母锁定键　　D. 退格键

项目二
了解计算机新技术

02

　　随着计算机网络的发展，计算机技术不断创新，这不仅给 IT 界带来了重大影响，更对社会的发展起到了积极的作用。本项目将通过 4 个任务来介绍人工智能、大数据、云计算、物联网、移动互联网、虚拟现实技术、3D 打印、"互联网+"和 5G 等计算机新兴技术及其应用的相关内容。

学习目标	素养目标
• 认识人工智能。 • 认识大数据。 • 认识云计算。 • 认识计算机的其他新兴技术。	• 了解计算机新技术的发展动态。 • 提高数字化学习与创新能力。 • 树立正确的信息社会价值观和责任感。

任务一　认识人工智能

任务要求

　　肖磊最近参加了一场新兴科学技术展览会，在参会过程中，他发现很多人工智能产品都能够与人进行流畅的交流。随着科技的发展，人工智能不再仅限于简单的人机交流层面，有些领域已经可以使用人工智能技术来代替人完成一些高难度或高风险的工作。肖磊了解到，人工智能是计算机科学的一个分支，它试图通过了解智能的实质，生产出一种能以与人类智能相似的方式做出反应的智能机器。人工智能研究的领域比较广泛，包括机器人、语言识别、图像识别及自然语言处理等。

　　本任务要求了解人工智能的定义，了解人工智能的发展，熟悉人工智能在实际工作、生活中的应用。

任务实现

（一）人工智能的定义

　　人工智能（Artificial Intelligence，AI）又称机器智能，是指由人工制造的系统所表现出来的智能，可以概括为研究智能程序的一门科学。人工智能研究的主要目标在于研究用机器来模仿和执行人脑的某些智力功能或活动，探究相关理论、研发相应技术，如判断、推理、识别、感知、理解、思考、规划、学习等思维活动。人工智能技术已经渗透到人们日常生活的各个方面，涉及的行业也很多，包括游戏、新闻媒体、金融等，并运用于各种前沿的研究领域，如量子科学。

> **提示**　人工智能并不是触不可及的，Windows 10 的 Cortana、百度的度秘、华为的小艺等智能助理和智能聊天类应用，都属于人工智能的范畴，甚至一些简单的带有固定模式的资讯类新闻，也是由人工智能来完成的。

（二）人工智能的发展

1956 年夏季，以麦卡赛、明斯基、罗切斯特和香农等为首的一批年轻科学家聚在一起，共同研究和探讨用机器模拟人类智能的一系列有关问题，并首次提出了"人工智能"这一术语，它标志着"人工智能"这门新兴学科的正式诞生。

从 1956 年正式提出人工智能学科算起，多年以来，人工智能研究取得了长足的发展，且已成为一门广泛的交叉和前沿科学。总的说来，研究人工智能的目的就是让计算机能够像人一样去思考。当计算机出现后，人类才开始真正有了一个可以模拟人类思维的工具。

如今，全世界大部分大学的计算机系都在研究"人工智能"这门学科。1997 年 5 月，IBM 公司研制的深蓝（Deep Blue）计算机战胜了国际象棋大师卡斯帕洛夫。大家或许不会注意到，在一些方面，计算机帮助人们进行一些原本只属于人类的工作，以它的高速度和准确性促进人类社会的发展。人工智能始终是计算机科学的前沿学科，计算机的编程语言和其他计算机软件都因为有了人工智能的发展而得以存在。

（三）人工智能的实际运用

曾经，人工智能只在一些科幻影片中出现，但随着科学的不断发展，人工智能在很多领域得到了不同程度的应用，如在线客服、自动驾驶、智慧生活、智慧医疗、自然语言处理等。

1. 在线客服

在线客服是一种以网站为媒介的即时沟通技术，主要以聊天机器人的形式自动与用户沟通，并及时解决用户的一些问题。随着互联网的不断发展和各种技术的推陈出新，以前由于各种技术的阻碍而出现的问题现在已得到了一定程度的解决，如会话延迟等，这极大地改善了用户在咨询问题时的体验和感受。

2. 自动驾驶

自动驾驶是指使用通信、计算机、网络和控制技术对车辆实行实时且连续的控制，使车辆在行驶过程中能够完全自动化，从而解放驾驶员的双手。目前，自动驾驶技术发展已逐渐成熟。自动驾驶可以实现的功能有车辆的自动启动和休眠、自动行驶、自动出入停车场、自动停车、自动开关车门、自动清洗等，同时还具有常规运行、降级运行、运行中断等运行模式。

3. 智慧生活

目前的机器翻译水平，已经可以做到基本表达原文语意，不影响理解与沟通。假以时日，不断提高翻译准确度的人工智能系统，很有可能悄然越过业余译员和职业译员之间的技术鸿沟而成为"翻译大师"。到那时，不只是手机会和人进行智能对话，每个家庭里的每一件家用电器，都会拥有足够强大的对话功能，为人们提供更加方便的服务。

4. 智慧医疗

智慧医疗（Wise Information Technology of 120，WIT120）是最近兴起的专有医疗名词，通过打造健康档案区域医疗信息平台，利用先进的物联网技术，实现患者与医务人员、医疗机构、医疗设备之间的互动，从而逐步达到信息化。

大数据和基于大数据的人工智能，为辅助医生诊断疾病提供了良好的支持。将来医疗行业将融入更多的人工智能、传感技术等高科技，使医疗服务走向真正意义的智能化。在人工智能的帮助下，我们看到的不会是医生失业，而是同样数量的医生可以服务数倍、数十倍甚至更多的人群。

5. 自然语言处理

自然语言处理（Natural Language Processing，NLP）是指以语言为对象，利用计算机技术来分析和处理自然语言的一门学科。ChatGPT、文心一言等人工智能对话机器人便是基于自然语言处理技术创造出的智能产品，可以通过理解和学习人类的语言与人进行对话。另外，人工智能绘画（AI绘画）也基于自然语言处理来实现绘画功能，其工作原理为：用户输入清晰、易懂的文字描述后，AI绘画就可以基于文字描述而绘制相应的图像，对用户的绘画功底没有任何要求。

> **提示** 人工智能可以分为弱人工智能、强人工智能、超人工智能3个级别。其中，弱人工智能的应用非常广泛，如手机的自动拦截骚扰电话、邮箱的自动过滤等都属于弱人工智能。强人工智能和弱人工智能的区别在于，强人工智能有自己的思考方式，能够进行推理、制订并执行计划，并且拥有一定的学习能力，能够在实践中不断进步。而超人工智能的智能程度极高，具备复杂的语言表达、抽象思维能力和科学创新能力等。

任务二　认识大数据

任务要求

肖磊在使用计算机时发现，网页中经常会推荐一些他曾经搜索或关注过的信息，如前段时间，他在天猫上购买了一双运动鞋，然后每次打开天猫主页时，在推荐购买区都会显示一些同类的物品。肖磊觉得很神奇，经过了解，才知道这是大数据技术的一种应用，它将用户的使用习惯、搜索历史记录到数据库中，应用独特的算法计算出用户可能感兴趣或有需要的内容，然后将类似的类目推送到用户眼前。

本任务要求了解大数据技术的定义和发展，了解数据的计量单位，熟悉大数据处理的基本流程和大数据的典型应用案例。

任务实现

（一）大数据的定义

数据是指存储在某种介质上的包含信息的物理符号。在"电子网络时代"，随着人们生产数据的能力和数据数量的飞速提升，大数据应运而生。大数据是指无法在一定时间范围内用常规软件工具进行捕捉、管理、处理的数据集合，而要想从这些数据集合中获取有用的信息，就需要对大数据进行分析，这不仅需要采用集群的方法获取强大的数据分析能力，还需对面向大数据的新数据分析算法进行深入的研究。

针对大数据进行分析的大数据技术是指为了传送、存储、分析和应用大数据而采用的软件和硬件技术，也可将其看作面向数据的高性能计算系统。就技术层面而言，大数据必须依托分布式架构来对海量的数据进行分布式挖掘，必须利用云计算的分布式处理、分布式数据库、云存储和虚拟化技术，因此，大数据与云计算是密不可分的。

（二）大数据的发展

在大数据行业的火热发展下，大数据的应用越来越广泛，国家相继出台的一系列政策更是加快了大数据产业的落地。大数据的发展经历了如图 2-1 所示的 4 个阶段。

1. 出现阶段

1980 年，阿尔文·托夫勒著的《第三次浪潮》中将"大数据"称为"第三次浪潮的华彩乐章"。1997 年，美国研究员迈克尔·考克斯和大卫·埃尔斯沃斯首次使用"大数据"这一术语。

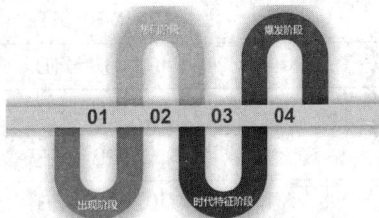

图 2-1 大数据的发展阶段

大数据在云计算出现之后才凸显其真正的价值，谷歌（Google）公司在 2006 年首先提出云计算的概念。2007~2008 年随着社交网络的快速发展，"大数据"概念被注入了新的生机。2008 年 9 月《自然》杂志推出了名为"大数据"的封面专栏。

2. 热门阶段

2009 年，欧洲一些领先的研究型图书馆和科技信息研究机构建立了伙伴关系，致力于提高在互联网上获取科学数据的简易性。2010 年肯尼思·库克耶发表大数据专题报告《数据，无所不在的数据》。2011 年 6 月麦肯锡发布了关于"大数据"的报告，正式定义了大数据的概念，后逐渐受到各行各业的关注。2011 年 12 月，工业和信息化部发布《物联网"十二五"发展规划》，将信息处理技术作为 4 项关键技术创新工程之一提出来，其中包括海量数据存储、数据挖掘、图像视频智能分析，这些是大数据的重要组成部分。

3. 时代特征阶段

2012 年，维克托·迈尔-舍恩伯格和肯尼思·库克耶在《大数据时代》一书中，把大数据的影响划分为 3 个不同的层面来分析，分别是思维变革、商业变革和管理变革。"大数据"这一概念乘着互联网的浪潮在各行各业中占据着举足轻重的地位。

4. 爆发阶段

2017 年，在政策、法规、技术、应用等多重因素的推动下，跨部门数据共享共用的格局基本形成。京、津、沪、冀、辽、贵、渝等省（市）人民政府相继出台了大数据研究与发展行动计划，整合数据资源，以实现区域数据中心资源的汇集与集中建设。

2023 年 3 月，第十四届全国人民代表大会第一次会议表决通过关于国务院机构改革方案的决定，方案提出组建国家数据局，负责协调推进数据基础制度建设，统筹数据资源整合共享和开发利用，统筹推进数字中国、数字经济、数字社会规划和建设等。

（三）数据的计量单位

在研究和应用大数据时，经常会接触到数据的计量单位，而随着大数据的产生，数据的计量单位也在逐步发生变化。MB、GB 等常用单位已无法有效地描述大数据，典型的大数据一般会用到PB、EB 和 ZB 这 3 种单位。常用的数据单位如表 2-1 所示。

表 2-1　常用的数据单位

数值换算	单位名称
1024B=1KB	千字节（KiloByte）
1024KB=1MB	兆字节（MegaByte）
1024MB=1GB	吉字节（GigaByte）
1024GB=1TB	太字节（TeraByte）
1024TB=1PB	拍字节（PetaByte）
1024PB=1EB	艾字节（ExaByte）
1024EB=1ZB	泽字节（ZettaByte）
1024ZB=1YB	尧字节（YottaByte）

（四）大数据处理的基本流程

大数据处理的数据源类型多种多样，在不同的场合通常需要使用不同的处理方法。在处理大数据的过程中，通常需要经过采集、导入、预处理、统计分析、数据挖掘和数据展现等步骤。其基本流程为：在合适的工具辅助下，从数据仓库中选择需要的数据，通过融合、取样等变换操作将初始数据按一定的标准存储，然后通过各种数据分析技术挖掘数据对象，抽取其中有价值的信息，接着对信息进行分类或聚集处理，最后提取信息，选择可视化认证等方式将结果展示给终端用户。大数据处理的基本流程如图 2-2 所示。

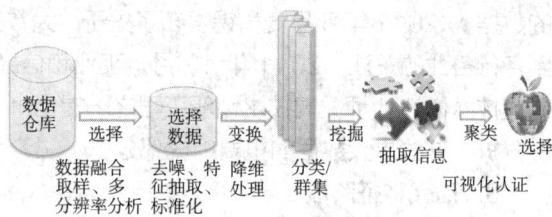

图 2-2　大数据处理的基本流程

- 数据抽取与集成。数据的抽取和集成是大数据处理的第一步，从抽取的数据中提取出关系和实体，经过关联和聚合等操作，按照统一定义的格式对数据进行存储。例如，基于物化或数据仓库技术方法的引擎（Materialization or ETL Engine）、基于联邦数据库或中间件方法的引擎（Federation Engine or Mediator）和基于数据流方法的引擎（Stream Engine）均是现有主流的数据抽取与集成方式。

- 数据分析。数据分析是大数据处理的核心步骤，在决策支持、商业智能、推荐系统、预测系统中应用广泛，在从异构的数据源中获取了原始数据后，将数据导入一个集中的大型分布式数据库或分布式存储集群，进行一些基本的预处理工作，然后根据自己的需求对原始数据进行分析，如数据挖掘、机器学习、数据统计等。

- 数据解释和展现。在完成数据的分析后，应该使用合适的、便于理解的展示方式将正确的数据处理结果展示给终端用户，可视化和人机交互是数据解释的主要技术。

（五）大数据的典型应用案例

在以云计算为代表的技术创新背景下，收集和处理数据变得更加简便，国务院在印发的《促进大数据发展行动纲要》中系统地部署了大数据发展工作，通过各行各业的不断创新，大数据也将创造更多价值。下面对大数据的典型应用案例进行介绍。

查看大数据在行业中的应用

- 高能物理。高能物理是一个与大数据联系十分紧密的学科。科学家往往要从大量的数据中发现一些小概率的粒子事件，如比较典型的离线处理方式，由探测器组负责在实验时获取数据，而最新的 LHC（Large Hadron Collider，大型强子对撞机）实验每年采集的数据高达 15PB。高能物理中的数据不仅十分海量，而且没有关联性，要从海量数据中提取有用的信息，就要使用并行计算技术对各个数据文件进行较为独立的分析处理。

- 推荐系统。推荐系统可以通过电子商务网站向用户提供商品信息和建议，如商品推荐、新闻推荐、视频推荐等。而实现推荐过程则需要依赖大数据，用户在访问网站时，网站会记录和分析用户的行为并建立模型，将该模型与数据库中的产品进行匹配后，才能完成推荐过程。为了实现这个推荐过程，需要存储海量的用户访问信息，并基于大量数据的分析，推荐与用户行为相符合的内容。

- 搜索引擎系统。搜索引擎是非常常见的大数据系统，为了有效地完成互联网上数量巨大的信息的收集、分类和处理工作，搜索引擎系统大多基于集群架构，搜索引擎的发展历程为大数据研究积累了宝贵的经验。

任务三　认识云计算

任务要求

肖磊最近加入了计算机技术讨论组，在讨论组中听到了许多新名词，如云计算、云安全、云存储、云游戏等。为了了解这些新技术，肖磊开始从多方查阅资料，学习相关的知识。

本任务要求了解云计算的定义、云计算的发展、云计算技术的特点，以及云计算在云安全、云存储、云游戏等领域的应用。

任务实现

（一）云计算的定义

云计算是国家战略性新兴产业，是基于互联网服务的增加、使用和交付模式。云计算通常涉及通过互联网来提供动态、易扩展且经常是虚拟化的资源，是传统计算机和网络技术发展融合的产物。

云计算技术是硬件技术和网络技术发展到一定阶段出现的新的技术模型，是对实现云计算模式所需的所有技术的总称。分布式计算技术、虚拟化技术、网络技术、服务器技术、数据中心技术、云计算平台技术、分布式存储技术等都属于云计算技术的范畴，同时云计算技术也包括新出现的 Hadoop、HPCC、Storm、Spark 等技术。云计算技术的出现意味着计算能力也可作为一种商品通过互联网进行流通。

云计算技术中主要包括 3 种角色，分别为资源的整合运营者、资源的使用者和终端客户。资源的整合运营者负责资源的整合输出，资源的使用者负责将资源转变为满足客户需求的应用，而终端客户则是资源的最终消费者。

云计算技术作为一项应用范围广、对产业影响深的技术，正逐步向信息产业等各种产业渗透，产业的结构模式、技术模式和产品销售模式等都会随着云计算技术的发展发生深刻的改变，进而影响人们的工作和生活。

（二）云计算的发展

2010 年，云计算作为一个新的技术趋势得到了快速发展。云计算的崛起无疑会改变 IT 产业，也将深刻改变人们的工作方式和公司经营的方式。云计算的发展基本可以分为以下 4 个阶段。

1. 理论完善阶段

1984 年，Sun 公司的联合创始人约翰·盖奇提出"网络就是计算机"的名言，用于描述分布式计算技术带来的新世界，今天的云计算正在将这一理念变成现实；1997 年，南加州大学教授拉姆纳特 K·切拉帕（Ramnath K·Chellappa）提出云计算的第一个学术定义；1999 年，马克·安德森（Marc Andreessen）创建了响云（LoudCloud），它是第一个商业化的基础设施即服务（Infrastructure as a Service，IaaS）平台；1999 年 3 月，赛富时（Salesforce）成立，成为最早出现的云服务；2005 年，亚马逊公司宣布推出亚马逊云计算服务（Amazon Web Services，AWS）平台。

2. 准备阶段

IT 企业、电信运营商、互联网企业等纷纷推出云服务。2008 年 10 月，微软（Microsoft）公司发布其公共云计算平台——Windows Azure Platform，由此拉开了他们的云计算大幕。2008 年 12 月，高德纳（Gartner）公司披露十大数据中心突破性技术，虚拟化和云计算上榜。

3. 成长阶段

云服务功能日趋完善，种类日趋多样，传统企业也开始根据自身能力通过扩展、收购等模式投入云服务之中。2009 年 4 月，VMware 公司推出业界首款云操作系统 VMware vSphere 4。2009 年 7 月，我国首个企业云计算平台诞生。2009 年 11 月，中国移动云计算平台"大云"计划启动。2010 年 1 月，微软公司正式推出 Microsoft Azure 云平台服务。

4. 高速发展阶段

云计算行业市场通过深度竞争，逐渐形成主流平台产品和标准；产品功能比较健全、市场格局相对稳定；云服务进入成熟阶段。2014 年，阿里云启动"云合"计划；2015 年，华为公司在北京正式对外宣布"企业云"战略；2016 年，腾讯云战略升级，并宣布"云出海"计划等。

近年，国家政策也不断支持与引导着我国云计算行业的快速发展，2018 年，工业和信息化部印发《推动企业上云实施指南（2018—2020 年）》，2020 年 4 月 7 日，国家发展改革委、中央网信办印发《关于推进"上云用数赋智"行动 培育新经济发展实施方案》，再一次将大众的目光聚焦到了云计算行业上。

（三）云计算技术的特点

传统计算模式向云计算模式的转变如同单台发电模式向集中供电模式的转变，云计算将计算任务分布在由大量计算机构成的资源池中，使用户能够按需获取计算能力、存储空间和信息服务。与传统的资源提供方式相比，云计算主要具有以下特点。

- 超大规模。"云"具有超大的规模，Google 云计算已经拥有 100 多万台服务器，亚马逊、IBM、微软等公司的"云"均拥有几十万台服务器。"云"能赋予用户前所未有的计算能力。
- 高可扩展性。云计算可以将资源低效率的分散使用转化为资源高效率的集约化使用。分散在不同计算机上的资源，其利用率非常低，通常会造成资源的极大浪费，而将资源集中起来后，资源的利用率会大大提升。而资源的集中化和资源需求的不断提高，也对资源池的可扩张性提出了要求，因此云计算系统必须具备优秀的资源扩张能力，才能方便新资源的加入，以及有效地应对不断增长的资源需求。
- 按需服务。对用户而言，云计算系统最大的好处是可以适应自身对资源不断变化的需求，云计算系统按需向用户提供资源，用户只需为自己实际使用的资源进行付费，而不必自己购买和维护大量固定的硬件资源。这不仅为用户节约了成本，还可促使应用软件的开发者创造出更多有趣和实用的应用。同时，按需服务让用户在服务选择上具有更大的空间，通过缴纳不同的费用来获取不同层次的服务。
- 虚拟化。云计算技术是利用软件来实现硬件资源的虚拟化管理、调度及应用，支持用户在任意位置、使用各种终端获取应用服务。通过"云"这个庞大的资源池，用户可以方便地使用网络资源、计算资源、数据库资源、硬件资源、存储资源等，大大降低了维护成本，提高了资源的利用率。
- 通用性。云计算不针对特定的应用，在"云"的支撑下可以构造出千变万化的应用，同一个"云"可以同时支持不同的应用运行。
- 高可靠性。在云计算技术中，用户数据存储在服务器端，应用程序在服务器端运行，计算由服务器端处理，数据被复制到多个服务器节点上，当某一个节点任务失败时，即可在该节点进行终止，再启动另一个程序或节点，保证计算的正常进行。
- 低成本。"云"的自动化集中式管理使大量企业无须负担日益高昂的数据中心管理成本，"云"的通用性使资源的利用率较传统系统大幅提升，因此用户可以充分享受"云"的低成本优势。
- 潜在的危险性。云计算服务除了提供计算服务外，还会提供存储服务。那么，对选择云计算服务的政府机构、商业机构而言，就存在数据（信息）泄露的风险，因此这些政府机构、商业机构（特别是像银行这样持有敏感数据的商业机构）在选择云计算服务时一定要保持足够的警惕。

（四）云计算的应用

随着云计算技术产品、解决方案的不断成熟，云计算技术的应用领域也在不断扩展，衍生出了云制造、教育云、环保云、物流云、云安全、云存储、云游戏、移动云计算等，对医药医疗领域、制造领域、金融与能源领域、电子政务领域、教育科研领域的影响巨大，为电子邮箱、数据存储、虚拟办公等方面也提供了非常大的便利。下面介绍几种常用的云计算应用。

查看云计算的应用

1. 云安全

云安全是云计算技术的重要分支，在反病毒领域获得了广泛应用。云安全技术可以通过网状的大量客户端对网络中软件的异常行为进行监测，获取互联网中木马和恶意程序的最新信息，自动分析和处理信息，并将解决方案发送到每一个客户端。

云安全融合了并行处理、网格计算、未知病毒行为判断等新兴技术和概念，理论上可以把病毒的传播范围控制在一定区域内，且整个云安全网络对病毒的上报和查杀速度非常快，在反病毒领域意义重大，但所涉及的安全问题也非常广泛。对最终用户而言，云安全技术在用户身份安全、共享业务安全和用户数据安全等方面的问题需要格外关注。

- 用户身份安全。用户登录到云端使用应用与服务，系统在确保用户身份合法之后才为其提供服务，如果非法用户取得了用户身份，则会对合法用户的数据和业务产生危害。
- 共享业务安全。云计算通过虚拟化技术实现资源的共享，可以提高资源的利用率，但同时共享也会带来安全问题，云计算不仅需要保证用户资源间的隔离，还要针对虚拟机、虚拟交换机、虚拟存储器等虚拟对象提供安全保护策略。
- 用户数据安全。数据安全问题包括数据丢失、泄露、篡改等，因此必须对数据采取复制、存储加密等有效的保护措施，确保数据的安全。此外，账户、服务和通信劫持，不安全的应用程序接口，操作错误等问题也会对云安全造成隐患。

云安全系统的建立并非轻而易举，要想保证系统正常运行，不仅需要海量的客户端、专业的反病毒技术和经验、大量的资金和技术投入，还必须提供开放的系统，让大量合作伙伴加入。

2. 云存储

云存储是一种新兴的网络存储技术，可将存储资源放到"云"上供用户使用。云存储通过集群应用、网络技术或分布式文件系统等功能将网络中大量不同类型的存储设备集合起来协同工作，共同对外提供数据存储和业务访问功能。通过云存储，用户可以在任何时间、任何地点，将任何可联网的设备连接到"云"上存取数据。

在使用云存储功能时，用户只需要为实际使用的存储容量付费，不用额外安装物理存储设备，节约了IT和托管成本。同时，存储维护工作转移至服务提供商，在人力、物力上也降低了成本。但云存储也有一些可能存在的问题，例如，如果用户在"云"中保存了重要数据，则数据安全可能存在潜在隐患，其可靠性和可用性取决于广域网（Wide Area Network，WAN）的可用性和服务提供商的预防措施等级。对于一些具有特定记录保留需求的用户，在选择云存储服务之前还需进一步了解和掌握云存储。

> **提示** 云盘是一种以云计算为基础的网络存储技术，目前，各大互联网企业也在陆续开发自己的云盘，如百度网盘等。

3. 云游戏

云游戏是一种以云计算技术为基础的在线游戏技术，云游戏模式中的所有游戏都在服务器端运行，并通过网络将渲染后的游戏画面压缩传送给游戏用户。

云游戏技术主要包括云端完成游戏运行与画面渲染的云计算技术，以及玩家终端与云端间的流媒体传输技术。对游戏运营商而言，只需花费服务器升级的成本，而不需要不断投入巨额的新主机研发费用；对游戏用户而言，用户的游戏终端无须拥有强大的图形运算与数据处理能力等，只需拥有流媒体播放能力与获取用户输入的指令并发送给云端服务器的能力即可。

任务四　认识计算机的其他新兴技术

任务要求

肖磊最近对计算机新兴技术非常感兴趣，随着时代的发展，越来越多的新技术被应用到人们的工作和生活中。肖磊明白，只有不断学习新知识，才能与时俱进。

本任务要求认识计算机的其他新兴技术，如物联网、移动互联网、虚拟现实技术、3D 打印、"互联网+"和 5G 等。

任务实现

（一）物联网

物联网（Internet of Things）起源于传媒领域，是信息科学技术产业的第三次革命。物联网将现实世界数字化，其应用范围十分广泛。下面将从物联网的定义、关键技术和应用 3 个方面来介绍物联网的相关知识。

1. 物联网的定义

物联网是互联网、传统电信网等信息的承载体，它是让所有具有独立功能的普通物体实现互联互通的网络。简单地说，物联网就是把所有能行使独立功能的物品，通过信息传感设备与互联网连接起来进行信息交换，以实现智能化识别和管理。

在物联网上，每个人都可以应用电子标签连接真实的物体。通过物联网可以用中心计算机对机器、设备、人员进行集中管理和控制，也可以对家庭设备、汽车进行遥控，以及搜索设备位置、防止物品被盗等，通过收集这些小的数据，最后聚集成大数据，从而实现物物相连等。

2. 物联网的关键技术

目前，物联网的发展非常迅速，尤其在智慧城市、工业、交通以及安防等领域取得了突破性的进展。未来的物联网发展，必须从低功耗、高效率、高安全性等方面出发，必须重视物联网的关键技术的发展。物联网的关键技术主要有以下 5 项。

- RFID（Radio Frequency Identification，射频识别）技术。RFID 技术是一种通信技术，它同时融合了无线射频技术和嵌入式技术，在自动识别、物品物流管理方面的应用前景十分广阔。RFID技术主要的表现形式是 RFID 标签，具有抗干扰性强、数据容量大、安全性高、识别速度快等优点，主要工作频率有低频、高频和超高频。但目前还存在一些技术方面的难点，比如选择最佳工作频率和机密性的保护等，尤其是超高频频段的技术还不够成熟，相关产品价格较高，稳定性却不理想。

- 传感技术。传感技术是计算机应用中的关键技术，通过传感器可以把模拟信号转换成数字信号供计算机处理。目前，传感技术的技术难点主要是应对外部环境的影响。例如，当受到自然环境中温度等因素的影响时，传感器的零点漂移和灵敏度会发生变化。

- 云计算技术。云计算是把一些相关网络技术和计算机发展融合在一起的产物，具备强大的计算和存储能力。常用的搜索功能就是对云计算技术的一种应用。
- 无线网络技术。物体与物体"交流"需要高速、可进行大批量数据传输的无线网络，设备连接的速度和稳定性与无线网络的速度息息相关。目前，随着 5G 网络的全面普及，物联网将得到飞速发展，进而取得更大的突破。
- 人工智能技术。人工智能技术是研究、开发用于模拟、延伸和扩展人的智能的理论、方法、技术及应用系统的一门新的技术科学。人工智能与物联网有着十分密切的关联，物联网主要负责使物体之间相互连接，而人工智能则可以让连接起来的物体进行学习，从而使物体实现智能化操作。

3. 物联网的应用

物联网蓝图逐步变成了现实，在很多场合都有物联网的影子。下面将对物联网的应用领域进行简单的介绍，包括物流、交通、安防、医疗、建筑、能源环保、家居、零售等。

- 智慧物流。智慧物流指的是以物联网、人工智能、大数据等信息技术为支撑，在物流的运输、仓储、配送等各个环节实现系统感知、全面分析和处理等功能。但在物联网领域的应用主要体现在 3 个方面，包括仓储、运输监测和快递终端，通过物联网技术实现对货物以及运输车辆的监测，包括货物车辆位置、状态、油耗，货物的温湿度及车速等的监测。
- 智能交通。智能交通是物联网的一种重要体现形式，利用信息技术将人、车和路紧密地结合起来，改善交通运输环境、保障交通安全并提高资源利用率。物联网技术在智能交通的应用包括智能公交车、智慧停车、共享单车、车联网、充电桩监测以及智能红绿灯等。
- 智能安防。传统安防对人员的依赖性比较大，非常耗费人力，而智能安防能够通过设备实现智能判断。目前，智能安防最核心的部分是智能安防系统，该系统对拍摄的图像进行传输与存储，并对其进行分析与处理。一个完整的智能安防系统主要包括 3 部分，即门禁、报警和监控，行业应用中以视频监控为主。
- 智能医疗。在智能医疗领域，新技术的应用必须以人为中心，而物联网技术是数据获取的主要途径，能有效地帮助医院实现对人和物的智能化管理。对人的智能化管理指的是通过传感器对人的生理状态（如心跳频率、血压高低等）进行监测，将获取的数据记录到电子健康文件中，方便个人或医生查阅；通过 RFID 技术能对医疗设备、物品进行监控与管理，实现医疗设备、用品可视化，主要表现为数字化医院。
- 智慧建筑。建筑是城市的基石，技术的进步促进了建筑的智能化发展，以物联网等新技术为主的智慧建筑也越来越受到人们的关注。当前的智慧建筑主要体现在节能方面，由物联网控制的智能设备可以感知、传输并实现远程监控，在节约能源的同时还减少了楼宇人员的维护工作。
- 智慧能源环保。智慧能源环保属于智慧城市的一部分，其物联网应用主要集中在水能、电能、燃气等能源方面，如智能水电表实现远程抄表。将物联网技术应用于传统的水、电、光能设备，并进行联网，通过监测，不仅提升了能源的利用效率，还减少了能源的损耗。
- 智能家居。智能家居指的是使用不同的方法和设备来提高人们的生活水平，使家庭生活变得更舒适。物联网应用于智能家居领域，能够对家居类产品的位置、状态、变化进行监测，分析其变化特征。智能家居行业的发展主要分为单品连接、物物联动和平台集成 3 个阶段。其发展的方向首先是连接智能家居单品，随后走向不同单品之间的联动，最后向智能家居系统平台发展。当前，各个智能家居类企业正处于从单品连接向物物联动的过渡阶段。

- 智能零售。行业内将零售按照距离分为远场零售、中场零售、近场零售 3 种，三者分别以电商、超市和自动售货机为代表。物联网技术可以用于近场零售和中场零售，且主要应用于近场零售，即无人便利店和自动（无人）售货机。智能零售通过将传统的售货机和便利店进行数字化升级和改造，打造无人零售模式。通过数据分析，充分运用门店内的客流和活动为用户提供更好的服务。

（二）移动互联网

移动互联网是互联网与移动通信在各自独立发展的基础上相互融合的新兴领域，涉及无线蜂窝通信、无线局域网、互联网、物联网、云计算等诸多领域，能广泛应用于个人即时通信、现代物流、智慧城市等多个场景。

1. 移动互联网的定义

移动互联网（Mobile Internet，MI）是一种通过智能移动终端，采用移动无线通信方式获取业务和服务的通信技术，包含终端层、软件层和应用层 3 个层面。

- 终端层，包括智能手机、平板电脑、电子书等。
- 软件层，包括操作系统、数据库和安全软件等。
- 应用层，包括休闲娱乐类、工具媒体类、商务财经类等不同的应用与服务。

移动互联网具备以下 4 个特点。

- 便携性。移动互联网的基本载体是移动终端，这些移动终端既可以是智能手机、平板电脑，也可以是智能眼镜、手表等各类随身物品，它们可以随时随地地使用，满足人们获取娱乐、生活、商务等相关信息，以及支付、查找周边位置等需要。
- 即时性。由于有了便捷性，人们可以充分利用生活、工作中的碎片化时间，接受和处理互联网的各类信息，不用担心有任何重要信息、时效信息被错过。
- 感触性和定向性。感触性和定向性不仅体现在移动终端屏幕的感触层面，更重要的是体现在照相、摄像、二维码扫描，以及移动感应，温度、湿度感应等无所不及的感触功能上。而基于位置的服务（Location Based Service，LBS）不仅能够确定移动终端所在的位置，还可以根据移动终端的趋向性，确定下一步可能去往的位置。
- 隐私性。移动设备用户的隐私性远高于 PC 端用户的要求。高隐私性决定了移动互联网终端应用的特点，数据共享时既要保证客户的有效性，又要保证信息的安全性。在互联网下，PC 端用户的信息是可以被搜集的，而在无线端，移动设备用户的上网信息是保密的。

> **提示** 移动互联网≠移动+互联网，移动互联网是移动和互联网融合的产物，不是简单的加法。移动互联网继承了移动随时随地和互联网分享、开放、互动的优势，是整合二者优势的"升级版本"，移动互联网将会是下一代互联网——Web 3.0。

2. 移动互联网的发展

作为互联网的重要组成部分，移动互联网还处在发展阶段，但根据传统互联网的发展经验来看，其快速发展的临界点已经出现。在互联网络基础设施完善以及移动寻址技术等技术成熟的推动下，移动互联网将迎来发展高潮。

- 移动互联网超越 PC 互联网，引领发展新潮流。PC 只是互联网的终端之一，智能手机、平板电脑已成为重要终端，电视机、车载设备正在成为终端。

- 移动互联网和传统行业融合，催生新的应用模式。在移动互联网、云计算、物联网等新技术的推动下，传统行业与互联网的融合正在呈现出新的特点，平台和模式都发生了改变。如食品、餐饮、娱乐、金融、家电等传统行业的 App 和企业推广平台。

- 终端的支持是业务推广的生命线，随着移动互联网业务逐渐升温，移动终端解决方案也不断增多。例如，2011 年主流的智能手机屏幕是 3.5～4.3 英寸（1 英寸≈25.4 毫米），而现在手机屏幕大多为 6 英寸或更大尺寸。

- 移动互联网业务的新特点为商业模式的创新提供了空间。随着移动互联网的发展进入快车道，移动互联网也已经融入主流生活与商业社会，如移动游戏、移动广告、移动电子商务等业务模式的流量变现能力快速提升。

- 目前的移动互联网领域，仍然是以位置的精准营销为主，但随着大数据相关技术的发展和人们对数据挖掘的不断深入，针对用户个性化定制的应用服务和营销方式将成为发展的趋势，这将会是移动互联网的另一片蓝海。

在"移动互联网时代"，传统的信息产业运作模式正在被打破，新的运作模式正在形成。对手机厂商、互联网公司、消费电子公司以及网络运营商来说，这既是机遇，又是挑战。

（三）虚拟现实技术

虚拟现实（Virtual Reality，VR）技术是一种结合了仿真技术、计算机图形学、人机接口技术、图像处理与模式识别、多传感技术、人工智能等多项技术的交叉技术，虚拟现实技术的开发和研究萌生于 20 世纪 60 年代，进一步完善和应用则是在 20 世纪 90 年代到 21 世纪初。

1. VR

VR 是一种可以创建和体验虚拟世界的计算机仿真系统。VR 可以使计算机生成一种模拟环境，通过多源信息融合的交互式三维动态视景和实体行为的系统仿真，带给用户身临其境的体验。

VR 技术主要包括模拟环境、感知、自然技能和传感设备等方面，其中模拟环境是指由计算机生成的实时、动态的三维立体图像；感知是指一切人所具有的感知能力，包括视觉、听觉、触觉、运动感知，甚至包括嗅觉和味觉等；自然技能是指计算机对人体行为动作数据进行处理，并对用户输入作出实时响应；传感设备是指三维交互设备。

通过 VR 技术，人们可以全角度观看电影、比赛、风景、新闻等，VR 游戏技术甚至可以追踪用户的动作行为，对用户的移动、步态等进行追踪和交互。

2. AR

增强现实（Augment Reality，AR）技术是一种实时计算摄影机影像位置及角度，并赋予其相应图像、视频、3D 模型的技术。VR 技术对应百分之百的虚拟世界，而 AR 技术则是以真实世界的实体为主体，借助数字技术让用户可以探索真实世界并与之交互。VR 技术提供的场景、人物都是虚拟的，AR 技术提供的场景、人物半真半假，现实场景和虚拟场景的结合需借助摄像头进行拍摄，在拍摄的画面的基础上结合虚拟画面进行展示和互动。

AR 技术包含多媒体、三维建模、实时视频显示及控制、多传感器融合、实时跟踪及注册、场景融合等多项新技术，AR 技术与 VR 技术的应用领域类似，如尖端武器、飞行器的研制与开发等，但 AR 技术对真实环境进行增强显示输出的特性，使其在医疗、军事、古迹复原、网络视频通信、电视转播、旅游展览以及建设规划等领域的表现更加出色。

3. MR

介导现实或混合现实（Mixed Reality，MR）技术可以看作 VR 技术和 AR 技术的集合，VR 技术是纯虚拟数字画面，AR 技术是在虚拟数字画面上加上裸眼现实，MR 技术则是数字化现实加上虚拟数字画面。它结合了 VR 技术与 AR 技术的优势。利用 MR 技术，用户不仅可以看到真实世界，还可以看到虚拟物体，将虚拟物体置于真实世界中，让用户可以与虚拟物体进行互动。

4. CR

影像现实（Cinematic Reality，CR）是 Google 公司投资的魔法飞跃（Magic Leap）公司提出的概念，通过光波传导棱镜设计，多角度地将画面直接投射于用户的视网膜，直接与视网膜交互，将产生真实的影像和效果。CR 技术与 MR 技术的理念类似，都是真实世界与虚拟世界的集合，所完成的任务、应用的场景、提供的内容，都与 MR 相似。与 MR 技术的投射显示技术相比，CR 技术虽然投射方式不同，但本质上仍是 MR 技术的不同实现方式。

（四）3D 打印

3D 打印是一种快速成型技术，以数字模型文件为基础，运用特殊蜡材、粉末状金属或塑料等可黏合材料，通过逐层打印的方式来构造三维物体。

3D 打印需借助 3D 打印机来实现。3D 打印机的工作原理是把数据和原料放进 3D 打印机中，3D 打印机按照程序把产品一层一层地打印。可用于 3D 打印的介质种类非常多，如塑料、金属、陶瓷、橡胶类物质等。结合不同介质，可以打印出不同质感和硬度的物品，如图 2-3 所示。

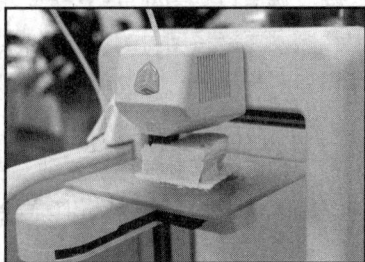

图 2-3　3D 打印

3D 打印技术作为一种新兴的技术，在模具制造、工业设计等领域应用广泛，可在产品制造的过程中直接使用 3D 打印技术打印零部件。同时，3D 打印技术在珠宝、鞋类、工业设计、建筑、工程施工、汽车、航空航天、医疗、教育、地理信息系统、土木工程等领域都有所应用。

（五）"互联网+"

"互联网+"即"互联网+各个传统行业"的简称，它利用信息通信技术和互联网平台，让互联网与传统行业深度融合，创造出新的发展业态。"互联网+"是一种新的经济发展形态，它充分发挥了互联网在社会资源配置中的优化和集成作用，将互联网的创新成果深度融合于经济、社会的各个领域中，以提升全社会的创新力和生产力，形成更广泛的以互联网为基础设施和实现工具的新经济发展形态。

"互联网+"将互联网作为当前信息化发展的核心特征提取出来，并与工业、商业和金融业等行业全面融合。实现这一融合的关键在于创新，只有创新才能让其具有真正的价值和意义，因此，"互联网+"是创新 2.0 下的互联网发展新业态，是知识社会创新 2.0 推动下的经济社会发展新形态的演进。

1. "互联网+"的主要特征

"互联网+"主要有以下 7 个特征。

- 跨界融合。利用互联网与传统行业进行变革、开放和重塑融合，使创新的基础更坚实，实现群体智能，缩短研发到产业化的路程。

- 创新驱动。创新驱动发展是互联网的特质，适合我国目前的经济发展方式，而用互联网思维来变革求发展，也更能发挥创新的力量。

- 重塑结构。在新时代的信息革命、全球化中，互联网行业打破了原有的各种结构，使得权力、议事规则、话语权不断发生变化，互联网+社会治理、虚拟社会治理与传统的社会结构有很大的不同。

- 尊重人性。对人性最大限度的尊重、对人体验的敬畏和对人创造性发挥的重视是互联网经济的根本所在。

- 开放生态。生态的本身是开放的，而"互联网+"就是要把孤岛式创新连接起来，让研发由市场决定，让创业者有机会实现自己的价值。

- 连接一切。连接是有层次的，可连接性也可能有差异，这使连接的价值相差很大，但连接一切是"互联网+"的目标。

- 法制经济。"互联网+"建立在以市场经济为基础的法制经济之上，它更加注重对创新的法律保护，增加了知识产权的保护范围，使全世界对于虚拟经济的法律保护更加趋向于共通。

2. "互联网+"对消费模式的影响

互联网与传统行业的融合，对消费者主要有以下影响。

- 满足了消费需求，使消费具有互动性。在"互联网+"消费模式中，互联网为消费者和商家搭建了快捷且实用的互动平台，供给方直接与需求方互动，省去了中间环节。同时，消费者还可通过互联网直接将自身的个性化需求提供给供给方，亲自参与到商品和服务的生产中，生产者则根据消费者对产品外形、性能的要求提供个性化商品。

- 优化了消费结构，使消费更具有合理性。互联网提供的快捷选择、快捷支付等，让消费者的消费习惯进入享受型和发展型消费的新阶段。同时，互联网信息技术有利于实现空间分散、时间错位之间的供求匹配，从而可以更好地提高供求双方的福利水平，优化升级基本需求。

- 扩展了消费范围，使消费具有无边界性。首先，消费者在商品服务的选择上没有了范围限制，互联网有近乎无限的商品来满足消费者的需求；其次，互联网消费突破了空间的限制；再次，消费者的购买效率得到了充分的提高；最后，互联网提供的信息几乎是无边界的。

- 改变了消费行为，使消费具有分享性。互联网的时效性、综合性、互动性和使用便利性使得消费者能方便地分享商品的价格、性能、使用感受，这种信息体验对消费模式转型也发挥着越来越重要的作用。

- 丰富了消费信息，使消费具有自主性。互联网把产品、信息、应用和服务连接起来，使消费者可以方便地找到同类产品的信息，并根据其他消费者的消费心得、消费评价做出是否购买的决定，强化了消费者自由选择、自主消费的权益。

3. "互联网+"的典型应用案例

"互联网+"促进了更多的互联网创业项目的诞生，使创业者无须再耗费人力、物力和财力去研究与实施行业转型。目前，通信、购物、饮食、出行、交易、企业政府等行业和领域都对"互联网+"进行了实践应用。

- "互联网+通信"。互联网与通信行业的融合产生了即时通信工具，如QQ、微信等，互联网的出现并不会彻底颠覆通信行业，反而会促进运营商进行相关业务的变革升级。

- "互联网+购物"。互联网与购物行业的融合产生了一系列的电商购物平台，如淘宝、京东等。互联网的出现让消费者能够更加舒适地消费，足不出户便能买到自己需要的物品。

- "互联网+饮食"。互联网与饮食行业的融合产生了一系列以线下饮食服务为主的 App，如美团、大众点评等。

- "互联网+出行"。互联网与交通行业的融合产生了低碳交通工具，如共享单车等，虽然这种低碳交通工具目前在全世界不同的地方仍存在争议，但通过把移动互联网和传统的交通出行相结合，不仅改善了人们的出行方式，还推动了互联网共享经济的发展。

- "互联网+交易"。互联网与金融交易行业的融合，产生了快捷支付工具，如支付宝、微信钱包等。

- "互联网+企业政府"。互联网将交通、医疗、社会保险等一系列政府服务融合在一起，让原来需要繁杂手续才能办理的业务可以通过互联网便捷完成，既节省了时间，又提高了效率。例如，阿里巴巴和腾讯等中国互联网公司通过自有的云计算服务为地方政府搭建了政务数据后台，形成了统一的数据池，实现对政务数据的统一管理。

（六）5G

5G 是指第五代移动通信技术，是继 2G、3G 和 4G 之后的最新一代蜂窝移动通信技术。2019 年 6 月，工业和信息化部向中国电信、中国移动、中国联通、中国广电发放 5G 商用牌照。同年 10 月，三大电信运营商共同宣布 5G 商用服务启动并发布相应的 5G 套餐。

至今，移动通信技术已经从 1G 时代发展到了 5G 万物互联的时代。

- 1G。1986 年，第一代移动通信系统（1G）出现，其采用模拟信号传输，即将电磁波进行频率调制后，将语音信号转换到载波电磁波上，载有信息的电磁波成功发布到空间后，由接收设备接收，并从载波电磁波上还原语音信息，完成一次通话。

- 2G。2G 采用的是数字调制技术。随着系统容量的增加，2G 时代的手机可以上网了，虽然数据传输的速度很慢（9.6kbit/s～14.4kbit/s），但文字信息的传输由此开始。

- 3G。3G 依然采用数字数据传输，但通过开辟新的电磁波频谱、制定新的通信标准，3G 的传输速度可达 384kbit/s。由于采用更宽的频带，传输的稳定性也大大提高。

- 4G。4G 是在 3G 基础上发展起来的，采用更加先进通信协议的第四代移动通信网络。4G 网络在传输速度上有着非常大的提升，理论上网速是 3G 的 50 倍，因此 4G 网络可以用于观看高清电影、传输大数据等。

- 5G。随着移动通信系统带宽和能力的提升，移动网络的速率也从 2G 时代的 10kbit/s，发展到 4G 时代的 1Gbit/s。而 5G 将不同于传统的几代移动通信技术，它不仅是拥有更高速率、更大带宽、更强能力的技术，而且是一个多业务、多技术融合的网络，更是面向业务应用和用户体验的智能网络，将最终打造一个以用户为中心的信息生态系统。

总的来说，5G 具有以下三大特点。

- 高速率。5G 峰值速率约为 4G 的 10～15 倍，体验速率约为 4G 的 20 倍，且支持多维度信息的全量承载，可以为用户提供更趋近于现实的沉浸式交互体验，如 8K 超清视频、全息投影等。

- 低时延。5G空口时延低至1ms，为4G的五分之一，可靠性达99.999%，可为远程医疗手术、远程驾驶、车联网自动驾驶、工业自动化等需要低时延、高可靠传输的领域提供技术保障。

- 大连接。5G网络每平方千米可连接设备的数量达到100万台，较4G提升了10倍，可支持更大规模、更高密度的万物互联和全局优化。5G的大连接在物联网、智慧城市、智慧家居、智慧电网、物流实时追踪等方面具有指导意义，万物互联、无线医疗、无人驾驶等都将成为现实。

课后练习

选择题

（1）下列不属于云计算特点的是（　　　）。

A. 高可扩展性　　　B. 按需服务　　　C. 高可靠性　　　　D. 非网络化

（2）下列不属于典型大数据常用单位的是（　　　）。

A. MB　　　　　　B. ZB　　　　　　C. PB　　　　　　　D. EB

（3）AR技术是指（　　　）。

A. 虚拟现实技术　　B. 增强现实技术　C. 混合现实技术　　D. 影像现实技术

（4）下列不属于人工智能涉及的学科是（　　　）。

A. 计算机科学　　　B. 心理学　　　　C. 哲学　　　　　　D. 文学

（5）人工智能的实际应用不包括（　　　）。

A. 自动驾驶　　　　B. 人工客服　　　C. 智慧生活　　　　D. 智慧医疗

（6）（　　　）是一种通过智能移动终端，采用移动无线通信方式获取业务和服务的通信技术，它包含终端、软件和应用3个层面。

A. 人工智能　　　　B. 互联网+　　　　C. 移动互联网　　　D. 物联网

（7）下列不属于5G特点的是（　　　）。

A. 大连接　　　　　B. 高速率　　　　C. 低时延　　　　　D. 不能适用于物联网

查看项目二答案与解析

项目三

学习操作系统知识

03

操作系统（Operating System, OS）是计算机软件进行工作的平台。由微软公司开发的 Windows 10 是当前主流的计算机操作系统之一。Windows 10 为计算机的操作带来了变革性升级，它具有操作简单、启动速度快、安全和连接方便等特点。本项目将通过 4 个典型任务来介绍 Windows 10 操作系统的基本操作，包括了解操作系统、操作 Windows10、定制 Windows 10 工作环境和设置汉字输入法等内容。

学习目标	素养目标
<ul><li>了解操作系统。</li><li>操作 Windows 10。</li><li>定制 Windows 10 工作环境。</li><li>设置汉字输入法。</li></ul>	<ul><li>树立自主学习、终身学习的观念。</li><li>提高计算机专业水平和职业素质。</li><li>培养认真负责、勤奋努力的工作态度，以及严谨细致的工作作风。</li></ul>

任务一　了解操作系统

任务要求

小赵是一名大学毕业生，应聘了一份办公室行政的工作。上班第一天，他发现公司计算机的所有操作系统都是 Windows 10，其界面外观与他在学校时使用的 Windows 7 有较大的差异。为了日后能更高效地工作，小赵决定先熟悉一下 Windows 10。

本任务要求了解操作系统的概念、功能、种类，以及手机操作系统和 Windows 操作系统的发展史，掌握启动与退出 Windows 10 的方法，并熟悉 Windows 10 的桌面组成。

任务实现

（一）了解计算机操作系统的概念、功能与种类

在认识 Windows 10 前，先了解计算机中操作系统的概念、功能与种类。

1. 操作系统的概念

操作系统是一种系统软件，用于管理计算机系统的硬件与软件资源，控制程序的运行，改善人机工作

界面，为其他应用软件提供支持等，使计算机系统中的所有资源能最大限度地发挥作用，并为用户提供方便、有效和友善的服务界面。操作系统是一个庞大的管理控制程序，它直接运行在计算机硬件上，是最基本的系统软件，也是计算机系统软件的核心，同时还是靠近计算机硬件的第一层软件，其所处的地位如图 3-1 所示。

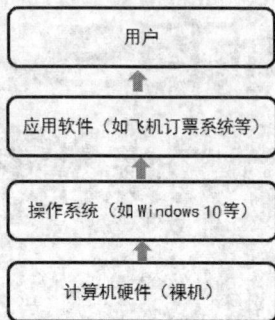

图 3-1　操作系统的地位

2. 操作系统的功能

通过前面介绍的操作系统的概念可以看出，操作系统的功能是通过控制和管理计算机的硬件资源和软件资源，提高计算机的利用率，方便用户使用。具体来说，操作系统具有以下 6 个方面的管理功能。

- 进程与处理机管理。通过操作系统处理机管理模块来确定对处理机的分配策略，实施对进程或线程的调度和管理。进程与处理机管理包括调度（作业调度、进程调度）、进程控制、进程同步和进程通信等内容。

- 存储管理。存储管理的实质是对存储空间的管理，即对内存的管理。操作系统的存储管理负责将内存单元分配给需要内存的程序以便让它执行，在程序执行结束后再将程序占用的内存单元收回以便再次使用。此外，存储管理还要保证各用户进程之间互不影响，保证用户进程不能破坏系统进程，并提供内存保护。

- 设备管理。设备管理是指对硬件设备的管理，包括对各种输入/输出设备的分配、启动、完成和回收。

- 文件管理。文件管理又称为信息管理，是指利用操作系统的文件管理子系统，为用户提供方便、快捷、共享和安全的文件使用环境，包括文件存储空间管理、文件操作、目录管理、读写管理和存取控制等。

- 网络管理。随着计算机网络功能的不断加强，网络应用不断深入人们生活的各个方面，因此，操作系统必须具备让计算机与网络进行数据传输和网络安全防护的功能。

- 提供良好的用户界面。操作系统是计算机与用户之间的接口，为了方便用户的操作，操作系统必须为用户提供良好的用户界面。

3. 操作系统的种类

操作系统可以从以下 3 个角度分类。

- 从用户角度分类，操作系统可分为 3 种：单用户、单任务操作系统（如 DOS），单用户、多任务操作系统（如 Windows 9x），多用户、多任务操作系统（如 Windows 10）。

- 从硬件的规模角度分类，操作系统可分为微型机操作系统、小型机操作系统、中型机操作系统和大型机操作系统 4 种。

- 从系统操作方式的角度分类，操作系统可分为批处理操作系统、分时操作系统、实时操作系统、PC 操作系统、网络操作系统和分布式操作系统 6 种。

目前计算机上常见的操作系统有 DOS、OS/2、UNIX、Linux、Windows 和 NetWare 等，虽然操作系统的形态多样，但所有的操作系统都具有并发性、共享性、虚拟性和不确定性 4 个基本特征。

> **提示**　多用户即一台计算机上可以有多个用户，单用户即一台计算机上只能有一个用户。如果用户在同一时间可以运行多个应用程序（每个应用程序被称作一个任务），则称这样的操作系统为多任务操作系统；如果用户在同一时间只能运行一个应用程序，则称这样的操作系统为单任务操作系统。

（二）了解手机操作系统

智能手机操作系统是一种运算能力和功能都十分强大的操作系统，具有便捷安装或删除第三方应用程序、用户界面良好、应用扩展性强等特点。目前，使用得最多的手机操作系统有安卓操作系统（Android OS）、iOS 等。

- Android OS。Android OS 是 Google 公司以 Linux 为基础开发的开放源代码操作系统，包括操作系统、用户界面和应用程序，是一种融入了全部 Web 应用的单一平台，它具有触摸使用、高级图形显示和可联网等功能，且具有界面强大等优点。
- iOS。iOS 原名为 iPhone OS，其核心源自 Apple 达尔文（Darwin），主要应用于 iPad、iPhone 和 iPod touch。它以 Darwin 为基础，系统架构分为核心操作系统层、核心服务层、媒体层、可轻触层 4 个层次。它采用全触摸设计，娱乐性强，第三方软件较多，但该操作系统较为封闭，与其他操作系统的应用软件不兼容。

微课
手机操作系统的
发展史

（三）了解 Windows 操作系统的发展史

微软公司自 1985 年推出 Windows 操作系统以来，其版本从最初运行在 DOS 下的 Windows 3.0，一直到 Windows 7、Windows 8、Windows 10、Windows 11，目前比较主流的版本是 Windows 10。

微课
Windows 操作
系统的发展史

（四）启动与退出 Windows 10

在计算机上安装 Windows 10 后，启动计算机便可进入 Windows 10 的桌面。

1. 启动 Windows 10

开启计算机显示器和主机箱的电源开关，Windows 10 将载入内存，接着对计算机的主板和内存等进行检测，系统启动完成后将进入 Windows 10 欢迎界面，若只有一个用户且没有设置用户密码，则直接进入系统桌面。如果系统存在多个用户且设置了用户密码，则需要选择用户并输入正确的密码才能进入系统。

微课
启动 Windows 10

2. 认识 Windows 10 桌面

启动 Windows 10 后，屏幕上即显示 Windows 10 桌面。由于 Windows 10 有 7 种不同的版本，其桌面样式也有所不同，下面将以 Windows 10 专业版为例来介绍其桌面组成。在默认情况下，Windows 10 的桌面由桌面图标、鼠标指针和任务栏 3 个部分组成，如图 3-2 所示。

微课
添加图标到桌面

- 桌面图标。桌面图标一般是程序或文件的快捷方式，程序或文件的快捷方式图标左下角有一个小箭头。安装新软件后，桌面上一般会增加相应的快捷方式图标，如"腾讯 QQ"的快捷方式图标为▨。默认情况下，桌面只有"回收站"一个系统图标。双击桌面上的某个图标可以打开该图标对应的窗口。
- 鼠标指针。在 Windows 10 中，鼠标指针在不同的状态下有不同的形状，代表用户当前可进行的操作或系统当前的状态。

微课
查看鼠标指针的
形态与含义

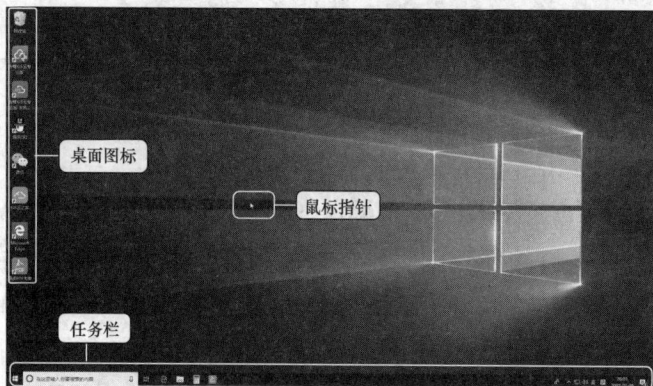

图 3-2　Windows 10 的桌面

- 任务栏。任务栏默认情况下位于桌面的最下方，由"开始"按钮⊞、cortana 搜索框（简称搜索框）、"任务视图"按钮▤、任务区、通知区域和"显示桌面"按钮 6 个部分组成。其中，cortana 搜索框、"任务视图"是 Windows 10 的新增功能。在 cortana 搜索框中单击，将打开搜索界面，在该界面中可以通过打字或语音输入的方式快速打开某一个应用，也可以实现聊天、看新闻、设置提醒等操作。单击"任务视图"按钮▤，可以让一台计算机同时拥有多个桌面，其中，"桌面 2"显示当前该桌面运行的应用程序，如果想要使用一个干净的桌面，可直接单击"桌面 1"图标。

> **提示**　Windows 10 系统默认只显示一个桌面，若想添加一个桌面，首先要单击任务栏中的"任务视图"按钮▤，然后单击桌面左上角的"新建桌面"按钮▦，以此来添加一个新桌面。若想添加多个桌面，则继续单击"新建桌面"按钮▦，每单击一次就增加一个桌面。

3. 退出 Windows 10

计算机操作结束后需要退出 Windows 10，其退出方法是：保存文件或数据后，关闭所有打开的应用程序。单击"开始"按钮⊞，在打开的"开始"菜单中单击"电源"按钮⏻，在打开的下拉列表中选择"关机"选项。成功关闭计算机后，再关闭显示器的电源。

微课

退出 Windows 10

任务二　操作 Windows 10

任务要求

小赵想知道办公室的计算机中都有哪些文件和软件，于是准备打开"此电脑"窗口，一一查看各磁盘的文件和软件，以便日后进行分类管理。小赵主要通过双击桌面上的图标来运行桌面的软件，还通过"开始"菜单启动了几个软件，正当小赵准备切换到之前浏览的窗口继续查看计算机中的文件时，却发现之前打开的窗口怎么也找不到了，此时该怎么办呢？

本任务要求了解 Windows 10 的基本设置，掌握设置 Windows 10 桌面图标、操作 Windows 10 窗口和对话框，以及利用"开始"菜单启动程序的方法。

相关知识

（一）认识 Windows 10 窗口和对话框

窗口和对话框是 Windows 10 的主要组成部分，计算机中的具体操作和设置都需要通过窗口和对话框来实现。

1. 认识 Windows 10 窗口

双击桌面上的"此电脑"图标 ，将打开"此电脑"窗口，如图 3-3 所示，这是一个典型的 Windows 10 窗口，包括标题栏、功能区、地址栏、搜索栏、导航窗格、窗口工作区、状态栏等组成部分。各个组成部分的作用介绍如下。

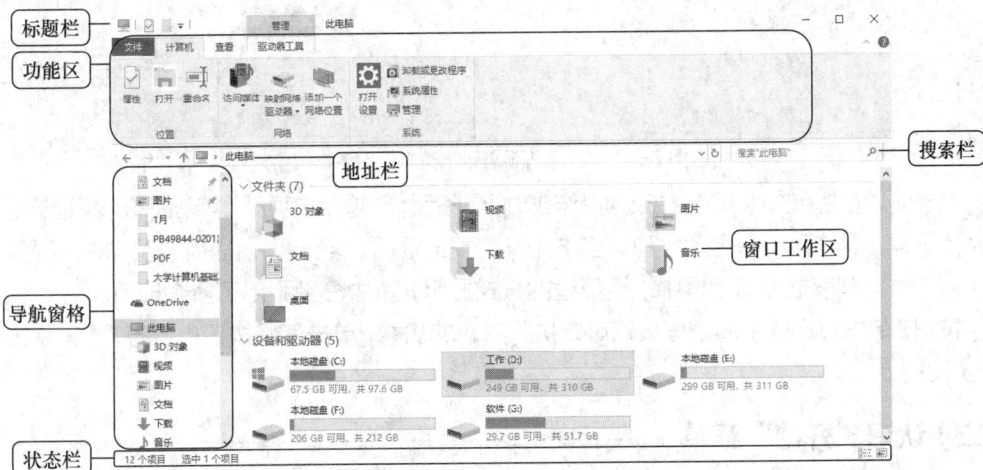

图 3-3 "此电脑"窗口的组成

- 标题栏。标题栏位于窗口顶部，左侧有一个用于控制窗口大小和关闭窗口的"文件资源管理器"按钮 ，该按钮右侧为快速访问工具栏 ，通过该工具栏可以快速实现设置所选项目属性和新建文件夹等操作，最右侧是"最小化"按钮 - 、"最大化"按钮 □ 和"关闭"按钮 × 。
- 功能区。功能区是以选项卡的方式显示的，其中存放了各种操作命令，要执行功能区中的操作命令，只需选择对应的操作命令或单击对应的操作按钮。
- 地址栏。地址栏用来显示当前窗口文件在系统中的位置。其左侧包括"返回"按钮 ← 、"前进"按钮 → 和"上移"按钮 ↑ ，用于打开最近浏览过的窗口。
- 搜索栏。搜索栏用于快速搜索计算机中的文件。
- 导航窗格。单击导航窗格中的选项可快速切换到或打开其他窗口。
- 窗口工作区。窗口工作区用于显示当前窗口中存放的文件和文件夹。
- 状态栏。状态栏用于显示当前窗口所包含项目的个数和项目的排列方式。

2. 认识 Windows 10 对话框

对话框是一种特殊的窗口，用户可在对话框中通过选择某个选项来设置一定的效果。图 3-4 所示为 Windows 10 中的"文件资源管理器选项"对话框。

- 选项卡。对话框中一般有多个选项卡，通过单击可切换到不同的选项卡。

- 下拉列表。与列表框类似，只是将选项折叠起来，单击下拉按钮，将显示出所有的选项。

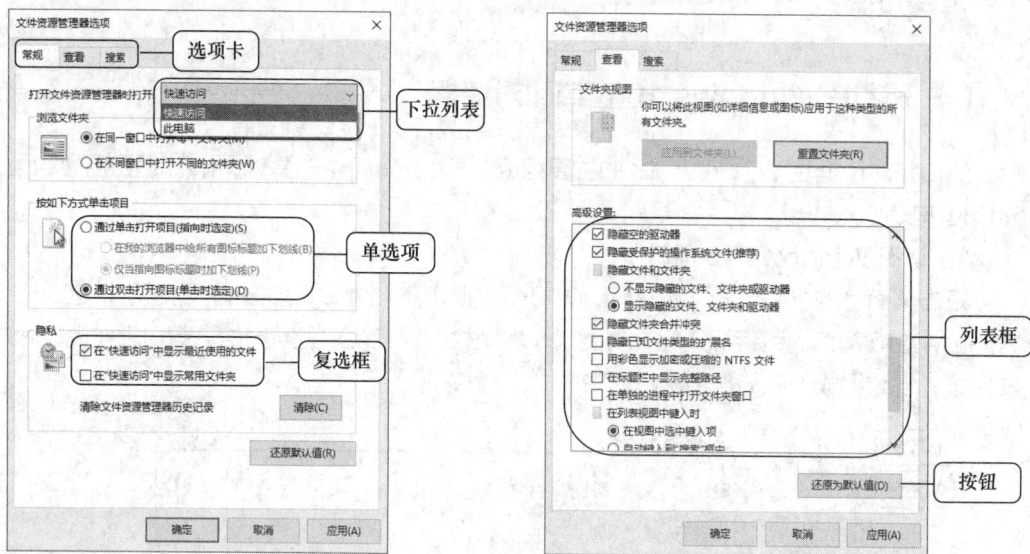

图 3-4 "文件资源管理器选项"对话框

- 单选项。选中单选项可以完成某项操作或功能的设置，选中单选项后，其前面的○标记将变为◉。
- 复选框。其作用与单选项类似，当选中某个复选框后，复选框前面的□标记将变为☑。
- 列表框。列表框在对话框中以矩形框的方式显示，其中分别列出了多个选项。
- 按钮。单击对话框中的某些按钮可以执行对应的功能，单击某些按钮也可打开相应对话框进行进一步设置。

（二）认识"开始"菜单

单击桌面任务栏左下角的"开始"按钮⊞，打开"开始"菜单，计算机中几乎所有的应用都可通过"开始"菜单启动。"开始"菜单是操作计算机的重要门户，即使是桌面上没有显示的文件或程序，也可以通过"开始"菜单找到并启动。"开始"菜单的主要组成部分如图 3-5 所示。

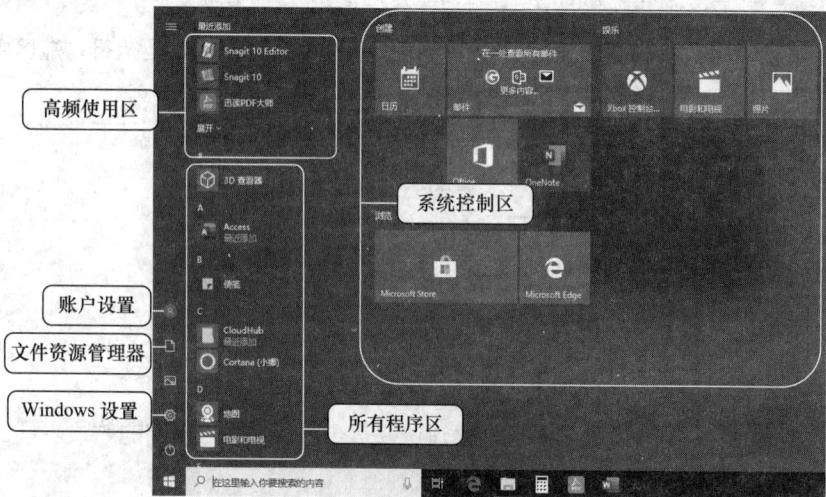

图 3-5 "开始"菜单的组成

"开始"菜单中各个部分的作用如下。

* 高频使用区。根据用户使用程序的频率，Windows 10 会自动将使用频率较高的程序显示在该区域中，以便用户快速地启动所需程序。

* 所有程序区。选择"所有程序"命令，高频使用区将显示计算机中已安装的所有程序的启动图标或程序文件夹，选择相应选项可启动相应的程序，此时"所有程序"命令也会变为"返回"命令。

* 账户设置。单击"账户"图标，可以在打开的下拉列表中进行账户注销、账户锁定和更改用户设置 3 种操作。

* 文件资源管理器。文件资源管理器主要用来管理操作系统中的文件和文件夹。通过文件资源管理器可以方便地完成新建文件、选择文件、移动文件、复制文件、删除文件及重命名文件等操作。

* Windows 设置。Windows 设置用于设置系统信息，包括网络和 Internet、个性化、更新和安全、Cortana、设备、隐私及应用等。

* 系统控制区。系统控制区主要分为"创建""娱乐""浏览" 3 个部分，分别显示了一些系统选项的快捷启动方式，单击相应的图标可以快速运行程序，便于用户管理计算机中的资源。

任务实现

（一）管理窗口

下面将举例讲解打开窗口及窗口中的对象、最大化或最小化窗口、移动和调整窗口大小、排列窗口、切换窗口和关闭窗口的操作。

1. 打开窗口及窗口中的对象

在 Windows 10 中，每当用户启动一个程序、打开一个文件或文件夹时都将打开一个窗口。一个窗口中包括多个对象，打开某个对象又可能打开相应的窗口，该窗口中可能又包括其他不同的对象。

打开"此电脑"窗口中"本地磁盘 (C:)"下的 Windows 目录，其具体操作如下。

（1）双击桌面上的"此电脑"图标，或在"此电脑"图标上单击鼠标右键，在弹出的快捷菜单中选择"打开"命令，打开"此电脑"窗口。

（2）双击"此电脑"窗口中的"本地磁盘(C:)"图标，或单击"本地磁盘(C:)"图标后按"Enter"键，打开"本地磁盘(C:)"窗口，如图 3-6 所示。

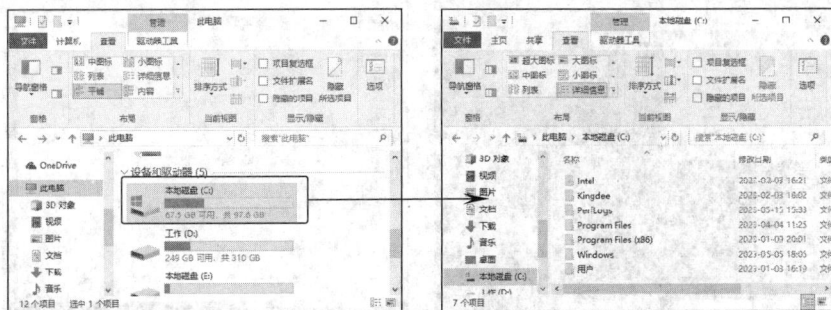

微课

打开窗口及窗口中的对象

图 3-6　打开窗口及窗口中的对象

（3）双击"本地磁盘(C:)"窗口中的"Windows"文件夹，可进入 Windows 目录。

（4）单击地址栏左侧的"返回"按钮←，将返回上一级"本地磁盘(C:)"窗口。

2. 最大化或最小化窗口

最大化窗口即将当前窗口放大到整个屏幕显示，可以方便用户查看窗口中的详细内容，而最小化窗口即将窗口以标题按钮形式缩放到任务栏的任务区中。

打开"此电脑"窗口中"本地磁盘(C)"下的 Windows 目录，然后分别将窗口最大化和最小化显示，最后还原窗口，其具体操作如下。

（1）打开"此电脑"窗口，再依次双击打开"本地磁盘(C)"窗口及其中的"Windows"窗口。

（2）单击窗口标题栏右上角的"最大化"按钮□，此时窗口将铺满整个屏幕，同时"最大化"按钮□将变成"向下还原"按钮□，单击"向下还原"□可将最大化窗口还原成原始大小。

（3）单击窗口标题栏右上角的"最小化"按钮－，此时窗口将隐藏显示，只在任务栏的任务区中显示一个▣图标，单击该图标，窗口将还原到屏幕显示状态。

> **提示** 双击窗口的标题栏也可最大化窗口，再次双击可将最大化窗口还原到原始大小。

3. 移动和调整窗口大小

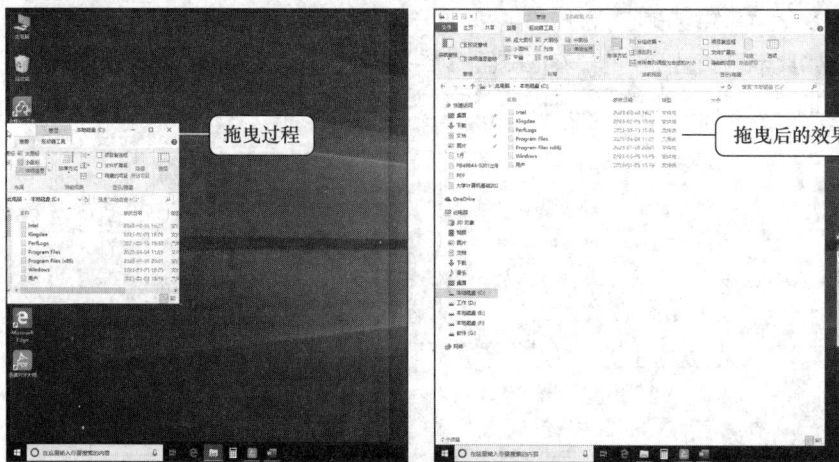

打开窗口后，有些窗口会遮盖屏幕上的其他窗口，为了查看被遮盖的部分，需要适当移动窗口的位置或调整窗口大小。

将桌面上的窗口移至桌面的左侧，使其呈半屏显示，再调整窗口的宽度，其具体操作如下。

（1）将鼠标指针置于窗口标题栏上，按住鼠标左键不放，拖曳窗口，将窗口向上拖曳到屏幕顶部时，窗口会最大化显示；向屏幕最左侧或最右侧拖曳时，窗口会半屏显示在桌面左侧或右侧。这里拖曳当前窗口到桌面最左侧后释放鼠标，窗口会以半屏状态显示在桌面左侧，如图 3-7 所示。

拖曳过程

拖曳后的效果

图 3-7　将窗口半屏显示在桌面左侧

> **提示** 当用户打开多个窗口后，对遮盖的窗口进行半屏显示操作，其他窗口将以缩略图的形式显示在桌面上，单击任意一个缩略图，同样可以将所选窗口进行半屏显示。

（2）将鼠标指针移至窗口的外边框上，当鼠标指针变为 ↕ 或 ⟷ 形状时，按住鼠标左键不放并拖曳到所需大小后释放鼠标，可调整窗口大小。

> **提示** 将鼠标指针移至窗口的 4 个角上，当其变为 ⬓ 或 ⬔ 形状时，按住鼠标左键不放并拖曳到所需大小后释放鼠标，可对窗口的大小进行调整。

4. 排列窗口

在使用计算机的过程中，常常需要打开多个窗口，如既要用 Word 编辑文档，又要打开 Microsoft Edge 浏览器查询资料等。当打开多个窗口后，为了使桌面更加整洁，可以对打开的窗口进行层叠、堆叠和并排等操作。

将打开的所有窗口以层叠和并排两种方式进行显示，其具体操作如下。

（1）在任务栏空白处单击鼠标右键，在弹出的快捷菜单中选择"层叠窗口"命令，可以以层叠的方式排列窗口，层叠的效果如图 3-8 所示。

（2）在任务栏空白处单击鼠标右键，在弹出的快捷菜单中选择"并排显示窗口"命令，可以以并排的方式排列窗口，并排的效果如图 3-9 所示。

微课

排列窗口

图 3-8　层叠窗口　　　　　　　　图 3-9　并排显示窗口

5. 切换窗口

无论打开多少个窗口，当前窗口只有一个，且所有的操作都是针对当前窗口进行的。如果要将某个窗口切换成当前窗口，除了可以通过单击窗口进行切换外，Windows 10 还提供了以下 3 种切换方法。

* 通过任务栏中的按钮切换。将鼠标指针移至任务栏左侧任务区中的某个任务图标上，此时将展开所有打开的相应类型文件的缩略图，单击某个缩略图可切换到相应窗口，在切换时其他同时打开的窗口将自动变为透明效果，如图 3-10 所示。

* 按"Win+Tab"组合键切换。按"Win+Tab"组合键后，屏幕上将出现操作记录时间线，系统当前和稍早前的操作记录都以缩略图的形式在时间线中排列出来，若想打开某一个窗口，可将鼠标指针定位至要打开的窗口中，如图 3-11 所示，当窗口呈现白色边框后，单击可打开该窗口。

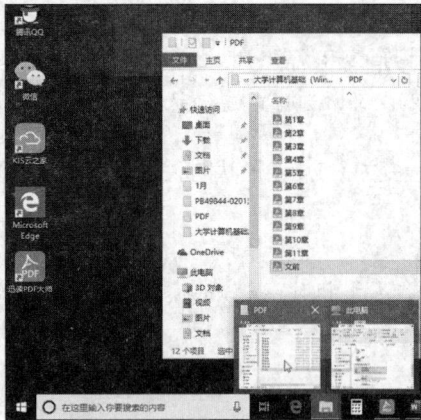

图 3-10　通过任务栏中的按钮切换

图 3-11　按"Win+Tab"组合键切换

- 按"Alt+Tab"组合键切换。按"Alt+Tab"组合键后，屏幕上将出现任务切换栏，系统当前打开的窗口都以缩略图的形式在任务切换栏中排列出来，此时按住"Alt"键不放，再反复按"Tab"键，将显示一个白色方框，并在所有窗口缩略图标之间轮流切换，当方框移动到需要的窗口缩略图标上后释放"Alt"键，可切换到该窗口。

6. 关闭窗口

对窗口的操作结束后要关闭窗口。关闭窗口主要有以下5种方法。

- 单击窗口标题栏右上角的"关闭"按钮×。
- 在窗口的标题栏上单击鼠标右键，在弹出的快捷菜单中选择"关闭"命令。
- 将鼠标指针移动到某个任务缩略图后单击右上角的×按钮。
- 将鼠标指针移动到任务栏中需要关闭窗口的任务图标上，单击鼠标右键，在弹出的快捷菜单中选择"关闭窗口"命令或"关闭所有窗口"命令。
- 按"Alt+F4"组合键。

（二）利用"开始"菜单启动程序

启动应用程序有多种方法，比较常用的是在桌面上双击应用程序的快捷方式图标和在"开始"菜单中选择要启动的程序。下面介绍从"开始"菜单中启动应用程序的5种方法。

- 单击"开始"按钮田，打开"开始"菜单，此时可以先在"开始"菜单左侧的高频使用区查看是否有需要打开的程序选项，如果有则选择该程序选项以启动程序。如果高频使用区中没有要启动的程序选项，则在"所有程序"列表中依次单击展开程序所在的文件夹，选择所需的程序选项来启动程序。
- 在"此电脑"窗口中找到需要启动的应用程序文件，双击，或在其上单击鼠标右键，在弹出的快捷菜单中选择"打开"命令。
- 双击应用程序对应的快捷方式图标。
- 单击"开始"按钮田，打开"开始"菜单，在"搜索程序"文本框中输入程序的名称，选择程序后按"Enter"键打开程序。
- 在"开始"菜单中要打开的程序上单击鼠标右键，在弹出的快捷菜单中选择"固定到任务栏"命令，此时，在任务栏中单击程序图标可快速启动该程序。

任务三　定制 Windows 10 工作环境

任务要求

小赵使用计算机办公有一段时间了，为了提高工作效率，小赵准备对操作系统的工作环境进行个性化定制。图 3-12 所示为小赵期望达到的定制后的桌面效果，具体要求如下。

图 3-12　定制 Windows 10 工作环境

* 注册一个名称为"xiaozhao"的 Microsoft 账户，然后登录该账户。

* 将"1.jpg"图片设置为本地账户头像，然后设置账户密码为"123456"。

* 将创建的 Microsoft 账户切换成本地账户。

* 将"2.jpg"图片设置为桌面背景，主题颜色从桌面背景中获取，并将其应用到"开始"菜单和任务栏中。

* 将常用的 Excel 2016 程序固定到任务栏中。

* 修改系统日期和时间为"2023 年 5 月 1 日"，将"星期一"设置为一周的第一天。

相关知识

（一）认识用户账户

用户账户即用来记录用户的用户名、口令等信息的账户。Windows 系统都是通过用户账户进行登录的，这样才能访问计算机、服务器。通过用户账户可以让多人共用一台计算机，还可以对各个用户的使用权限进行设置。Windows 10 主要包含以下 4 种类型的用户账户。

* 管理员账户。管理员账户对计算机有最高控制权，可对计算机进行任何操作。

* 标准账户。标准账户是日常使用的基本账户，可运行应用程序，能对系统进行常规设置。需要注意的是，这些设置只对当前标准账户生效，计算机和其他账户不受该账户设置的影响。

* 来宾账户。来宾账户是他人暂时使用计算机时登录的账户，可用 Guest 账户直接登录到系统，不需要输入密码，其权限比标准账户更低，无法对系统进行任何设置。

* Microsoft 账户。Microsoft 账户是使用微软账号登录的网络账户。使用 Microsoft 账户登录计算机进行的任何个性化设置都会漫游到用户的其他设备或计算机端口。

（二）认识 Microsoft 账户

使用 Microsoft 账户可以同步计算机设置。设置同步后，只要在不同的 Windows 10 设备上登录 Microsoft 账户，就可以通过同步设置，将包括 Web 浏览器设置、密码、颜色和主题等内容，以及一些设备信息，如打印机、鼠标、文件资源管理器等，在各个设备上同时更新。

设置同步的方法很简单，在"设置"窗口的左侧选择"同步你的设置"选项，在右侧的面板中将需要设置同步的内容设置为"开"状态。

（三）认识虚拟桌面

Multiple Desktops 功能又称为虚拟桌面功能，即用户根据自己的需要，在同一个操作系统中创建多个桌面，并能快速地在不同桌面之间进行切换，还能在不同的窗口中以某种推荐的方式显示窗口，单击右侧的加号可新增一个虚拟桌面。

（四）认识多窗口分屏显示

通过分屏功能可将多个不同桌面的应用程序窗口展示在一个屏幕中，并能和其他应用自由组合成多个任务模式。在桌面上的应用程序窗口上按住鼠标左键不放，将程序向四周拖曳，直至屏幕上出现灰色透明的分屏提示框，释放鼠标后可实现分屏显示。

任务实现

（一）注册 Microsoft 账户

要使用 Microsoft 账户，首先需要注册一个 Microsoft 账户，注册完成后，便可使用该账户登录到相关设备上进行使用。下面通过网页来创建名称为"xiaozhao"的 Microsoft 账户，其具体操作如下。

（1）打开浏览器，搜索 Microsoft 账户注册的相关内容，打开"Microsoft 登录"页面，在其中直接单击"没有账户？创建一个！"超链接，如图 3-13 所示。

（2）打开"创建账户"页面，在其中输入邮箱信息，单击 下一步 按钮；打开"创建密码"对话框，输入需要设置的密码，单击 下一步 按钮。

（3）在打开的对话框中设置姓名，单击 下一步 按钮，继续在打开的页面中根据提示设置相关的账户信息，然后单击 下一步 按钮。

（4）打开"创建账户"页面，在其中输入验证字符，单击 下一步 按钮，完成账户的创建，效果如图 3-14 所示。

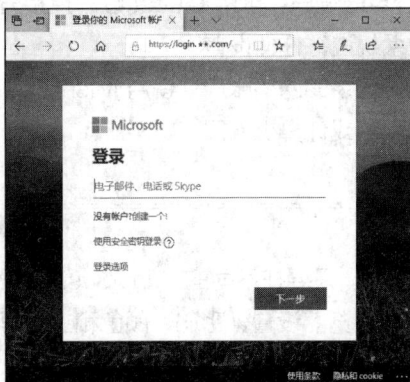

微课

注册 Microsoft
账户

图 3-13　单击超链接

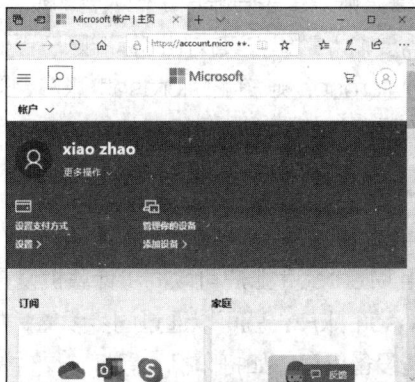

图 3-14　完成账户的创建

（二）设置头像和密码

用户头像一般为默认的灰色头像，用户可手动将喜欢的照片或图片设置为账户头像。下面将"1.jpg"图片设置为当前账户的头像，然后设置登录密码为"123456"，其具体操作如下。

（1）打开"设置"窗口，在"账户信息"选项卡中的"创建头像"栏中选择"从现有图片中选择"选项。

（2）打开"打开"对话框，在其中选择"1.jpg"图片，单击 选择图片 按钮，返回"设置"窗口，查看设置头像后的效果，如图 3-15 所示。

（3）在"设置"窗口左侧选择"登录选项"选项，在右侧面板中单击"密码"下方的 添加 按钮，在打开的界面中设置密码为"123456"，提示为"数字"，然后单击 下一步 按钮，在打开的界面中将提示密码创建完成，最后单击 完成 按钮，如图 3-16 所示。

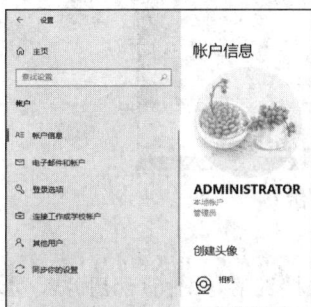

微课

设置头像和密码

图 3-15 修改账户头像

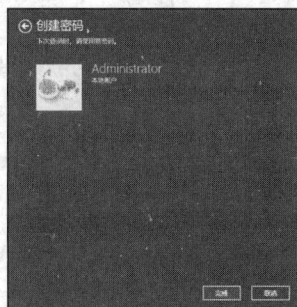

图 3-16 创建账户密码

（三）本地账户和 Microsoft 账户的切换

本地账户是计算机启动时登录的一种账户，只作为本计算机登录的账户密码使用。本地账户可与 Microsoft 账户相互切换。下面将启动的"xiaozhao"账户切换成本地账户，其具体操作如下。

（1）在"设置"窗口的左侧选择"你的信息"选项，在右侧选择"改用本地账户登录"选项。

（2）在打开的窗口中输入 Microsoft 账户的密码，单击 下一步 按钮，打开"添加安全信息"对话框，输入手机号，单击 下一步 按钮。

（3）此时系统将提示用户保存工作（如正在编辑的文档、表格、演示文稿等），然后单击 注销并完成 按钮，在切换到的窗口中继续单击 注销并完成 按钮，系统将开始注销并切换到本地账户登录。

微课

本地账户和 Microsoft 账户的切换

（四）设置桌面背景

桌面背景又叫壁纸，用户可以使用系统自带的图片作为桌面背景，也可以将自己喜欢的图片设置为桌面背景。设置桌面背景可分为设置静态的桌面背景和设置动态的桌面背景两种形式。下面将"2.jpg"图片设置为一个静态的桌面背景，其具体操作如下。

（1）在桌面空白处单击鼠标右键，在弹出的快捷菜单中选择"个性化"命令。

（2）打开"个性化"窗口，在右侧的"选择图片"栏中选择需要的图片，单击便可更改桌面背景。

（3）这里在"选择图片"栏中单击 浏览 按钮，打开"打开"对话框，在其中选择"2.jpg"图片，然后单击 选择图片 按钮，返回"个性化"窗口，关闭该窗口后，可看到设置桌面背景后的效果，如图 3-17 所示。

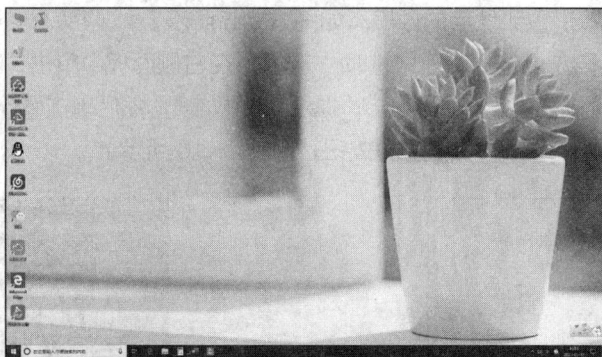

微课

设置桌面背景

图 3-17　设置桌面背景后的效果

> **提示**　在"个性化"窗口右侧的"选择契合度"下拉列表中提供了 5 种背景图片放置方式。其中，"填充"选项是指将图片等比例放大或缩小到整个屏幕；"适应"选项是指按照屏幕大小来调整图片；"拉伸"选项是指将图片横向或纵向拉伸到整个桌面；"平铺"选项是指对图片进行多个平铺形式的排列；"居中"选项是指将图片居中显示在桌面中间。

（五）设置主题颜色

主题颜色指窗口、选项、"开始"菜单、任务栏和通知区域等显示的颜色，通过设置主题颜色功能可自定义这些区域的显示颜色。设置主题颜色时，可在桌面背景中选取颜色，也可自定义颜色。下面将在桌面背景中选取颜色来作为主题颜色，其具体操作如下。

微课

设置主题颜色

（1）打开"个性化"窗口，切换到"颜色"选项卡，在右侧的"选择一种颜色"栏中选中"从我的背景自动选取一种颜色"复选框。

（2）在下方选中"显示'开始'菜单、任务栏和操作中心的颜色"和"标题栏和窗口边框"复选框。

（3）设置完成后，关闭窗口并返回桌面，打开"开始"菜单可查看效果，如图 3-18 所示。

图 3-18　设置主题颜色

（六）保存主题

Windows 10 的系统主题可从网上下载，也可将计算机中设置的主题保存，并分享给他人。前面已经对系统的外观进行了个性化的设置，下面将把已设置的个性化外观保存为"护眼"主题，其具体操作如下。

微课

保存主题

（1）打开"个性化"窗口，切换到"主题"选项卡，在右侧单击　保存主题　按钮。

（2）在打开的"保存主题"对话框中输入"护眼"文本，单击　保存　按钮，此时主题将被保存，在"应用主题"栏中将显示新的主题名称。

> **提示**　在"应用主题"栏中选择需要的主题选项可应用该主题，在其上单击鼠标右键，在弹出的快捷菜单中选择"保存用于共享的主题"命令，打开"将主题包另存为"对话框，在其中进行设置，完成后单击　保存　按钮，打开保存主题的文件夹，通过网络可将保存的主题发送给其他人。

（七）自定义任务栏

任务栏是位于桌面最底部的长条，由程序区、通知区和显示桌面按钮组成。Windows 10 取消了快速启动工具栏，若要快速打开程序，可将程序固定到任务栏中。下面将"Excel 2016"程序固定到任务栏中，其具体操作如下。

微课

自定义任务栏

（1）单击"开始"按钮⊞，在高频使用区中找到"Excel 2016"程序，单击鼠标右键，在弹出的快捷菜单中选择"更多"命令，在弹出的子菜单中选择"固定到任务栏"命令。

（2）此时可看到"Excel 2016"程序被固定到了任务栏中。

> **提示**　若程序已打开，可在任务栏中的程序上直接单击鼠标右键，在弹出的快捷菜单中选择"固定到任务栏"命令。

（八）设置日期和时间

系统显示的日期和时间默认情况下会自动与系统所在区域的互联网时间同步，当然，也可以手动更改系统的日期和时间。下面将系统日期修改为 2023 年 5 月 1 日，然后设置星期一为一周的第一天，其具体操作如下。

（1）将鼠标指针移动至任务栏右侧的时间显示区域上，单击鼠标右键，在弹出的快捷菜单中单击"设置日期/时间"超链接。

（2）打开"日期和时间"窗口，单击"自动设置时间"下方的按钮，使其处于"关"状态，然后单击 更改 按钮。

（3）打开"更改日期和时间"对话框，在其中对应的下拉列表框中设置日期为 2023 年 5 月 1 日，完成后单击 更改 按钮，如图 3-19 所示。

（4）切换到"区域"选项卡，在右侧的"区域格式数据"栏中单击"更改数据格式"按钮，打开"更改数据格式"界面，在"一周的第一天"下拉列表中选择"星期一"选项，如图 3-20 所示。

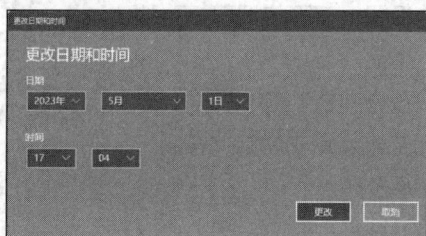

图 3-19　设置日期

图 3-20　设置日期的数据格式

任务四　设置汉字输入法

任务要求

小赵准备使用计算机中的"记事本"程序制作一个备忘录，用于记录最近几天要做的工作，以便随时查看。在制作备忘录之前，小赵需要对计算机中的输入法进行相关的管理和设置。图 3-21 所示为设置后的输入法列表及创建的"备忘录"记事本文档效果。具体要求如下。

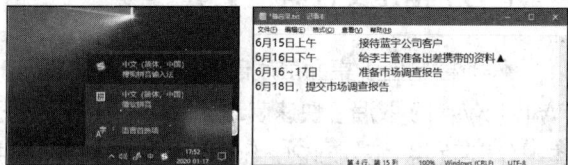

图 3-21　管理输入法列表并创建名为"备忘录"的记事本文档

- 添加"搜狗拼音"输入法，然后删除"微软五笔"输入法。
- 设置允许字体进行快捷方式安装，然后将桌面上的"方正楷体简体"字体安装到计算机中并查看。
- 使用"搜狗拼音"输入法在桌面上创建名为"备忘录"的记事本文档并输入文本，内容如下。

6 月 15 日上午　　　　　　　接待蓝宇公司客户

6 月 16 日下午　　　　　　　给李主管准备出差携带的资料▲

6 月 16～17 日　　　　　　　准备市场调查报告

- 使用"语言输入"功能在"备忘录"中添加一条内容：6月18日，提交市场调查报告。

相关知识

（一）汉字输入法的分类

在计算机中，主要通过汉字输入法输入汉字。常用的汉字输入法有微软拼音输入法、搜狗拼音输入法和五笔字型输入法等。这些输入法按编码的不同可以分为音码、形码和音形码3类。

- 音码。音码是指利用汉字的读音特征进行编码，通过输入汉语拼音字母来输入汉字，如"计算机"一词的拼音编码为"jisuanji"。这类输入法包括微软拼音输入法和搜狗拼音输入法等，它们都具有简单、易学，以及会拼音便可输入汉字的特点。
- 形码。形码是指利用汉字的字形特征进行编码，例如，"计算机"一词的五笔编码为"ytsm"。这类输入法包括五笔输入法等，特点是输入速度较快、重码少，且不受方言限制，但需记忆大量编码。
- 音形码。音形码是指既可以利用汉字的读音特征进行编码，又可以利用汉字的字形特征进行编码，如智能ABC输入法等。这类输入法将音码与形码相互结合，取长补短，既降低了重码，又无须用户记忆大量编码。

> **提示** 有时汉字的音码和汉字并非是完全对应的，如在拼音输入法状态下输入"da"，此时便会出现"大""打""答"等多个具有相同读音的汉字，这些具有相同音码的汉字或词组就是重码，也称为同码字。出现重码时需要用户自己选择需要的汉字，因此，选择重码较少的输入法可以提高输入速度。

（二）中文输入法的选择

在Windows 10操作系统中，一般统一通过任务栏右侧的通知区域来选择输入法，其方法为：单击语言栏中的"输入法"按钮，在打开的下拉列表中可以选择需切换的输入法，如图3-22所示，选择相应的输入法后，该图标将变成所选输入法的徽标。

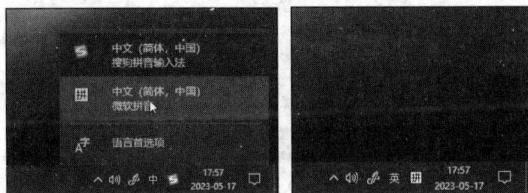

图3-22　选择输入法

> **提示** Windows 10系统中默认安装了微软拼音输入法，用户也可根据使用习惯，下载和安装其他输入法，如搜狗拼音输入法、搜狗五笔输入法等。除了可以通过任务栏的通知区域选择输入法外，用户还可以按"Win+Space"组合键在不同种类的输入法之间进行轮流切换。

（三）认识汉字输入法的状态条

切换至某一种汉字输入法后，将打开其对应的汉字输入法状态条，图3-23所示为搜狗拼音输入法状态条，各图标的作用介绍如下。

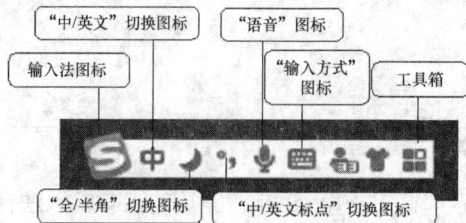

图 3-23　搜狗拼音输入法状态条

- 输入法图标：用来显示当前输入法的徽标，单击可以切换为其他输入法。
- "中/英文"切换图标：单击该图标，可以在中文输入法与英文输入法之间进行切换。当图标为中时表示中文输入状态，当图标为英时表示英文输入状态。按"Ctrl+Space"组合键也可在中文输入法和英文输入法之间快速切换。
- "中/英文标点"切换图标：默认状态下的 图标用于输入中文标点符号，单击该图标，变为 图标，此时可输入英文标点符号。
- "语音"图标："语音"图标 用于实现语音的输入，单击该图标，在打开的"语音输入"对话框中输入自己的音频信息后，单击 完成 按钮，便可成功输入通过语音表达的文字信息。
- "输入方式"图标：通过输入方式可以输入特殊符号、标点符号和数字序号等多种字符，还可进行语音或手写输入，其方法是单击"输入方式"图标 ，在打开的下拉列表中选择一种符号类型，如图 3-24 所示，或在"输入方式"图标 上单击鼠标右键，在弹出的快捷菜单中选择相应的命令，图 3-25 所示为选择"标点符号"命令后打开软键盘的效果，直接单击软键盘中相应的按钮或按键盘上对应的按键，都可以输入对应的特殊符号。需要注意的是，若要输入的特殊符号是上挡字符，需按住"Shift"键不放，在键盘上的相应键位处按键进行输入。输入完成后，单击右上角的×按钮或单击"输入方式"图标 可退出软键盘输入状态。

图 3-24　选择输入类型

图 3-25　软键盘

- 工具箱：不同的输入法自带了不同的输入选项设置功能，单击"工具箱"图标 ，便可对该输入法的属性、皮肤、常用诗词、在线翻译等功能进行相应设置。

（四）拼音输入法的输入方式

使用拼音输入法时，可直接输入汉字的拼音编码，然后输入汉字前的数字或直接单击需要的汉字。当输入的汉字编码的同码字较多时，不能在状态条中全部显示出来，此时可以按"↓"键向后翻页，按"↑"键向前翻页，通过前后查找的方式来选择需要输入的汉字。

为了提高用户的输入速度，目前的各种拼音输入法都提供了全拼输入、简拼输入和混拼输入等多种输入方式，各种输入方式介绍如下。

● 全拼输入。全拼输入是按照汉语拼音进行输入，所输入的拼音编码应和书写汉语拼音一致。例如，要输入"文件"，需一次输入完整的拼音编码"wenjian"，然后按"Space"键，在弹出的汉字状态条中选择"文件"选项。

● 简拼输入。简拼输入是取各个汉字的第一个拼音字母进行输入，对于包含复合声母的汉字，如包含 zh、ch、sh，也可以取前两个拼音字母进行输入。例如，要输入"掌握"，只需输入拼音编码"zhw"，然后按"Space"键，在弹出的汉字状态条中选择"掌握"选项。

● 混拼输入。混拼输入综合了全拼输入和简拼输入，即在输入的拼音中既有全拼也有简拼。混拼输入的使用规则是：对两个音节以上的词语，一部分用全拼，另一部分用简拼。例如，要输入"电脑"，只需输入拼音编码"diann"，然后按"Space"键，在弹出的汉字状态条中选择"电脑"选项。

任务实现

（一）添加和删除输入法

用户可以将系统自带的输入法添加到语言栏中，也可自行安装输入法，在不需要时，还可将这些输入法删除。

下面先在 Windows 10 中添加搜狗拼音输入法，然后将"微软五笔"输入法删除，其具体操作如下。

（1）在任务栏右下角单击"输入法"按钮，在打开的下拉列表中选择"语言首选项"选项。

（2）打开"设置"窗口，右侧默认选择了"区域和语言"选项，在右侧选择"中文（中华人民共和国）"选项，继续单击 选项 按钮，如图 3-26 所示。

（3）打开"语言选项中文（简体，中国）"界面，选择"添加键盘"选项，在打开的下拉列表中选择"搜狗拼音输入法"选项添加该输入法。

（4）此时在该窗口的"键盘"栏下可查看已添加的输入法。在任务栏单击"输入法"按钮，在打开的下拉列表中也可查看添加的输入法。

（5）继续选择"微软五笔"选项，并单击 删除 按钮，如图 3-27 所示，此时"微软五笔"输入法将被删除。

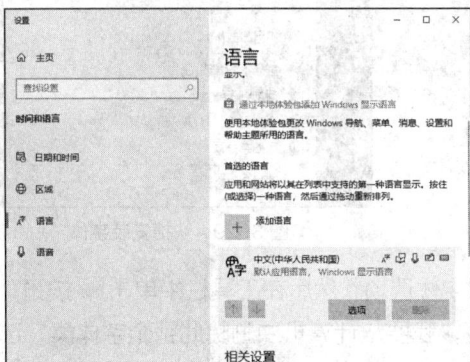

图 3-26　添加输入法

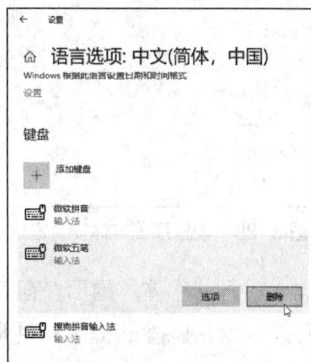

图 3-27　删除输入法

> **注意** 用户也可在网络中下载其他输入法的安装包进行安装。按"Ctrl+Shift"组合键，能快速在已安装的输入法之间进行切换。

（二）设置系统字体

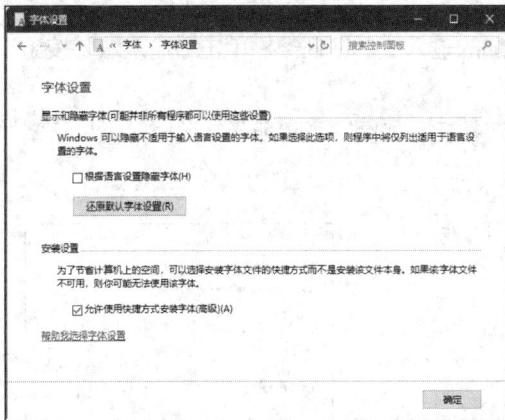

用户可通过直接将字体安装到系统中的方式来减少字体在系统资源中的占用空间，从而提高资源使用率。如果安装到系统中的字体长时间内不再使用，可将其删除，以节约空间。

下面先设置字体安装方式为快捷安装，然后将桌面中的"方正楷体简体"字体以快捷方式安装到系统中，最后删除不需要的字体，其具体操作如下。

（1）在搜索框中输入"控制面板"文本，在打开的搜索结果中选择"控制面板"选项。

（2）打开"控制面板"窗口，在左侧单击"字体设置"超链接，在打开的窗口中的"安装设置"栏中选中"允许使用快捷方式安装字体（高级）"复选框，然后单击 确定 按钮，如图3-28所示。

（3）在桌面选择"方正楷体简体"字体，在其上单击鼠标右键，在弹出的快捷菜单中选择"为所有用户的快捷方式"命令，以快捷方式将字体安装到系统中，如图3-29所示。

> **注意** 设置了使用快捷方式安装字体后，在使用快捷方式安装字体时，字体的源文件不能移动，否则系统将找不到以快捷方式安装的字体。另外，若在磁盘中选择需要安装的字体文件，在其上单击鼠标右键，在弹出的快捷菜单中选择"为所有用户安装"命令，也可将所选的字体直接安装到系统中。

图3-28　设置系统字体安装方式为允许快捷安装

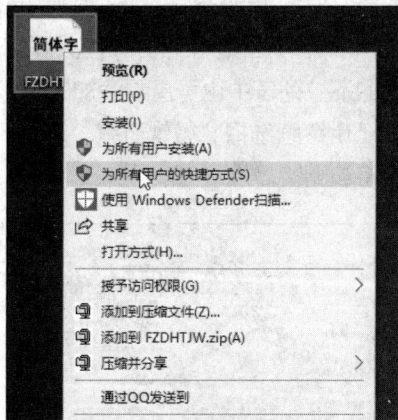

图3-29　快捷安装字体

（4）打开"字体"窗口，在其中选择需要删除的字体选项，然后在工具栏中单击删除按钮，此时将打开确认是否删除的提示对话框，在其中选择"是，我要从计算机中删除此整个字体集"选项，确认删除该字体。

（三）使用搜狗拼音输入法输入汉字

输入法添加完成后，便可输入汉字，这里以搜狗拼音输入法为例，介绍输入汉字的方法。

启动记事本程序，创建一个"备忘录"文档并使用搜狗拼音输入法输入任务要求中的备忘录内容，其具体操作如下。

（1）在桌面上的空白区域单击鼠标右键，在弹出的快捷菜单中选择"新建"/"文本文档"命令，在桌面上新建一个名为"新建文本文档.txt"的文件，且文件名处于可编辑状态。

（2）单击任务栏中的"输入法"按钮▦，在打开的下拉列表中选择"搜狗拼音输入法"选项，然后输入拼音编码"beiwanglu"，此时在汉字状态条中显示了所需的"备忘录"文本，如图 3-30 所示。

图 3-30　输入"备忘录"

（3）单击汉字状态条中的"备忘录"选项或直接按"Space"键输入文本，再次按"Enter"键完成输入。

（4）双击桌面上新建的"备忘录"记事本文档，启动记事本程序，在编辑区单击，定位文本插入点，按"6"键输入数字"6"，按"Ctrl+Shift"组合键将输入法切换至搜狗拼音输入法，输入拼音编码"yue"，单击状态条中的"月"选项或按"Space"键输入文本"月"。

（5）继续输入数字"15"，再输入拼音编码"ri"，按"Space"键输入"日"字。再输入拼音编码"shangwu"，单击或按"Space"键输入词组"上午"，如图 3-31 所示。

图 3-31　输入词组"上午"

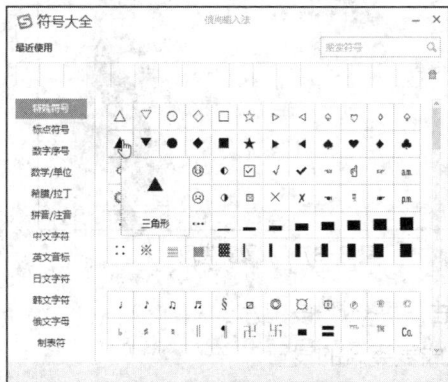

（6）连续按多次"Space"键，输入空字符串，接着继续使用搜狗拼音输入法输入后面的内容，输入过程中按"Enter"键可分段换行。

（7）在"资料"文本右侧单击定位文本插入点，单击搜狗拼音输入法状态条上的"输入方式"按钮▦，在打开的下拉列表中选择"特殊符号"选项，在打开的软键盘中选择"▲"特殊符号，如图 3-32 所示。

（8）单击窗口右上角的✕按钮关闭软键盘。在"记事本"程序中选择"文件"/"保存"命令，保存文档，如图 3-33 所示。

图 3-32　输入特殊符号

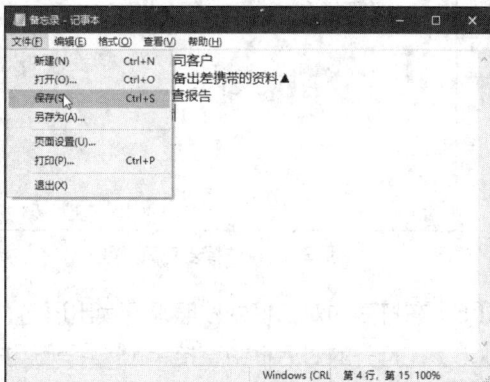

图 3-33　保存文档

（四）使用语音识别功能输入文本

除了前面介绍的各种键盘输入方式外，Windows 10 还自带了语音识别输入功能，通过语音可在相关的文档中输入文字，更好地实现人机交互功能。

下面使用 Windows 10 的语音识别功能在记事本中输入"6 月 18 日提交市场调查报告"内容，其具体操作如下。

（1）在任务栏的搜索框中输入"语音识别"文本，按"Enter"键确认，打开"语音识别"窗口，单击"启动语音识别"超链接，如图 3-34 所示。

（2）第一次使用语音识别系统时，会打开"设置语音识别"对话框，在其中单击 下一步(N) 按钮，如图 3-35 所示。

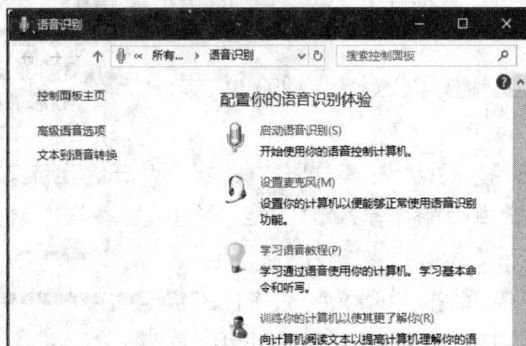

微课

使用语音识别功能录入文本

图 3-34　单击超链接

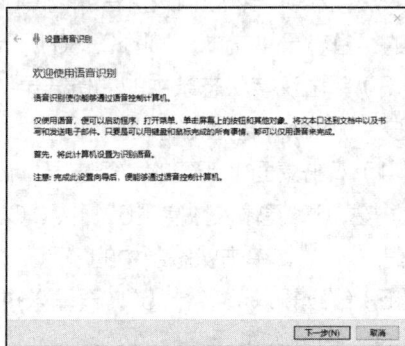

图 3-35　单击"下一步"按钮

（3）在打开的对话框中选中"头戴式麦克风"单选项，单击 下一步(N) 按钮，如图 3-36 所示。

（4）打开的对话框中将提示放置麦克风的方法，按照要求放置好麦克风后，单击 下一步(N) 按钮，如图 3-37 所示。

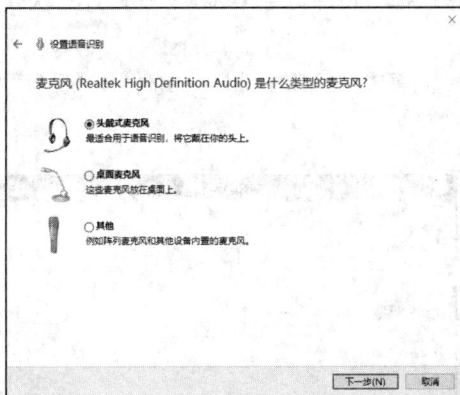

图 3-36　选择麦克风类型

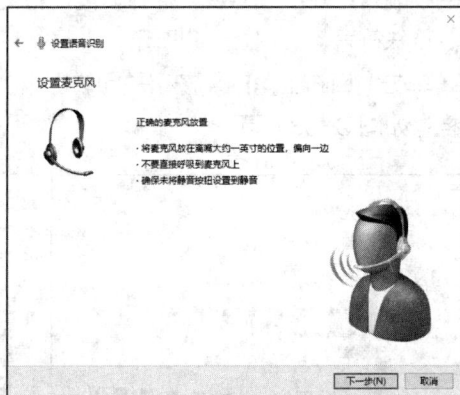

图 3-37　放置麦克风

（5）在打开的对话框中按照提示读出语句，然后单击 下一步(N) 按钮。

（6）在打开的对话框中直接单击 下一步(N) 按钮，完成麦克风的设置。

（7）在打开的对话框中选中"启用文档审阅"单选项，然后单击 下一步(N) 按钮，如图 3-38 所示。

（8）依次在打开的对话框中单击 下一步(N) 按钮，并设置激活模式，如图 3-39 所示。

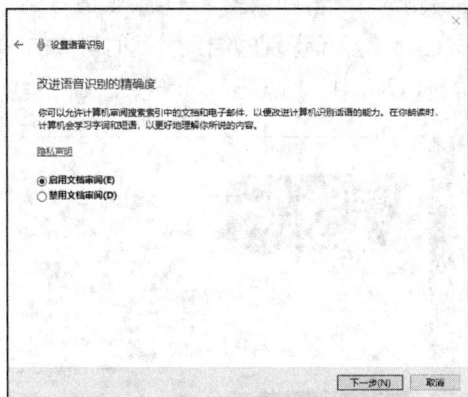

图 3-38　选中"启用文档审阅"单选项

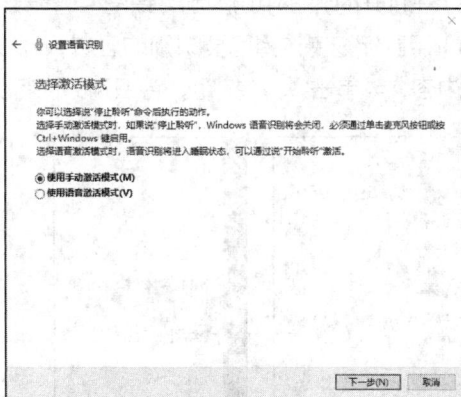

图 3-39　设置激活模式

（9）在打开的对话框中单击 下一步(N) 按钮，再在打开的对话框中单击 下一步(N) 按钮。

（10）单击 跳过教程(P) 按钮完成语音输入设置，如图 3-40 所示。

（11）此时打开语音识别程序，在记事本中定位文本插入点，然后对着麦克风说出"6 月 18 日，提交市场调查报告"，稍后该文本将显示在记事本中，如图 3-41 所示。

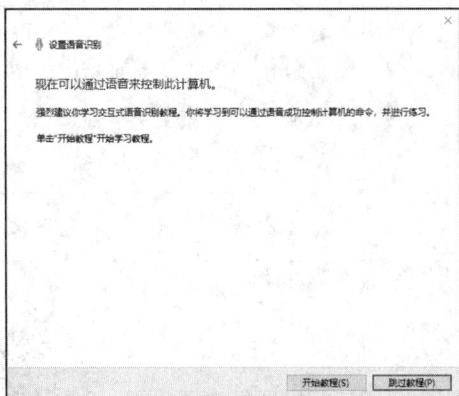

图 3-40　跳过教程

图 3-41　使用语音输入文本

（12）语音输入结束后，在语音识别面板上单击鼠标右键，在弹出的快捷菜单中选择"退出"命令，关闭语音识别功能。

（五）使用文字识别功能输入文本

在日常工作与生活中，经常会遇到档案录入、纸质信息读取、客户名片资料存储等工作，如果单纯地使用人工去输入信息，那么会无比繁琐，此时可以使用文字识别功能将纸质文档数字化，从而提高纸质文件信息电子化的速度，以及输入的准确性。

下面使用搜狗拼音输入法的截图识图功能输入文本，其具体操作如下。

（1）打开需要识别的网页或图片，然后将鼠标指针移至搜狗拼音输入法状态条中的"工具箱"

微课

使用文字识别
功能输入文本

图标📇上，单击鼠标右键，在弹出的快捷菜单中选择"智能助手"命令。

（2）在打开的界面中切换到"识图"选项卡，在右侧选择"截图识图"选项，如图3-42所示。

（3）用鼠标拖曳选择需要识别的区域，释放鼠标后，将显示识别的结果，此时可单击 🔲复制 按钮复制内容，或单击 ⬇下载 按钮，将识别的内容保存至计算机中，如图3-43所示。

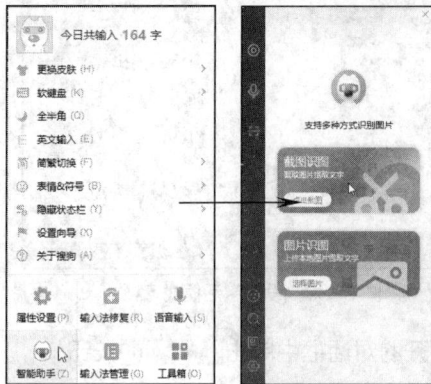

图3-42 启用截图识图功能

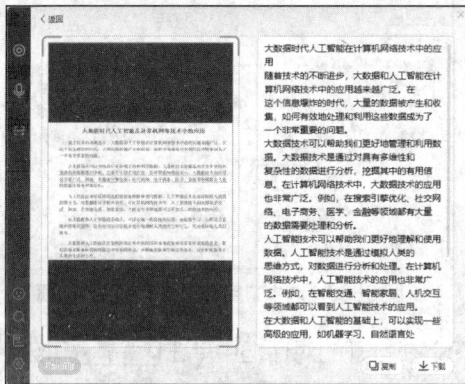

图3-43 识别内容

提示　除了可以使用搜狗拼音输入法的截图识图功能输入文本外，用户还可以使用QQ、微信等软件的截图功能输入文本。以PC端微信截图为例，首先打开需要识别文本的网页或图片，再打开与任意一人的聊天窗口，单击"截图"按钮✂，然后拖曳鼠标选择识别区域，释放鼠标后，在打开的界面中单击"提取文字"按钮🅰，在显示的识别结果中复制需要的内容。

课后练习

1. 选择题

（1）计算机操作系统的作用是（　　　）。

A. 对计算机的所有资源进行控制和管理，为用户使用计算机提供方便

B. 对源程序进行翻译

C. 对用户数据文件进行管理

D. 对汇编语言程序进行翻译

（2）计算机的操作系统是（　　　）。

A. 计算机中使用最广的应用软件　　　B. 计算机系统软件的核心

C. 计算机的专用软件　　　　　　　　D. 计算机的通用软件

（3）在Windows 10中，下列叙述中错误的是（　　　）。

A. 可支持鼠标操作　　　　　　　　　B. 可同时运行多个程序

C. 不支持即插即用　　　　　　　　　D. 桌面上可同时容纳多个窗口

（4）单击窗口标题栏右侧的 ▬ 按钮后，会（　　　）。

A. 将窗口关闭　　　　　　　　　　　B. 打开一个空白窗口

查看项目三答案
与解析

C．使窗口独占屏幕   D．使当前窗口最小化

2．操作题

（1）设置桌面背景图片，图片位置为"填充"。

（2）创建一个以自己名字为名称的 Microsoft 账户。

（3）修改账户头像和密码，头像为计算机中自带的任意一张图片，密码为"aaaaaa"。

（4）修改主题样式，然后自定义设置任务栏，将"计算器"程序固定到任务栏中。

（5）将系统字体安装方式设置为允许快捷方式安装和直接安装。

（6）将输入法切换为微软拼音输入法，并在打开的记事本中输入"今天是我的生日"文本。

项目四

管理计算机中的资源

04

在使用计算机的过程中，管理文件、文件夹、程序和硬件等资源是十分常见的操作。本项目将通过两个任务来介绍在 Windows 10 中利用文件资源管理器来管理计算机中的资源，包括对文件和文件夹进行新建、移动、复制、重命名及删除等操作，安装程序和打印机，连接投影仪，连接笔记本电脑到计算机显示器，以及使用计算器、画图程序等附件工具等。

学习目标	素养目标
• 管理文件和文件夹资源。 • 管理程序和硬件资源。	• 养成良好的计算机使用习惯。 • 具备扎实的信息知识和良好的信息素养。

任务一　管理文件和文件夹资源

任务要求

赵刚是某公司人力资源部的员工，主要负责人员招聘和办公室日常的管理工作，由于管理上的需要，赵刚经常会在计算机中存放工作文档，同时为了方便使用，还需要对相关的文件进行新建、移动、复制、重命名、删除、搜索和设置文件属性等操作，具体要求如下。

* 在 G 盘根目录下新建"办公"文件夹和"公司简介.txt""公司员工名单.xlsx"两个文件，再在新建的"办公"文件夹中创建"表格"和"文档"两个子文件夹。
* 将前面新建的"公司员工名单.xlsx"文件移动到"表格"子文件夹中，将"公司简介.txt"文件复制到"文档"子文件夹中并修改文件名为"招聘信息"。
* 删除 G 盘根目录下的"公司简介.txt"文件，然后通过回收站查看并还原。
* 搜索 E 盘下所有".jpg"格式的图片文件。
* 将"公司员工名单.xlsx"文件的属性修改为"只读"。
* 新建一个"办公"库，将"表格"文件夹添加到"办公"库中。

相关知识

（一）文件管理的相关概念

管理文件的过程中，会涉及以下几个相关概念。

- 硬盘分区与盘符。硬盘分区实质上是对硬盘的一种格式化，是指将硬盘划分为几个独立的区域，这样可以更加方便地存储和管理数据。盘符是 Windows 系统对磁盘存储设备的标识符，一般使用 26 个英文字符加上一个冒号"："来标识，如"本地磁盘(C:)"，其中"C"就是该盘的盘符。

- 文件。文件是指保存在计算机中的各种信息和数据，计算机中文件的类型有很多，如文档、表格、图片、音乐和应用程序等。在默认情况下，文件在计算机中以图标形式显示，由文件图标、文件名称和文件扩展名 3 部分组成，如 作息时间表.docx 表示一个 Word 文件，文件名称为"作息时间表"，其扩展名为".docx"。

- 文件夹。文件夹用于保存和管理计算机中的文件，其本身没有任何内容，但可放置多个文件和子文件夹，让用户能够快速地找到需要的文件。文件夹一般由文件夹图标和文件夹名称两部分组成。

- 文件路径。用户在对文件进行操作时，除了要知道文件名外，还需要知道文件所在的硬盘和文件夹，即文件在计算机中的位置，称为文件路径。文件路径包括相对路径和绝对路径两种。其中，相对路径以"."（表示当前文件夹）、".."（表示上级文件夹）或文件夹名称开头；绝对路径是指文件或目录在硬盘上存放的绝对位置，如"D:\图片\标志.jpg"表示"标志.jpg"文件是在 D 盘的"图片"文件夹中。在 Windows 10 中单击地址栏的空白处，可查看已打开的文件夹的文件路径。

- 资源管理器。资源管理器是指"此电脑"窗口左侧的导航窗格，它将计算机资源分为收藏夹、库、家庭组、计算机和网络等类别，可以方便用户更好、更快地组织、管理及应用资源。打开资源管理器的方法为双击桌面上的"此电脑"图标 或单击任务栏上的"文件资源管理器"按钮 。在打开的窗口中单击导航窗格中各类别图标左侧的 按钮，依次按层级展开文件夹，选择需要的文件夹后，右侧窗口中将显示相应的文件夹中的内容，如图 4-1 所示。

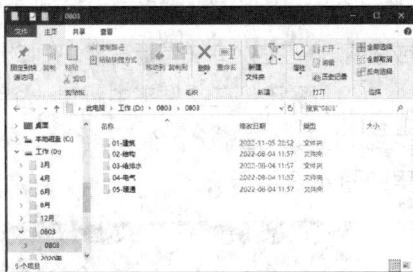

图 4-1　文件资源管理器

> **提示**　为了便于查看和管理文件，用户可根据使用需求更改当前窗口中文件和文件夹的视图方式。其方法是：在"此电脑"窗口的"查看"/"布局"组的列表中选择相应的视图方式选项，也可以在窗口右下角单击 按钮，在超大图标模式和详细信息模式之间切换。

（二）选择文件或文件夹的几种方式

在对文件或文件夹进行操作前，要先选择文件或文件夹，选择的方法主要有以下 5 种。

- 选择单个文件或文件夹。直接单击文件或文件夹图标进行选择，被选择的文件或文件夹的周围将呈蓝色透明状显示。

- 选择多个相邻的文件或文件夹。可在窗口空白处按住鼠标左键不放，然后拖曳鼠标框选需要选择的多个对象，框选完毕再释放鼠标。

- 选择多个连续的文件或文件夹。用鼠标选择第一个对象，按住"Shift"键不放，再单击选择最后一个对象，可选择两个对象及它们之间的所有对象。

- 选择多个不连续的文件或文件夹。按住"Ctrl"键不放，再依次单击所要选择的文件或文件夹。

- 选择所有文件或文件夹。直接按"Ctrl+A"组合键，或在"主页"/"选择"组中单击"全部选择"按钮▦，可选择当前窗口中的所有文件或文件夹。

任务实现

（一）文件和文件夹的基本操作

文件和文件夹的基本操作包括新建、移动、复制、重命名、删除、还原和搜索等，下面将结合前面的任务要求讲解操作方法。

1. 新建文件和文件夹

新建文件是指根据计算机中已安装的程序类别，新建一个相应类型的空白文件，新建后可以双击打开该文件并编辑文件内容。如果需要将一些文件分类整理在一个文件夹中以便日后管理，就需要新建文件夹。

新建"公司简介.txt"文件和"公司员工名单.xlsx"文件等，其具体操作如下。

（1）双击桌面上的"此电脑"图标，打开"此电脑"窗口，双击 G 盘图标，打开 G 盘的窗口。

（2）在"主页"/"新建"组中单击"新建项目"按钮，在打开的下拉列表中选择"文本文档"选项，或在窗口的空白处单击鼠标右键，在弹出的快捷菜单中选择"新建"/"文本文档"命令，如图 4-2 所示。

（3）系统将在文件夹中新建一个名为"新建文本文档"的文件，且文件名处于可编辑状态，切换到汉字输入法输入"公司简介"，然后单击空白处或按"Enter"键为该文件命名，新建的文档效果如图 4-3 所示。

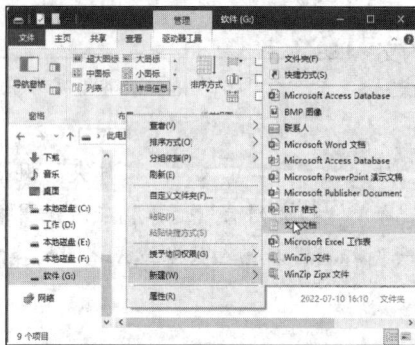

图 4-2　选择命令

图 4-3　命名文件

（4）在"主页"/"新建"组中单击"新建项目"按钮，在打开的下拉列表中选择"Microsoft Excel 工作表"选项，或在窗口的空白处单击鼠标右键，在弹出的快捷菜单中选择"新建"/"Microsoft Excel 工作表"命令，新建一个 Excel 文件，输入文件名"公司员工名单"并按"Enter"键，效果如图 4-4 所示。

（5）在"主页"/"新建"组中单击"新建文件夹"按钮，或在右侧文件显示区中的空白处单击鼠标右键，在弹出的快捷菜单中选择"新建"/"文件夹"命令，此时将新建一个文件夹，且文件夹名称处于可编辑状态，输入"办公"，然后按"Enter"键，完成文件夹的新建，如图4-5所示。

（6）双击新建的"办公"文件夹，在"主页"/"新建"组中单击"新建项目"按钮，在打开的下拉列表中选择"文件夹"选项，输入子文件夹名称"表格"后按"Enter"键，再新建一个名为"文档"的子文件夹，如图4-6所示。

图 4-4 新建 Excel 文件

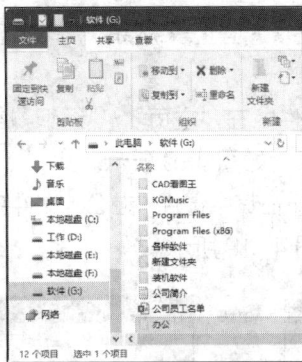

图 4-5 新建文件夹

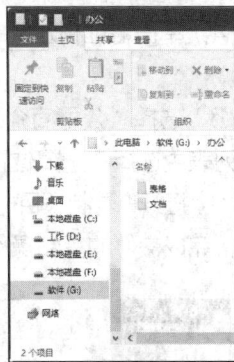

图 4-6 新建子文件夹

（7）单击地址栏左侧的←按钮，返回上一级窗口。

2. 移动、复制、重命名文件和文件夹

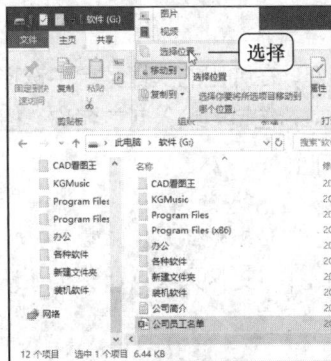

移动文件是将文件移动到另一个文件夹中；复制文件相当于为文件做一个备份，即原文件夹下的文件仍然存在；重命名文件即为文件更换一个新的名称。移动、复制、重命名的操作也适用于文件夹。

移动"公司员工名单.xlsx"文件，复制"公司简介.txt"文件，并将复制的文件重命名为"招聘信息"，其具体操作如下。

（1）在导航窗格中展开"此电脑"选项，然后选择"软件(G:)"选项。

（2）在右侧窗口中选择"公司员工名单.xlsx"文件，在"主页"/"组织"组中单击"移动到"按钮，在打开的下拉列表中选择"选择位置"选项，如图4-7所示。

（3）打开"移动项目"对话框，在其中选择"办公"文件夹中的"表格"文件夹，然后单击 移动(M) 按钮，完成文件的移动，如图4-8所示。

微课

移动、复制、重命名文件和文件夹

图 4-7 选择选项

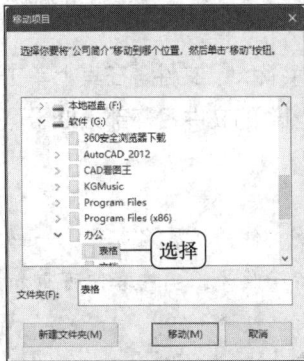

图 4-8 选择移动到的位置及移动文件后的效果

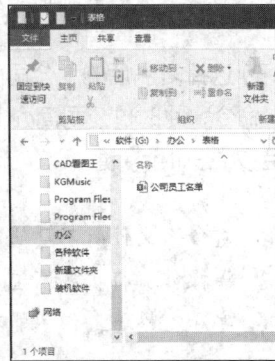

> **提示** 选择文件后，在其上单击鼠标右键，在弹出的快捷菜单中选择"剪切"命令，或直接按"Ctrl+X"组合键，可将选择的文件剪切到剪贴板中，此时文件呈灰色透明状显示；在导航窗格中单击展开相应的文件夹，再选择需要移动到的文件夹，在右侧打开的窗口中单击鼠标右键，在弹出的快捷菜单中选择"粘贴"命令，或直接按"Ctrl+V"组合键，可将剪切到剪贴板中的文件粘贴到当前文件夹中。

（4）单击地址栏左侧的←按钮，返回上一级窗口，可看到窗口中已没有"公司员工名单.xlsx"文件。

（5）选择"公司简介.txt"文件，在"主页"/"组织"组中单击"复制到"按钮，在打开的下拉列表中选择"选择位置"选项，如图4-9所示。

（6）打开"复制项目"对话框，在其中选择"办公"文件夹中的"文档"文件夹，然后单击 复制(C) 按钮，完成文件的复制操作，如图4-10所示。

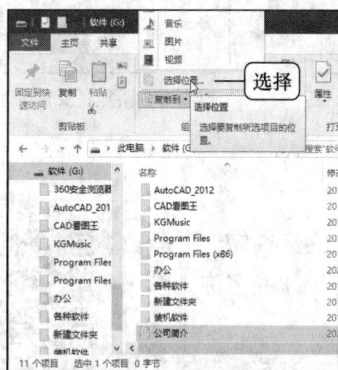

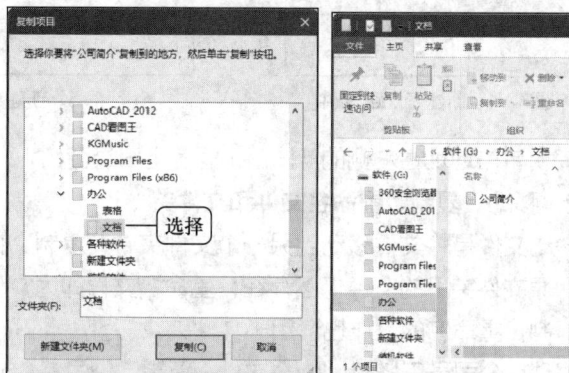

图4-9　选择选项　　　　　图4-10　选择复制到的位置及复制文件后的效果

> **提示** 选择文件后，在其上单击鼠标右键，在弹出的快捷菜单中选择"复制"命令，或直接按"Ctrl+C"组合键，可将选择的文件复制到剪贴板中，此时窗口中的文件不会发生任何变化。在导航窗格中选择文件要复制到的文件夹，在右侧打开的窗口中单击鼠标右键，在弹出的快捷菜单中选择"粘贴"命令，或直接按"Ctrl+V"组合键，可将复制到剪贴板中的文件粘贴到该文件夹中，完成文件的复制。

（7）选择复制后的"公司简介.txt"文件，在其上单击鼠标右键，在弹出的快捷菜单中选择"重命名"命令，此时"公司简介.txt"的文件名称部分处于可编辑状态，在其中输入新的名称"招聘信息"后按"Enter"键。

> **注意** 重命名文件时不要修改文件的扩展名部分，一旦修改将可能导致文件无法正常打开，若误操作，将扩展名重新修改为正确内容便可重新打开。此外，文件名可以包含字母、数字和空格等，但不能有"?、*、/、\、<、>、:"等符号。

（8）在导航窗格中选择"软件（G:）"选项，可看到原位置的"公司简介.txt"文件仍然存在。

3. 删除并还原文件和文件夹

删除一些没用的文件或文件夹，可以减少磁盘上的垃圾文件，释放磁盘空间，
同时也便于管理。被删除的文件或文件夹实际上是移动到了"回收站"中，若误
删文件，还可以通过还原操作找回来。

删除并还原"公司简介.txt"文件，其具体操作如下。

（1）在导航窗格中选择"软件（G:）"选项，然后在右侧窗口中选择"公司
简介.txt"文件。

（2）单击鼠标右键，在弹出的快捷菜单中选择"删除"命令，如图 4-11 所
示，或按"Delete"键，删除选择的"公司简介.txt"文件。

（3）单击任务栏最右侧的"显示桌面"按钮，切换至桌面，双击"回收站"图标，在打开的
窗口中可以查看到最近删除的文件和文件夹等对象，在要还原的"公司简介.txt"文件上单击鼠标右
键，在弹出的快捷菜单中选择"还原"命令，如图 4-12 所示，或在"回收站工具"/"还原"组中
单击"还原选定的项目"按钮，将其还原到被删除前的位置。

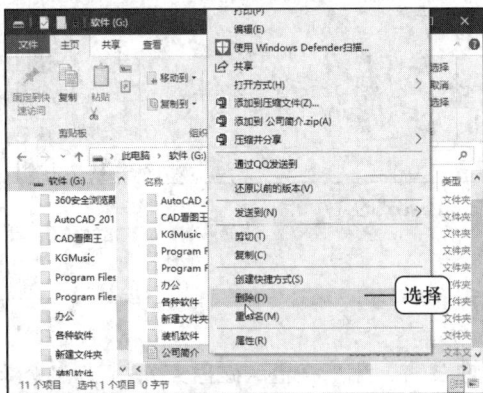

微课

删除并还原文件
和文件夹

图 4-11　选择"删除"命令

图 4-12　还原被删除的文件

4. 搜索文件或文件夹

如果用户不知道文件或文件夹在磁盘中的具体位置，可以使用 Windows 10 的搜索功能进行搜索。搜索时如果不记得文件的名称，可以使用模糊搜索功能，其方法是：用通配符"*"来代替任意数量的任意字符，使用"？"来代表某一位置上的任意字母或数字，如"*.mp3"表示搜索当前位置下所有类型为".mp3"格式的文件，而"pin?.mp3"则表示搜索当前位置下前 3 个字母为"pin"、第 4 位是任意字符的 MP3 格式的文件。

搜索 E 盘中的".jpg"图片，其具体操作如下。

（1）在文件资源管理器中打开需要搜索的位置。如需在所有磁盘中查找，则打开"此电脑"窗口，如需在某个磁盘分区或文件夹中查找，则打开具体的磁盘分区或文件夹窗口，这里打开 E 盘窗口。

（2）在窗口地址栏右侧的搜索框中输入要搜索的文件信息，这里输入"*.jpg"，Windows 会自动在当前位置内搜索所有符合文件信息的对象，并在文件显示区中显示搜索结果。

（3）根据需要，还可在"搜索"/"优化"组中选择"修改日期""大小""类型""其他属性"选项来设置搜索条件，缩小搜索范围；搜索完成后在功能区单击"关闭搜索"按钮✕退出搜索，如图 4-13 所示。

图 4-13 搜索 E 盘中的".jpg"格式的文件

（二）设置文件和文件夹的属性

文件属性主要包括隐藏属性、只读属性和归档属性 3 种。用户在查看磁盘文件的名称时，系统一般不会显示具有隐藏属性的文件，具有隐藏属性的文件不能被删除、复制和重命名，隐藏属性可以对文件起到保护作用；对于具有只读属性的文件，用户可以查看和复制，但不能修改和删除，只读属性可以避免用户意外删除和修改文件；文件被创建后，系统会自动将其设置成归档属性，用户可以随时查看、编辑和保存。

更改"公司员工名单.xlsx"文件的属性，其具体操作如下。

（1）打开"此电脑"窗口，依次展开"G:\办公\表格"目录，在"公司员工名单.xlsx"文件上单击鼠标右键，在弹出的快捷菜单中选择"属性"命令，或在"主页"/"打开"组中单击"属性"按钮，打开文件对应的"属性"对话框。

（2）在"常规"选项卡中的"属性"栏中选中"只读"复选框，如图 4-14 所示。

（3）单击 应用(A) 按钮，再单击 确定 按钮，将文件的属性设置为"只读"。如果要修改文件夹的属性，应用设置后，打开图 4-15 所示的"确认属性更改"对话框，用户根据需要选择应用方式后单击 确定 按钮，从而设置相应的文件夹属性。

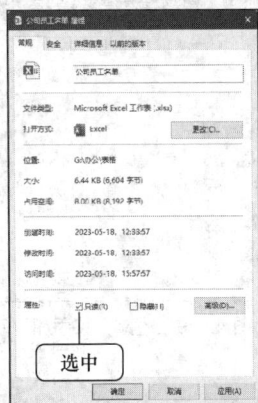

图 4-14 文件属性设置对话框

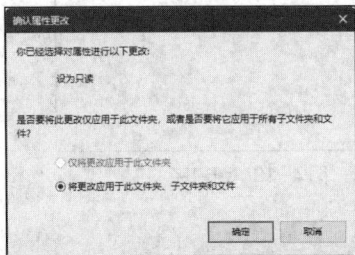

图 4-15 选择文件夹属性的应用方式

（三）使用库

　　Windows 10 中的库功能类似于文件夹，但它只是提供管理文件的索引，即用户可以通过库来直接访问文件，而不需要在保存文件的位置进行查找，所以文件并没有真正被存放在库中。Windows 10 中自带了视频、图片、音乐和文档 4 个库，用户可直接将常用文件资源添加到相应的库中，根据需要也可以新建库。

微课

使用库

　　新建"办公"库，将"表格"文件夹添加到库中，其具体操作如下。

　　（1）打开"此电脑"窗口，在"查看"/"窗格"组中单击"导航窗格"按钮■，在打开的下拉列表中选择"显示库"选项，可在导航窗格中显示库文件，如图 4-16 所示。

　　（2）在导航窗格中单击"库"图标■，打开"库"文件夹，此时在右侧窗口中将显示所有库，双击各个库文件夹便可打开查看，如图 4-17 所示。

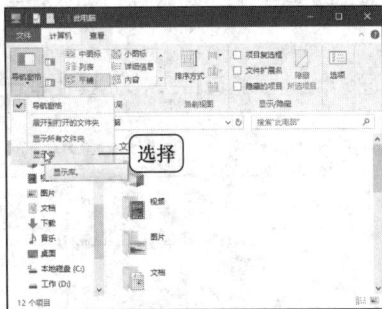

图 4-16 显示库

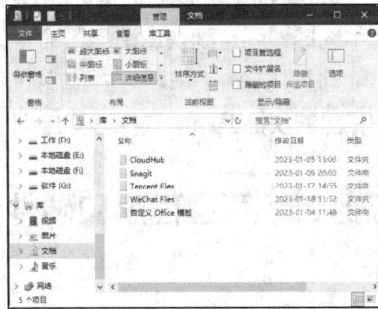

图 4-17 查看库文件

　　（3）返回库面板，在"主页"/"新建"组中单击"新建项目"按钮■，在打开的下拉列表中选择"库"选项，新建一个名称可编辑的库，输入库的名称"办公"，然后按"Enter"键，如图 4-18 所示。

　　（4）在导航窗格中打开"G:\办公"目录，选择要添加到库中的"表格"文件夹，然后在其上单击鼠标右键，在弹出的快捷菜单中选择"包含到库中"/"办公"命令，打开"Windows 库"提示对话框，单击 确定 按钮，将选择的文件夹添加到前面新建的"办公"库中，并通过"办公"库查看文件夹，效果如图4-19所示。

图4-18　新建库

图4-19　将文件夹添加到库中

> **提示**　当不再需要使用库中的文件时，可以将其删除，其删除方法是：在要删除的库文件上单击鼠标右键，在弹出的快捷菜单中选择"删除"命令，或在"库工具"/"管理"组中单击"管理库"按钮 ，打开"办公库位置"对话框，在其中选择要删除的文件，然后单击 删除(R) 按钮。

（四）使用快速访问列表

Windows 10提供了一种新的便于用户快速访问常用文件夹的方式，即快速访问列表，该列表位于导航窗格最上方，用户可将频繁使用的文件夹固定到快速访问列表中，以便快速找到并使用，主要可通过以下4种方法来实现。

- 通过"固定到快速访问"按钮 实现。打开需要添加到快速访问列表的文件夹，在"主页"/"剪贴板"组中单击"固定到快速访问"按钮 。
- 通过快捷命令实现。打开要固定到快速访问列表的文件夹，在导航窗格上的"快速访问"栏上单击鼠标右键，在弹出的快捷菜单中选择"将当前文件夹固定到快速访问"命令。
- 通过文件夹快捷命令实现。在要固定到快速访问列表的文件夹上单击鼠标右键，在弹出的快捷菜单中选择"固定到快速访问"命令。
- 通过导航窗格实现。在导航窗格中找到要固定到快速访问列表的文件夹，在其上单击鼠标右键，在弹出的快捷菜单中选择"固定到快速访问"命令。

任务二　管理程序和硬件资源

任务要求

张燕成功应聘上了一家公司的后勤工作，到公司上班后才发现办公用的计算机中没有安装Office软件，也没有安装打印机、投影仪等硬件设备。这些软件和设备在工作中使用的频率很高，张燕打算自己动手来管理好这台计算机中的程序和硬件等资源，同时也熟悉下计算机的相关操作。

本任务要求掌握安装和卸载应用程序的方法，了解打开和关闭Windows功能的方法，掌握安装打印机硬件驱动程序、连接投影仪、连接笔记本电脑到显示器、设置鼠标和键盘的方法，并学会使用 Windows 自带的画图、计算器和写字板等附件程序。

相关知识

（一）认识"设置"窗口

"设置"窗口中包含不同的设置工具，用户可以通过"设置"窗口设置 Windows 10。

在"此电脑"窗口中的"计算机"/"系统"组中单击"打开设置"按钮⚙或选择"开始"/"设置"命令，打开"设置"窗口，如图 4-20 所示。在"设置"窗口中选择不同的选项，可以进入相应的子分类设置窗口。

图 4-20 "设置"窗口

（二）计算机的软件安装

要在计算机上安装软件，首先应获取软件的安装程序，获取安装程序主要有以下 3 种途径。

• 从网上下载安装程序。目前，许多软件都将其安装程序放在网络上，用户可以通过网络下载和使用所需的软件安装程序。

• 购买软件书时赠送。一些软件方面的杂志或书籍常会以邮件的形式为读者提供一些小的软件，供读者安装使用。

• 从软件管家中获取。目前，一些软件管家集成了部分软件的安装功能，通过软件管家可以直接搜索和安装需要的软件，这种方法操作简单、快捷，适合计算机初学者使用。

做好软件安装的准备工作后，就可以开始安装软件。安装软件的一般方法及注意事项如下。

• 如果安装程序是从网上下载并存放在硬盘中的，则可在文件资源管理器中找到该安装程序的存放位置，双击其中的"setup.exe"或"install.exe"文件，安装可执行文件，再根据提示进行操作。

• 软件一般安装在除系统盘之外的其他磁盘分区中，最好是专门用一个磁盘分区来放置安装程序。杀毒软件和驱动程序等软件可安装在系统盘中。

• 很多软件在安装时要注意取消其开机启动设置，否则它们会默认设置为开机自动启动，不仅会影响计算机启动的速度，还会占用系统资源。

• 为确保安全，在网上下载的软件应事先进行查毒处理，再运行安装。

（三）计算机的硬件安装

硬件设备通常可分为即插即用型和非即插即用型两种。

一般将可以直接连接到计算机中使用的硬件设备称为即插即用型硬件，如U盘和移动硬盘等可移动存储设备，该类硬件不需要手动安装驱动程序，与计算机接口相连后系统可以自动识别，从而在系统中直接运行。

非即插即用型硬件是指连接到计算机后，需要用户自行安装驱动程序的计算机硬件设备，如打印机、扫描仪等。要安装这类硬件，还需要准备与之配套的驱动程序，一般在购买硬件设备时由厂商提供安装程序。

任务实现

（一）安装和卸载应用程序

获取或准备好软件的安装程序后，便可以开始安装软件，安装后的软件将会显示在"开始"菜单中的"所有程序"列表中，部分软件还会自动在桌面上创建快捷方式图标。

通过网络下载安装程序，安装搜狗五笔输入法；从应用商店安装百度网盘，再卸载计算机中不需要使用的软件，其具体操作如下。

（1）利用 Microsoft Edge 浏览器下载搜狗五笔输入法的安装程序，打开安装程序所在的文件夹，找到并双击"sogou_wubi_31a.exe"文件。

（2）打开安装向导对话框，根据对话框中的提示进行安装，这里单击 下一步(N) 按钮，如图4-21所示。

（3）打开"许可证协议"对话框，对其中条款内容进行认真阅读，单击 我接受(I) 按钮，如图4-22所示。

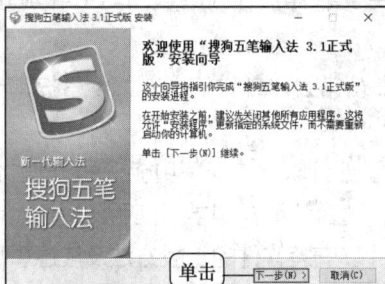

图 4-21　进入安装向导　　　　图 4-22　"许可证协议"对话框

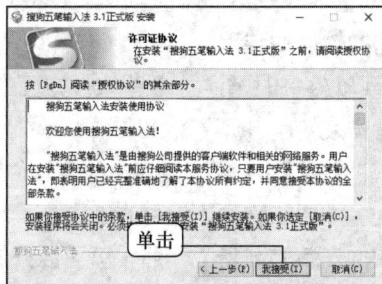

（4）打开"选择安装位置"对话框，这里保持默认设置，单击 下一步(N) 按钮，如图4-23所示。如果想更改软件的安装路径，可单击该对话框中的 浏览(B)... 按钮，在打开的"浏览文件夹"对话框中自定义搜狗五笔输入法的安装位置。

（5）在打开的对话框中单击 安装(I) 按钮，如图4-24所示。稍后，搜狗五笔输入法将成功安装到 Windows 10 中。

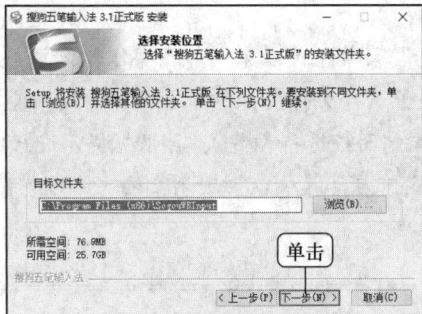

图 4-23　保持默认安装路径

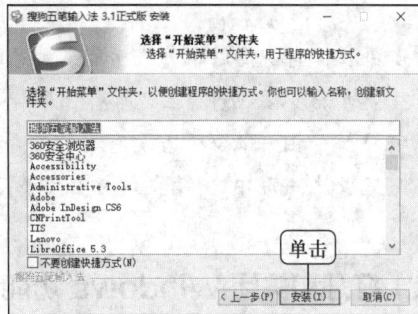

图 4-24　开始安装软件

（6）打开"开始"菜单，在所有程序区中选择"Microsoft Store"命令，启动应用商店，在打开的界面中的搜索框中输入"百度网盘 Win 10"，如图 4-25 所示，查找相应的应用，并在打开的界面中选择需要的应用选项。

（7）在打开的界面中单击 获取 按钮，此时将开始下载应用程序，如图 4-26 所示。下载完成后将自动安装，并显示安装进度。

图 4-25　搜索应用

图 4-26　下载并安装应用

（8）安装完成后，将自动打开"百度网盘"的登录界面，在其中输入账户和密码可登录"百度网盘"。

（9）按"Win+I"组合键打开"设置"窗口，在其中选择"应用"选项，打开"应用和功能"界面，在其中找到需要卸载的"爱奇艺万能播放器"应用程序，在其上单击，然后在展开的面板中单击 卸载 按钮。

（10）此时将弹出提示对话框，提示此应用及其相关的信息将被卸载，单击 卸载 按钮开始卸载，如图 4-27 所示。

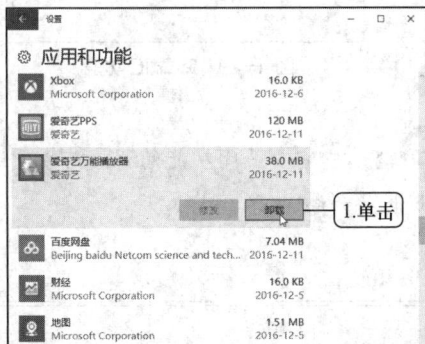

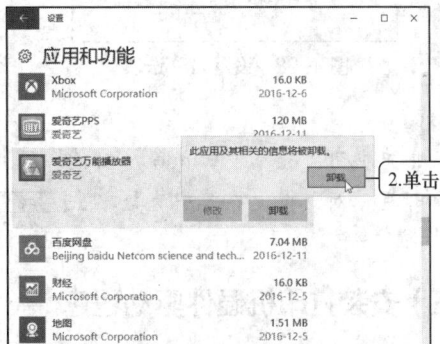

图 4-27　通过"应用和功能"界面卸载程序

> **提示** 如果软件自身提供了卸载功能，则通过"开始"菜单也可以完成卸载操作，其方法是：单击"开始"按钮⊞，在"所有程序"列表中展开程序文件夹，然后选择"卸载"或"卸载程序"等相关命令（若没有类似命令则通过控制面板进行卸载），再根据提示进行操作便可完成软件的卸载。有些软件在卸载后，会提示重启计算机以彻底删除该软件的安装文件。

（二）打开和关闭 Windows 功能

Windows 10 自带了许多功能，默认情况下并没有将所有的功能打开，若用户需要，可手动将其打开或关闭。

打开 IIS 服务器系统功能，关闭 IE 功能，其具体操作如下。

（1）在任务栏的搜索框中输入"功能"文本，在打开的界面中选择"启用或关闭 Windows 功能"选项，打开"Windows 功能"对话框。

（2）在其中展开"Internet Information Services"选项，选中相关的复选框，如图 4-28 所示。

（3）在下方选择"万维网服务"选项并将其展开，然后在其中选中相应的复选框，完成后单击 确定 按钮，此时，在打开的界面中将显示正在安装，并显示安装进度。

（4）稍等片刻后，在打开的界面中将提示安装请求已完成，然后单击 关闭 按钮。

（5）打开"应用和功能"窗口，在右侧单击"管理可选功能"超链接，打开"管理可选功能"界面，在其中选择"Internet Explorer 11"选项，在展开的面板中单击 卸载 按钮，将其卸载，如图 4-29 所示。

图 4-28　设置 IIS 选项　　　图 4-29　卸载 IE 功能

> **提示** 用户也可直接在"Windows 功能"窗口中取消选中需要关闭功能的程序前的复选框，打开提示对话框，在其中直接单击 是(Y) 按钮将其关闭。

（三）安装打印机硬件驱动程序

在安装打印机前，应先将设备与计算机主机相连接，再安装打印机的驱动程序。在安装计算机的其他外部设备时，也可参考类似的方法进行安装。

安装 Lenovo M7216NWA 型号的打印机，先连接打印机，然后安装打印机的驱动程序。

（1）不同的打印机有不同类型的端口，常见的有 USB、LPT 和 COM 端口，可参见打印机的使用说明书，将数据线的一端插入计算机主机机箱后面相应的插口中，再将另一端与打印机背面的接口相连，如图 4-30 所示，然后接通打印机的电源。

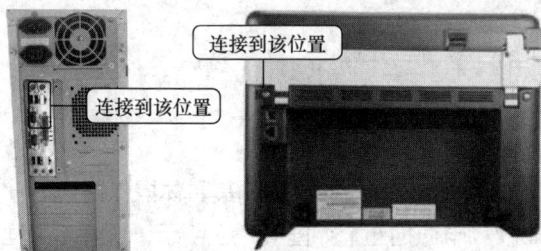

图 4-30　连接打印机

（2）在"此电脑"窗口中，找到下载的打印机驱动程序所在的文件夹，双击运行".exe"可执行文件，在打开的对话框中提示选择打印机型号，如图 4-31 所示。

（3）在打开的对话框中单击"安装程序"按钮，打开"安装软件"对话框，其中提供了几种安装方式，这里单击"安装多功能套装软件"按钮，如图 4-32 所示。

图 4-31　选择打印机型号

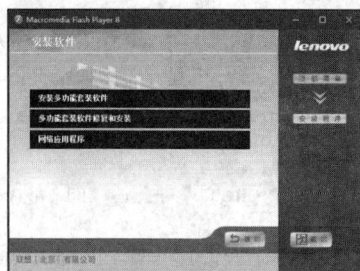

图 4-32　选择安装方式

（4）打开"Lenovo 打印设备安装"对话框，选中"本地连接（USB）"单选项，如果安装的是网络打印机，则选择其他两种连接方式，然后单击 下一步(N) 按钮，如图 4-33 所示。

（5）开始安装打印机驱动程序，并显示安装进度，如图 4-34 所示。稍等片刻后，将提示打印机驱动程序安装和配置成功的信息。

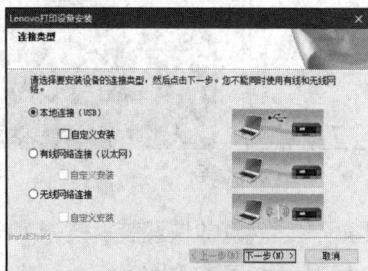

图 4-33　选择连接类型

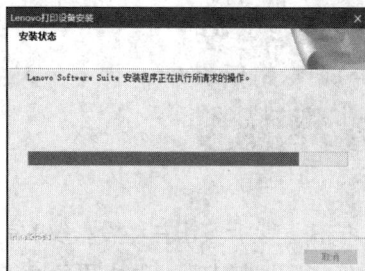

图 4-34　正在安装

（四）连接并设置投影仪

使用投影仪前需要先连接投影仪，再对投影仪进行设置，下面以明基 MP625P 投影仪为例进行介绍。

微课

连接投影仪

1. 连接投影仪

当连接信号源至投影仪时，须确认以下 3 点。

- 进行连接前关闭所有设备。
- 为每个信号来源使用正确的信号线缆。
- 确保线缆牢固插入。

2. 设置投影仪

连接好投影仪后，就可以启动并设置投影仪了，其具体操作如下。

（1）将电源线插入投影仪和电源插座，如图 4-35 所示，打开电源插座开关，接通电源后，检查投影仪上的电源指示灯是否亮起。

（2）取下镜头盖，如图 4-36 所示，如果镜头盖一直保持关闭，可能会因为投影灯泡产生的热量而变形。

（3）按投影仪或遥控器上的"Power"键启动投影仪，如图 4-37 所示。当投影仪电源打开时，电源指示灯会先闪烁，然后常亮绿灯。启动过程约需 30s。启动后稍等片刻，将显示启动标志。

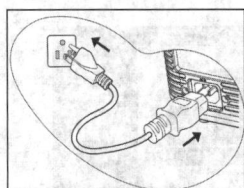
图 4-35 接通电源

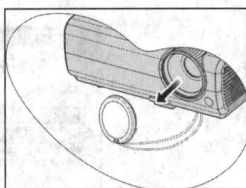
图 4-36 取下镜头盖

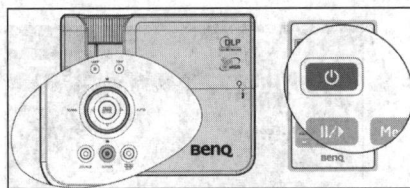
图 4-37 启动投影仪

（4）如果是初次使用投影仪，请按照屏幕上的说明选择语言，如图 4-38 所示。

（5）接通所有连接的设备，然后投影仪开始搜索输入信号。屏幕左上角会显示当前扫描到的输入信号。如果投影仪未检测到有效信号，屏幕上将一直显示"无信号"信息，直至检测到输入信号。

（6）也可手动选择可用的输入信号，按投影机或遥控器上的"Source"键，显示信号源选择栏，重复按方向键直到选择所需信号，然后按"Mode/Enter"键，如图 4-39 所示。

图 4-38 选择语言

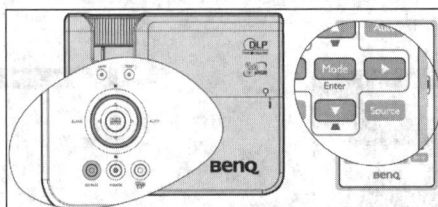

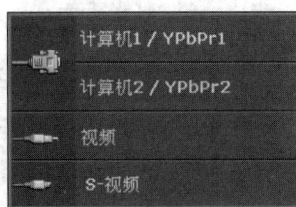
图 4-39 设置输入信号

（7）按快速装拆按钮并将投影仪的前部抬高，图像调整好之后，释放快速装拆按钮，将支脚锁定到位。旋转后调节支脚，对水平角度进行微调，如图 4-40 所示。若要收回支脚，可抬起投影仪并按下快速装拆按钮，然后慢慢将投影仪向下压，接着反方向旋转后调节支脚。

（8）按投影仪或遥控器上的"Auto"键，如图 4-41 所示，在 3s 内，内置的智能自动调整功能将重新调整频率和脉冲的值，以提供最佳图像质量。

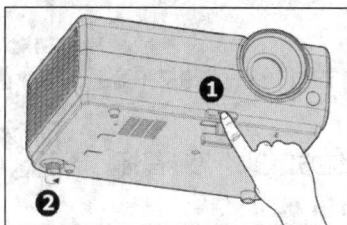

图 4-40　微调水平角度

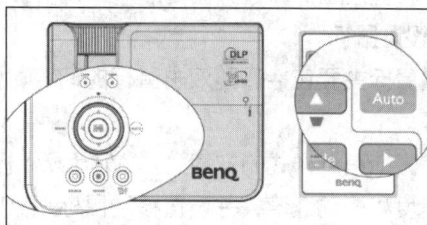

图 4-41　自动调整图像

（9）使用变焦环将投影图像调整至所需的尺寸，如图 4-42 所示。

（10）旋动调焦圈使图像聚焦，如图 4-43 所示，然后就可以使用投影仪播放视频和图像了。

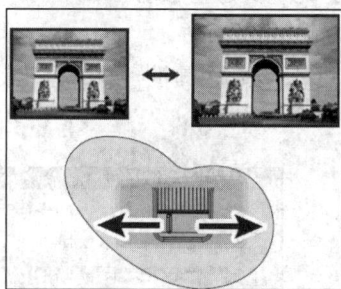

图 4-42　微调图像大小

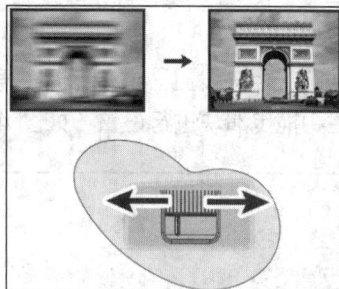

图 4-43　微调清晰度

（五）连接笔记本电脑到显示器

笔记本电脑小巧轻便，很多商务人士喜欢使用笔记本电脑进行办公，在某些特殊场合，也可以将笔记本电脑连接到台式计算机的显示器上，方便用户通过计算机显示器查看笔记本电脑中的内容。

将笔记本电脑连接到显示器，其具体操作如下。

（1）准备一根 VGA 接口的视频线，在笔记本电脑的一侧找到 VGA 的接口，如图 4-44 所示。

图 4-44　找到 VGA 接口

微课

连接笔记本电脑
到显示器

（2）将视频线一头插入笔记本电脑的 VGA 接口中，如图 4-45 所示，将另外一头与显示器连接。

（3）按"Win+P"组合键打开图 4-46 所示的切换面板，选择"仅投影仪"选项，在计算机显示器上显示笔记本电脑中的内容。

图 4-45　连接笔记本电脑

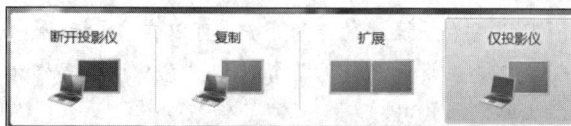

图 4-46　设置显示器显示方法

（六）设置鼠标和键盘

鼠标和键盘是计算机中重要的输入设备，用户可以根据需要设置其参数。

1. 设置鼠标

设置鼠标主要包括调整双击鼠标的速度、更换鼠标指针样式以及设置鼠标指针选项等。

设置鼠标指针样式的方案为"Windows 标准（大）（系统方案）"，调节鼠标的双击速度和移动速度，并设置移动鼠标指针时会产生"移动轨迹"效果，其具体操作如下。

（1）打开"设置"窗口，在其中单击"设备"按钮，打开"设备"窗口，在左侧选择"鼠标"选项，在右侧的"选择主按钮"下拉列表中选择"左"选项，在"滚动鼠标滚轮即可滚动"下拉列表中选择"一次多行"选项，打开"当我悬停在非活动窗口上方时对其进行滚动"开关，如图 4-47 所示。

（2）在"相关设置"栏中单击"其他鼠标选项"超链接，打开"鼠标 属性"对话框，在"双击速度"栏中拖曳滑块进行设置，如图 4-48 所示。

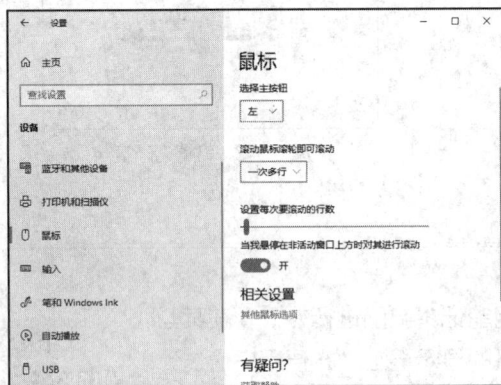

图 4-47　设置鼠标

图 4-48　调整鼠标双击速度

（3）切换到"指针"选项卡，在"方案"下拉列表中选择"Windows 标准（大）（系统方案）"选项，如图 4-49 所示。

（4）在"自定义"列表框中选择"正常选择"选项，单击 浏览(B)... 按钮，打开"浏览"对话框，在其中选择需要的鼠标样式，然后单击 打开(O) 按钮。

（5）切换到"指针选项"选项卡，在"移动"栏中拖曳滑块调整鼠标指针的移动速度；在"可见性"栏中选中"在打字时隐藏指针"和"显示指针轨迹"复选框，完成后单击 确定 按钮，如图 4-50 所示。

> **提示**　习惯用左手操作鼠标的用户，可以在"鼠标 属性"对话框的"鼠标键"选项卡中选中"切换主要和次要的按钮"复选框，在其中设置交换鼠标左右键的功能，从而方便用户使用左手进行操作。

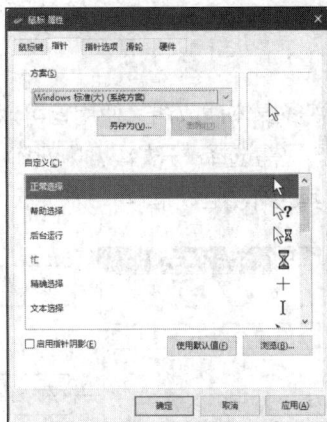

图 4-49　选择鼠标指针样式

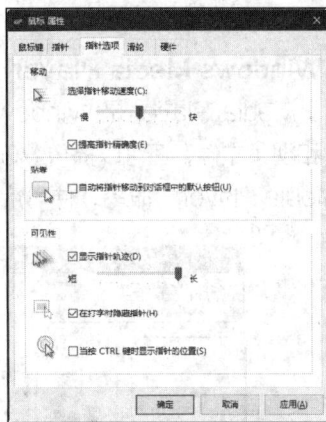

图 4-50　设置指针选项

2. 设置键盘

在 Windows 10 中，设置键盘主要是指调整键盘的响应速度以及光标的闪烁速度。

降低键盘重复输入一个字符的延迟时间，使重复输入字符的速度最快，并适当调整光标的闪烁速度，其具体操作如下。

（1）通过任务栏的搜索框打开"控制面板"窗口，在其中单击"键盘"超链接，如图 4-51 所示。

（2）打开"键盘 属性"对话框，默认显示"速度"选项卡，在"字符重复"栏中向右拖曳"重复延迟"滑块，降低键盘重复输入一个字符的延迟时间；向右拖曳"重复速度"滑块，加快重复输入字符的速度。

（3）在"光标闪烁速度"栏中拖曳滑块，改变光标在文本编辑软件（如记事本）中的闪烁速度，这里向左拖曳滑块设置为中等速度，然后单击 确定 按钮，如图 4-52 所示。

微课

设置键盘

图 4-51　单击"键盘"超链接

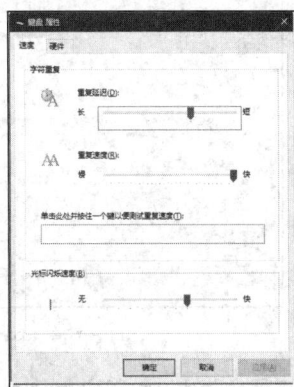

图 4-52　设置"键盘"属性

（七）使用附件工具

Windows 10 提供了一系列的实用工具，包括媒体播放器和画图程序等。下面简单介绍它们的使用方法。

1. 使用 Windows Media Player

Windows Media Player 是 Windows 10 自带的一款多媒体播放器，使用它可以播放各种格式的音频文件和视频文件，还可以播放 VCD 和 DVD 电影。只需选择"开始"/"Windows 附件"/"Windows Media Player"命令，便可启动媒体播放器，其工作界面如图 4-53 所示。

图 4-53　Windows Media Player 的工作界面

使用 Windows Media Player 播放音乐或视频文件的方法主要有以下几种。

● Windows Media Player 可以直接播放光盘中的多媒体文件，其方法是：将光盘放入光驱中，然后在"Windows Media Player"窗口的工具栏上单击鼠标右键，在弹出的快捷菜单中选择"播放"/"播放/DVD、VCD 或 CD 音频"命令，播放光盘中的多媒体文件。

● 在"Windows Media Player"窗口的工具栏上单击鼠标右键，在弹出的快捷菜单中选择"文件"/"打开"命令或按"Ctrl+O"组合键，在打开的"打开"对话框中选择需要播放的音乐或视频文件，然后单击 打开(O) 按钮，即可在 Windows Media Player 中播放，如图 4-54 所示。

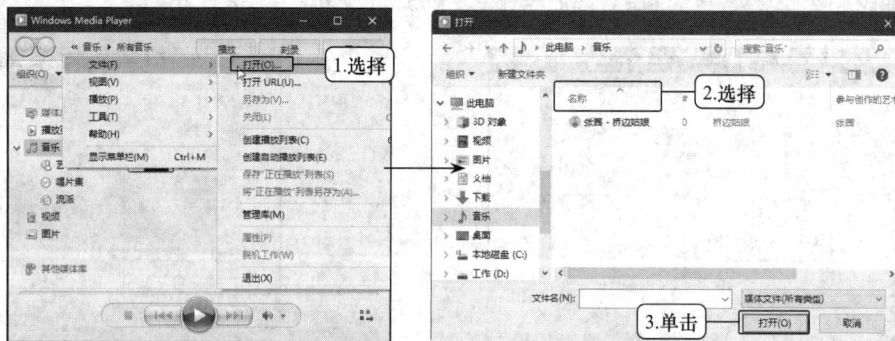

图 4-54　在"Windows Media Player"窗口中打开媒体文件

● 使用 Windows Media Player 的媒体库可以将存放在计算机中不同位置的媒体文件集合在一起，通过媒体库，用户可以快速找到并播放相应的多媒体文件。其方法是：单击工具栏中的 创建播放列表(C) ▼ 按钮，在导航窗格的"播放列表"目录下将新建一个播放列表，输入播放列表名称后按"Enter"键确认创建，创建后选择导航窗格中的"音乐"选项，在显示区将需要的音乐拖曳到新建的播放列表中，如图 4-55 所示，添加后双击该列表选项便可播放列表中的所有音乐，如图 4-56 所示。

图 4-55　将音乐添加到播放列表

图 4-56　播放列表中的音乐

● 在"Windows Media Player"窗口的工具栏中单击鼠标右键，在弹出的快捷菜单中选择"视图"/"外观"命令，将播放器切换到"外观"模式，选择"文件"/"打开"命令，可打开并播放媒体文件。

2. 使用画图程序

选择"开始"/"Windows 附件"/"画图"命令，可启动画图程序。画图程序中所有的绘制工具及编辑命令都集合在"主页"选项卡中，因此，画图程序所需的大部分操作都可以在功能区中完成。利用画图程序可以绘制各种简单的形状和图形，也可以打开计算机中已有的图像文件进行编辑。

● 绘制图形。单击"形状"工具栏中的按钮，然后在"颜色"工具栏中选择一种颜色，移动鼠标指针到绘图区，按住鼠标左键不放并拖曳鼠标，便可以绘制出相应形状的图形。绘制好图形后单击"工具"工具栏中的"用颜色填充"按钮 🪣，然后在"颜色"工具栏中选择一种颜色，单击绘制的图形，便可填充该图形，如图 4-57 所示。

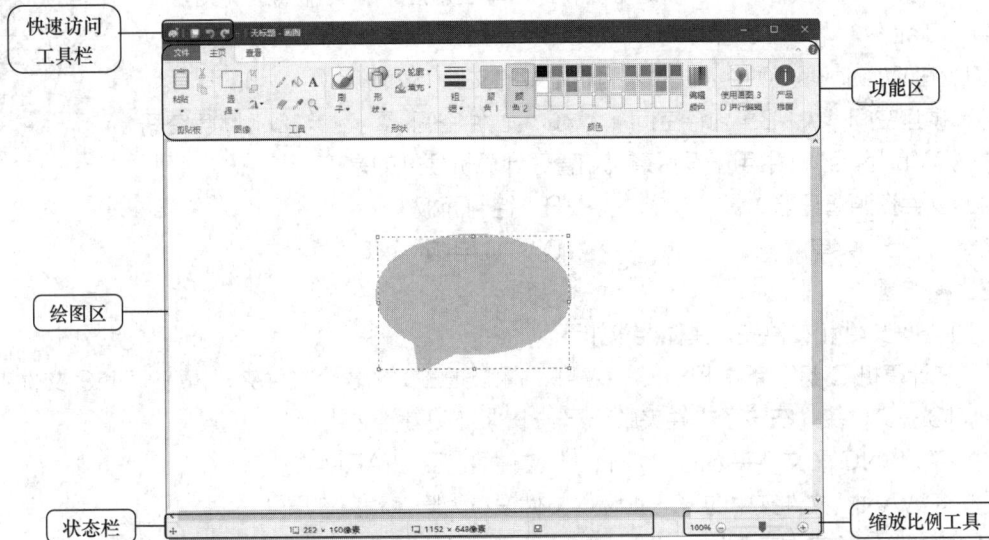

图 4-57　绘制和填充图形

● 打开和编辑图像文件。启动画图程序后，选择"文件"/"打开"命令或按"Ctrl+O"组合键，在打开的"打开"对话框中找到并选择图像，单击 打开(O) 按钮打开图像。打开图像后单击"图像"工具栏中的"旋转"按钮 🔄，在打开的下拉列表中选择需要旋转的方向和角度，可以旋转图形。

单击"图像"工具栏中"选择"按钮▢下方的下拉按钮▾，在打开的下拉列表中选择"矩形选择"选项，在图像中按住鼠标左键不放并拖曳鼠标，可以选择局部图像区域；选择图像后按住鼠标左键不放进行拖曳，可以移动图像的位置。若单击"图像"工具栏中的"裁剪"按钮▣，将自动裁剪掉图像多余的部分，留下被框选的部分，如图 4-58 所示。

图 4-58　旋转图像和裁剪图像

课后练习

1. 选择题

（1）在 Windows 10 中，选择多个连续的文件或文件夹，应首先选择第一个文件或文件夹，然后按住（　　）键不放，最后单击最后一个文件或文件夹。

　A. "Tab"　　　　　B. "Alt"　　　　　C. "Shift"　　　　　D. "Ctrl"

（2）在 Windows 10 中，被放入回收站中的文件仍然占用（　　）。

　A. 硬盘空间　　　B. 内存空间　　　C. 软件空间　　　D. U 盘空间

（3）Windows 10 中用于设置系统和管理计算机硬件的是（　　）。

　A. 文件资源管理器　　　　　　　　B. 控制面板

　C. "开始"菜单　　　　　　　　　　D. "此电脑"窗口

查看项目四答案与解析

2. 操作题

（1）管理文件和文件夹，具体要求如下。

① 在计算机 D 盘下新建 FENG、WARM 和 SEED 这 3 个文件夹，再在 FENG 文件夹下新建 WANG 子文件夹，在该子文件夹中新建一个"JIM.txt"文件。

② 将 WANG 子文件夹下的"JIM.txt"文件复制到 WARM 文件夹中。

③ 将 WARM 文件夹中的"JIM.txt"文件设置为隐藏和只读属性。

④ 将 WARM 文件夹下的"JIM.txt"文件删除。

（2）利用画图程序绘制一个粉红色的心形，再将其以"心形"为文件名保存到桌面。

（3）从网上下载 Office 2016 的安装程序，然后安装到计算机中。

项目五

编辑Word文档

05

　　Word 是微软公司推出的 Office 办公软件的核心组件之一，它是一个功能强大的文字处理软件。使用 Word 不仅可以进行简单的文字处理，还能制作出图文并茂的文档。本项目将通过 3 个典型任务来介绍 Word 2016 的基本操作，包括输入和编辑学习计划、编辑招聘启事和制作公益宣传海报等内容。

学习目标	素养目标
• 输入和编辑学习计划。 • 编辑招聘启事。 • 制作公益宣传海报。	• 具备良好的文字处理能力和计算机应用能力。 • 提高审美能力和文字表达能力。

任务一　输入和编辑学习计划

任务要求

　　小赵是一名大学新生，开学的第一天，辅导老师就要求大家针对大学生涯制作一份电子版的学习计划文档。接到任务后，小赵先思考了自己的大学学习计划，形成了一份学习计划大纲，然后利用 Word 2016 的相关功能完成了对学习计划文档的编辑，完成后的效果如图 5-1 所示，具体要求如下。

- 新建一个空白文档，并将其以"学习计划"为名进行保存。

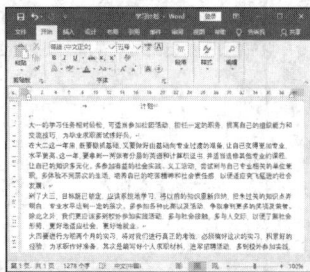

图 5-1　"学习计划"文档效果

查看"学习计划"的相关知识

- 在文档中通过空格或即点即输的方式输入如图 5-1 所示的文本。
- 将"2023 年 3 月"文本移动到文档末尾的右下角。

- 查找全文中的"自已"文本，并将其替换为"自己"。
- 将文档标题"学习计划"修改为"计划"。
- 撤销和恢复所做的修改，然后保存文档。

相关知识

（一）启动和退出 Word 2016

在计算机中安装 Office 2016 后，便可启动相应的组件，其中主要包括 Word 2016、Excel 2016 和 PowerPoint 2016，各个组件的启动方法相同。下面以启动 Word 2016 为例进行讲解。

1. 启动 Word 2016

Word 2016 的启动方法与其他常见应用软件的启动方法相似，主要有以下 3 种方法。

- 单击"开始"按钮，在打开的"开始"菜单中选择"Word 2016"命令。
- 创建 Word 2016 的桌面快捷方式后，双击桌面上的快捷方式图标。
- 在任务栏的快速启动区中单击"Word 2016"图标。

2. 退出 Word 2016

退出 Word 2016 的方法主要有以下 4 种。

- 选择"文件"/"关闭"命令。
- 单击"Word 2016"窗口右上角的"关闭"按钮。
- 按"Alt+F4"组合键。
- 在 Word 2016 的标题栏上单击鼠标右键，在弹出的快捷菜单中选择"关闭"命令。

（二）熟悉 Word 2016 的工作界面

启动 Word 2016 后，将进入其工作界面，如图 5-2 所示。下面介绍 Word 2016 工作界面的主要组成部分。

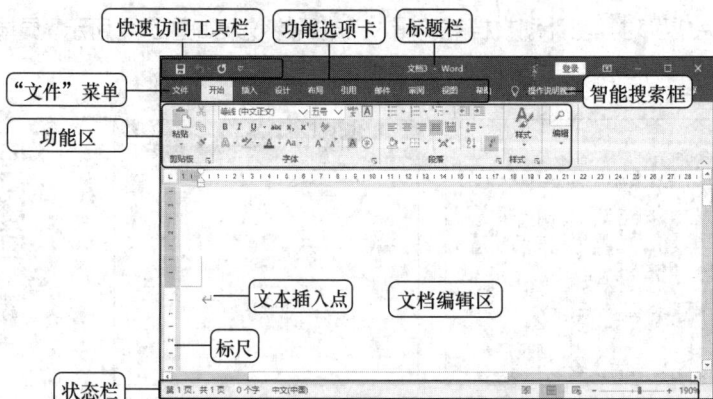

图 5-2　Word 2016 的工作界面

1. 标题栏

标题栏位于 Word 2016 工作界面的最顶端，包括文档名称、"登录"按钮（用于登录 Office 账户）、"功能区显示选项"按钮▣（可对功能选项卡和功能区进行显示和隐藏操作）和右侧的"窗口控制"按钮组（包含"最小化"按钮▬、"最大化"按钮▣和"关闭"按钮▣，可最大化、最小化和关闭窗口）。

2. 快速访问工具栏

快速访问工具栏中可显示一些常用的工具按钮，默认按钮有"保存"按钮▣、"撤消键入"按钮⟲和"重复键入"按钮⟳。另外，用户还可自定义按钮，只需在该工具栏右侧单击"自定义快速访问工具栏"按钮▾，在打开的下拉列表中选择相应的选项。

3. "文件"菜单

"文件"菜单中的内容与其他版本 Office 中的"文件"菜单类似，主要用于执行与该组件相关文档的新建、打开、保存、共享等基本操作，选择最下方的"选项"可打开"Word 选项"对话框，用户可在其中对 Word 组件进行常规、显示、校对、自定义功能区等多项设置。

4. 功能选项卡

Word 2016 默认包含多个功能选项卡，单击任意选项卡可打开对应的功能区，单击其他选项卡可切换到相应的选项卡，且每个选项卡中分别包含相应的功能集合。

5. 功能区

功能选项卡与功能区是对应的关系，单击某个选项卡可展开与其对应的功能区。功能区中有许多自适应窗口大小的组，每个组中又包含不同的按钮或下拉列表框等，有的组右下角还会显示一个"对话框启动器"按钮▫，单击该按钮可打开相应的对话框或任务窗格，以进行更详细的设置。

6. 智能搜索框

智能搜索框是 Word 2016 新增的一项功能，用户可通过该搜索框轻松找到相关的操作说明。例如，若要在文档中插入目录，则可以直接在搜索框中输入"目录"文本，此时会显示一些关于目录的信息，将鼠标指针定位至"目录"选项上，在打开的子列表中就可以快速选择自己想要插入的目录样式。

7. 文档编辑区

文档编辑区是输入与编辑文本的区域，对文本进行的各种操作及结果都会显示在该区域中。新建一篇空白文档后，文档编辑区的左上角将显示一个闪烁的光标，称为文本插入点，该光标所在位置便是文本的起始输入位置。

8. 标尺

标尺主要用于定位文档内容，位于文档编辑区上侧的标尺称为水平标尺，左侧的标尺称为垂直标尺，拖动水平标尺中的"缩进"按钮可快速调节段落的缩进和文档的边距。

9. 状态栏

状态栏位于工作界面的最底端，主要用于显示当前文档的工作状态，包括当前页数、字数、输入状态等，右侧依次是"视图切换"按钮和"显示比例"调节滑块。

> **提示** 在"视图"/"显示比例"组中单击"显示比例"按钮🔍，可打开"显示比例"对话框，在其中可调整文档缩放比例；单击"100%"按钮▢，可将文档的显示比例设置为100%。

（三）自定义 Word 2016 工作界面

Word 2016 工作界面中的大部分功能和选项都是默认的，用户可根据使用习惯和操作需要自定义适合自己的工作界面，包括自定义快速访问工具栏、自定义功能区和显示或隐藏文档中的元素等。

1. 自定义快速访问工具栏

为了方便操作，用户可以在快速访问工具栏中添加自己常用的命令按钮，或删除不需要的命令按钮，也可以改变快速访问工具栏的位置。

- 添加常用的命令按钮。在快速访问工具栏右侧单击"自定义快速访问工具栏"按钮▼，在打开的下拉列表中选择常用的选项，如选择"打开"选项，便可将该命令按钮添加到快速访问工具栏中。

- 删除不需要的命令按钮。在需要删除的命令按钮上单击鼠标右键，在弹出的快捷菜单中选择"从快速访问工具栏删除"命令，便可将该命令按钮从快速访问工具栏中删除。

- 改变快速访问工具栏的位置。在快速访问工具栏右侧单击"自定义快速访问工具栏"按钮▼，在打开的下拉列表中选择"在功能区下方显示"选项，可将快速访问工具栏显示到功能区下方；再次在该下拉列表中选择"在功能区上方显示"选项，可将快速访问工具栏还原到默认位置。

2. 自定义功能区

在Word 2016的工作界面中，选择"文件"/"选项"命令，打开"Word选项"对话框，切换到"自定义功能区"选项卡，在右侧可根据需要显示或隐藏相应的功能选项卡、创建新的选项卡、在选项卡中创建组和命令等，如图5-3所示。

- 显示或隐藏主选项卡。在"自定义功能区"选项卡中的"自定义功能区"栏中选中或取消选中主选项卡对应的复选框，可在功能区中显示或隐藏该主选项卡。

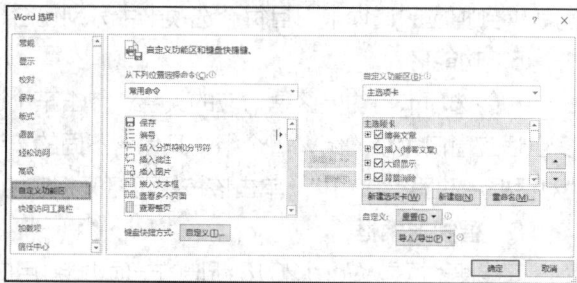

图5-3 自定义功能区

- 创建新的选项卡。单击 新建选项卡(W) 按钮，可新建一个功能选项卡。选择创建的选项卡，单击 重命名(M) 按钮，打开"重命名"对话框，在"显示名称"文本框中输入名称后，单击 确定 按钮，便可重命名新建的选项卡。

- 在功能区中创建组。选择新建的选项卡，单击 新建组(N) 按钮，可在该选项卡下创建组。选择创建的组，单击 重命名(M) 按钮，打开"重命名"对话框，在"符号"列表框中选择任意图标，在"显示名称"文本框中输入组名称，然后单击 确定 按钮，便可重命名新建的组。

- 在组中添加命令。选择新建的组，在"从下列位置选择命令"列表框中选择需要的命令选项，然后单击 添加(A) >> 按钮，便可将该命令添加到组中。

- 删除自定义的功能区。在"自定义功能区"列表框中选中相应的主选项卡复选框，再单击 << 删除(R) 按钮，可将自定义的选项卡或组删除。若要一次性删除所有自定义的功能区，则可单击 重置(E) ▼ 按钮，在打开的下拉列表中选择"重置所有自定义项"选项，在打开的提示对话框中单击 是(Y) 按钮，删除所有的自定义项，恢复Word 2016默认的功能区效果。

3. 显示或隐藏文档中的元素

Word 2016的文档编辑区中包含多个文本编辑的辅助元素，如标尺、网格线、导航窗格和滚动条等，用户在编辑文本时可根据需要隐藏不需要显示的元素或将隐藏的元素显示出来。其显示或隐藏的方法主要有以下两种。

- 在"视图"/"显示"组中选中或取消选中标尺、网格线和导航窗格对应的复选框，便可在文档中显示或隐藏相应的元素，如图 5-4 所示。

• 在"Word 选项"对话框中切换到"高级"选项卡，在右侧向下拖曳滚动条，在"显示"栏中选中或取消选中"显示水平滚动条""显示垂直滚动条""在页面视图中显示垂直标尺"复选框，同样可在文档中显示或隐藏相应的元素，如图 5-5 所示。

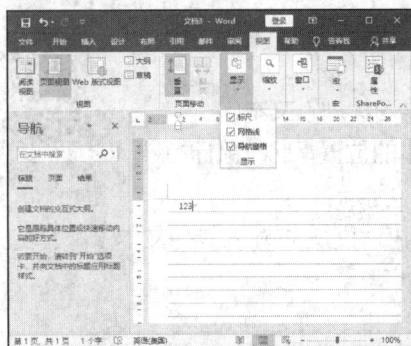

图 5-4 在"视图"/"显示"组中设置

图 5-5 在"Word 选项"对话框中设置

任务实现

（一）创建"学习计划"文档

微课
创建"学习计划"
文档

启动 Word 2016 后，将自动新建一个空白文档，用户也可手动创建符合要求的文档，其具体操作如下。

（1）单击"开始"按钮 ⊞，在打开的"开始"菜单中选择"Word 2016"命令，启动 Word 2016。

（2）选择"文件"/"新建"命令，选择"空白文档"选项，或在打开的文档中按"Ctrl+N"组合键，可以新建一个空白的文档，如图 5-6 所示。

图 5-6 新建空白文档

> **提示** 选择"文件"/"新建"命令，打开"新建"界面，在界面右侧选择一个模板选项，在打开的提示对话框中单击"创建"按钮 □，Word 将自动从网络中下载所选模板，并根据所选模板创建一个新的 Word 文档，且该模板中包含已设置好的内容和样式。

（二）输入文档文本

新建文档后，便可在文档中输入文本，此时运用 Word 2016 的即点即输功能可轻松地在文档的不同位置输入需要的文本，其具体操作如下。

（1）将鼠标指针移至文档上方的中间位置，当鼠标指针变成 I 形状时双击，将文本插入点定位到此处。

（2）将输入法切换至中文输入法，输入文档标题"学习计划"文本。

（3）将鼠标指针移至文档标题下方左侧需要输入文本的位置，此时鼠标指针将变成 I 形状，双击将文本插入点定位到此处，如图 5-7 所示。

（4）输入正文文本，然后按"Enter"键换行，使用相同的方法输入其他文本（配套资源：素材\项目五\学习计划.txt），效果如图 5-8 所示。

图 5-7　定位文本插入点

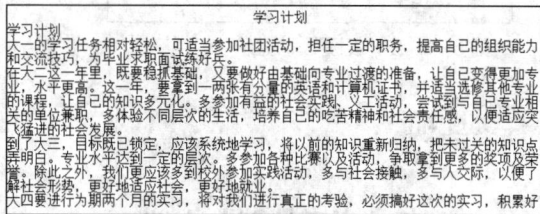

图 5-8　输入正文部分

（三）复制和移动文本

若要输入与文档中已有内容相同的文本，则可使用复制操作；若要将所需文本内容从一个位置移动到另一个位置，则可使用移动操作。

1. 复制文本

复制文本是指在目标位置为原位置的文本创建一个副本，复制文本后，原位置和目标位置都将存在该文本。复制文本的方法主要有以下 4 种。

- 选择所需文本后，在"开始"/"剪贴板"组中单击"复制"按钮 复制文本，然后将文本插入点定位到目标位置，在"开始"/"剪贴板"组中单击"粘贴"按钮 粘贴文本。
- 选择所需文本后，在其上单击鼠标右键，在弹出的快捷菜单中选择"复制"命令复制文本，然后将文本插入点定位到目标位置，单击鼠标右键，在弹出的快捷菜单中选择"粘贴"命令粘贴文本。
- 选择所需文本后，按"Ctrl+C"组合键复制文本，然后将文本插入点定位到目标位置，按"Ctrl+V"组合键粘贴文本。
- 选择所需文本后，按住"Ctrl"键不放，将其拖曳到目标位置。

2. 移动文本

移动文本是指将文本从文档中原来的位置移动到文档中的其他位置，其具体操作如下。

（1）选择正文最后一段段末的"2023 年 3 月"文本，在"开始"/"剪贴板"组中单击"剪切"按钮 ，或按"Ctrl+X"组合键，如图 5-9 所示。

（2）在文档右下角双击定位文本插入点，然后在"开始"/"剪贴板"组中单击"粘贴"按钮 📋，或按"Ctrl+V"组合键，如图 5-10 所示。

图 5-9　剪切文本

图 5-10　粘贴文本

提示　选择所需文本，将鼠标指针移至该文本上，直接将其拖曳到目标位置，释放鼠标后，便可将选择的文本移至目标位置。

（四）查找和替换文本

当文档中某个多次使用的文本或短句出现错误时，就可以使用查找和替换功能来检查和修改错误部分，以节省时间并避免遗漏，其具体操作如下。

（1）将文本插入点定位到文档开始处，然后在"开始"/"编辑"组中单击"替换"按钮 ，或按"Ctrl+H"组合键，如图 5-11 所示。

（2）打开"查找和替换"对话框，分别在"查找内容"和"替换为"下拉列表框中输入"自已"和"自己"文本。

（3）单击 查找下一处 按钮，可看到查找到的第一个"自已"文本处于选择状态，如图 5-12 所示。

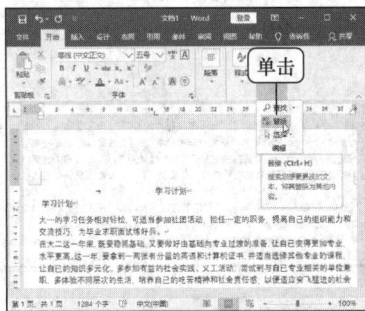

微课

查找和替换文本

图 5-11　单击"替换"按钮

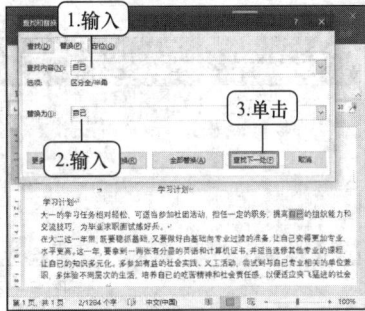

图 5-12　查找错误文本

（4）继续单击 查找下一处 按钮，直至出现提示对话框，提示已完成对文档的搜索，然后单击 是(Y) 按钮，如图 5-13 所示，返回"查找和替换"对话框，再单击 全部替换(A) 按钮。

（5）打开提示对话框，提示完成替换的次数，直接单击 确定 按钮，完成错误文本的替换，如图 5-14 所示。

查看查找和替换格式

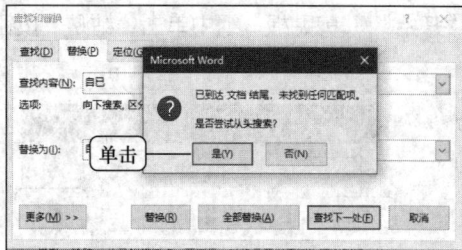

图 5-13　提示完成对文档的搜索

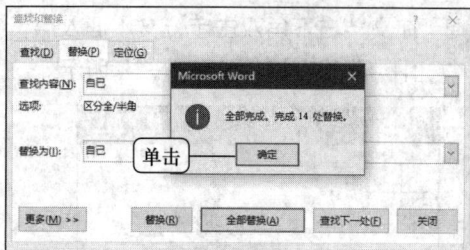

图 5-14　提示完成错误文本的替换

（6）返回"查找和替换"对话框后，单击 关闭 按钮，关闭"查找和替换"对话框，如图 5-15 所示，此时可在文档中看到"自已"已全部替换为"自己"文本，如图 5-16 所示。

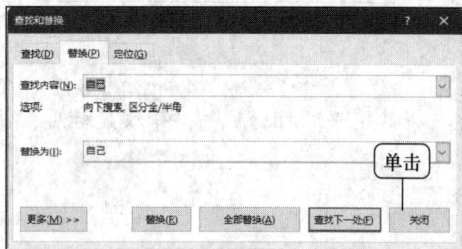

图 5-15　关闭对话框

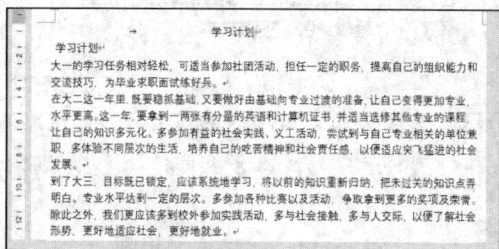

图 5-16　替换文本后的效果

（五）撤销与恢复操作

Word 2016 有自动记录的功能，若在编辑文档时执行了错误操作，用户既可以进行撤销操作，也可以恢复被撤销的操作，其具体操作如下。

（1）将文档标题"学习计划"修改为"计划"。

（2）单击"快速访问栏工具栏"中的"撤消键入"按钮 🔄，或按"Ctrl+Z"组合键，如图 5-17 所示，可恢复到将"学习计划"修改为"计划"前的文档效果。

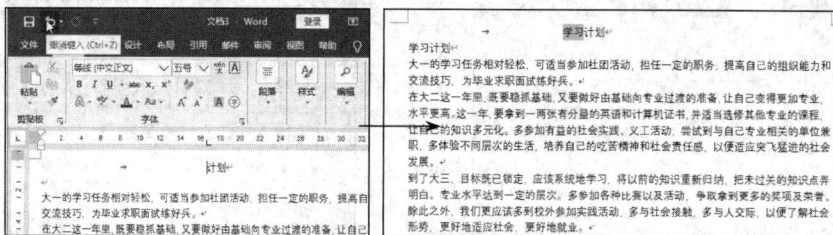

微课

撤销与恢复操作

图 5-17　撤销操作

（3）单击"快速访问栏工具栏"中的"恢复键入"按钮 🔄，或按"Ctrl+Y"组合键，如图 5-18 所示，可将文档恢复到进行撤销操作前的效果。

提示　单击"撤消键入"按钮 🔄 右侧的下拉按钮 ▾，在打开的下拉列表中选择与撤销步骤对应的选项，系统将根据选择的选项自动将文档还原到该步骤之前的状态。

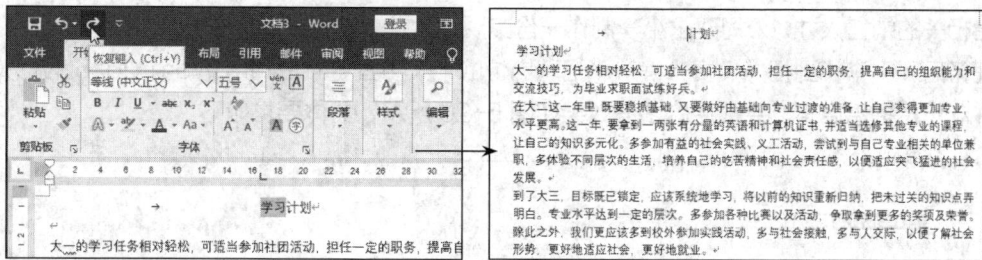

图 5-18　恢复操作

（六）保存"学习计划"文档

完成文档的各种编辑操作后，还需要将其保存在计算机中，便于对其进行查看和修改，其具体操作如下。

（1）选择"文件"/"保存"命令，打开"另存为"界面，该界面中提供了"OneDrive""这台电脑""添加位置""浏览"4 种保存方式，在其中选择"浏览"选项，如图 5-17 所示，打开"另存为"对话框。

（2）在地址栏中选择文档的保存路径，在"文件名"下拉列表框中输入要保存文件的名称，完成后单击 保存(S) 按钮，如图 5-19 所示（配套资源：效果\项目五\学习计划.docx）。

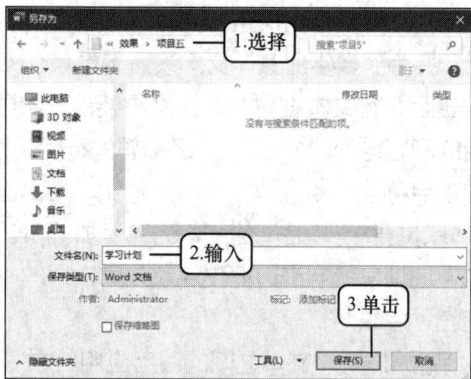

微课

保存"学习计划"
文档

图 5-19　保存文档

提示 再次打开并编辑文档后，只需按"Ctrl+S"组合键，或单击快速访问工具栏上的"保存"按钮 🖫，或选择"文件"/"保存"命令，即可直接保存更改后的文档。

任务二　编辑招聘启事

任务要求

小李在人力资源部门工作。最近，公司因业务发展需要，新成立了销售部门，该部门需要向社会招聘相关的销售人才。公司要求小李制作一份美观、大方的招聘启事，用于人才市场的现场招聘。接到任务后，小李找到相关负责人确认了招聘岗位的相关事宜，然后利用 Word 2016 的相关功能设计并制作了招聘启事，完成后的参考效果如图 5-20 所示，具体要求如下。

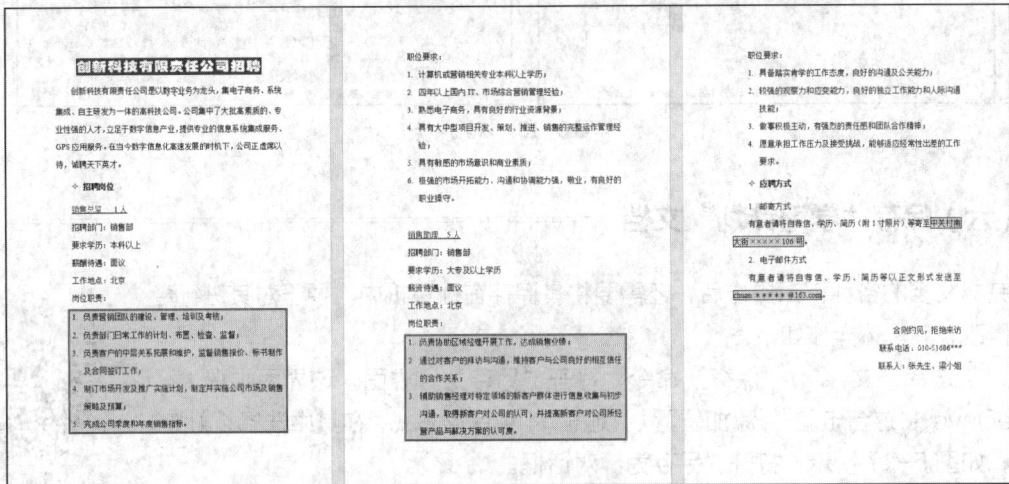

图 5-20 "招聘启事"文档效果

- 选择"文件"/"打开"命令，打开素材文档。
- 设置标题格式为"华文琥珀，二号，加宽"，正文字号为"四号"。
- 设置二级标题的文本格式为"四号，加粗"，"销售总监　1人"和"销售助理　5人"文本的文本格式为"粗线，深红"，并为"数字业务"文本设置着重号。
- 设置标题居中对齐，最后 3 行文本右对齐，正文需要首行缩进两个字符。
- 设置标题段前和段后的间距均为"1 行"，二级标题的行间距为"多倍行距，3"。
- 为二级标题统一添加项目符号"◇"。
- 为"岗位职责："与"职位要求："之间的文本内容添加"1. 2. 3. ..."样式的编号。
- 为邮寄地址和电子邮件地址设置字符边框和底纹效果。
- 为标题文本应用"深红"底纹。
- 为"岗位职责："与"职位要求："文本之间的段落应用"方框"样式的边框，边框样式为双线样式，并设置底纹颜色为"白色，背景 1，深色 15%"。
- 设置完成后使用相同的方法为其他段落设置边框与底纹样式。
- 打开"加密文档"对话框，为文档加密，密码为"123456"。

查看"招聘启事"
相关知识

相关知识

（一）设置字符格式

字符格式和段落格式主要通过"开始"/"字体"组和"段落"组，以及"字体"对话框和"段落"对话框设置。选择相应的字符或段落文本，在"开始"/"字体"组或"开始"/"段落"组中单击相应按钮，便可快速设置常用的字符格式或段落格式。

其中，"开始"/"字体"组和"开始"/"段落"组右下角都有一个"对话框启动器"按钮，单击该按钮将打开对应的对话框，在其中可进行更为详细的设置。

（二）自定义编号起始值

在使用段落编号的过程中，有时需要重新定义编号的起始值，此时，可先选择应用了编号的段落，在其上单击鼠标右键，在弹出的快捷菜单中选择"设置编号值"命令，在打开的对话框中输入新编号列表的起始值或选择继续编号，如图 5-21 所示。

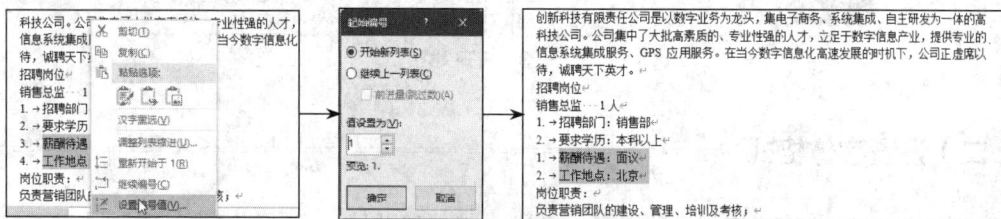

图 5-21　设置编号起始值

（三）自定义项目符号样式

Word 2016 默认提供了一些项目符号样式，若要使用其他符号或计算机中的图片文件作为项目符号，则可在"开始"/"段落"组中单击"项目符号"按钮右侧的下拉按钮，在打开的下拉列表中选择"定义新项目符号"选项，打开"定义新项目符号"对话框，单击 符号(S) 按钮，打开"符号"对话框，在其中可选择需要的项目符号；单击 图片(P) 按钮，打开"插入图片"对话框，在其中可选择计算机中的图片文件作为项目符号，如图 5-22 所示。

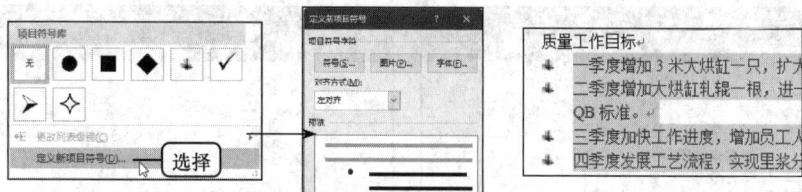

图 5-22　设置项目符号样式

任务实现

（一）打开文档

若要查看或编辑保存在计算机中的文档，那么必须先打开该文档。下面介绍打开"招聘启事"文档的方法，其具体操作如下。

（1）选择"文件"/"打开"命令，或按"Ctrl+O"组合键。

（2）打开"打开"界面，在其中选择"浏览"选项，打开"打开"对话框，在地址栏中选择文件的保存路径，在下方的列表区域中选择"招聘启事"文档（配

微课

打开文档

套资源：素材\项目五\招聘启事.docx），然后单击 打开(O) 按钮，如图5-23所示。

图5-23　打开文档

（二）设置字体格式

在Word文档中，文本内容包括汉字、字母、数字和符号等。设置文本的字体格式包括更改文本的字体、字号和颜色等，从而使文本更加突出，文档更加美观。

1. 使用浮动工具栏设置

在Word 2016中选择文本时，会出现一个半透明的工具栏，即浮动工具栏，在浮动工具栏中可快速设置文本的字体、字号、字形、对齐方式、文本颜色和缩进级别等格式，其具体操作如下。

（1）选择标题文本，将鼠标指针移动到浮动工具栏上，在"字体"下拉列表中选择"华文琥珀"选项，如图5-24所示。

（2）在"字号"下拉列表中选择"二号"选项，如图5-25所示。

微课

使用浮动工具栏
设置

图5-24　设置字体

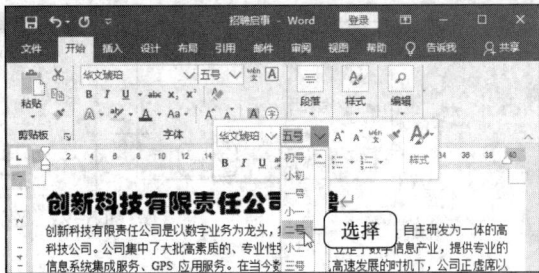

图5-25　设置字号

2. 使用"开始"/"字体"组设置

"开始"/"字体"组的使用方法与浮动工具栏相似，都是先选择文本，再单击相应的按钮，或在相应的下拉列表中选择所需选项，其具体操作如下。

（1）选择除标题文本外的其他文本，在"开始"/"字体"组中的"字号"下拉列表中选择"四号"选项，如图5-26所示。

（2）选择"招聘岗位"文本，按住"Ctrl"键的同时再选择"应聘方式"文本，在"开始"/"字体"组中单击"加粗"按钮 B ，如图5-27所示。

微课

使用"字体"组
设置

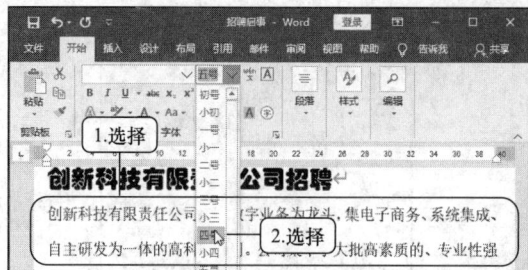

图 5-26 设置字号

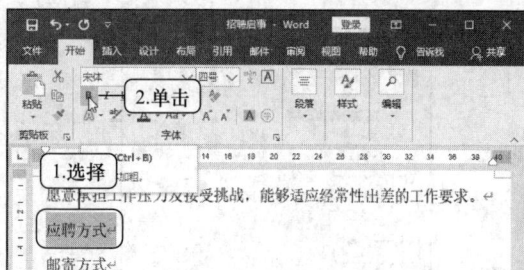

图 5-27 设置字形

（3）选择"销售总监　1人"文本，按住"Ctrl"键的同时再选择"销售助理　5人"文本，在"开始"/"字体"组中单击"下划线"按钮 U 右侧的下拉按钮 ，在打开的下拉列表中选择"粗线"选项，如图 5-28 所示。

（4）保持文本处于选择状态，在"开始"/"字体"组中单击"字体颜色"按钮 A 右侧的下拉按钮 ，在打开的下拉列表中选择"深红"选项，如图 5-29 所示。

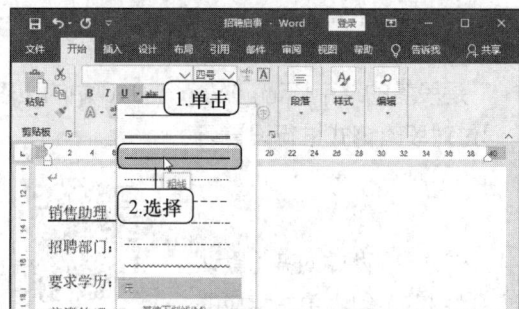

图 5-28 设置下划线

图 5-29 设置字体颜色

> **提示**　在"开始"/"字体"组中单击"删除线"按钮 abc，可为选择的文本添加删除线效果；单击"下标"按钮 x₂ 或"上标"按钮 x²，可将选择的文本设置为下标或上标；单击"增大字号"按钮 A˄ 或"减小字号"按钮 A˅，可增大或缩小所选文本的字号。

3. 使用"字体"对话框设置

在"开始"/"字体"组的右下角有一个"对话框启动器"按钮，单击该按钮可打开"字体"对话框，其中提供了更多选项，如设置段落间距和为文本添加着重号等，其具体操作如下。

（1）选择标题文本，单击"开始"/"字体"组右下角的"对话框启动器"按钮。

（2）打开"字体"对话框，切换到"高级"选项卡，在"缩放"下拉列表框中输入"120%"，在"间距"下拉列表中选择"加宽"选项，其后的"磅值"数值微调框中将自动显示"1磅"，如图 5-30 所示，完成后单击 确定 按钮。

（3）选择"数字业务"文本，单击"开始"/"字体"组右下角的"对话框启动器"按钮，打开"字体"对话框，切换到"字体"选项卡，在"所有文字"栏中的"着重号"下拉列表中选择"."选项，完成后单击 确定 按钮，如图 5-31 所示。

微课

使用"字体"对话框设置

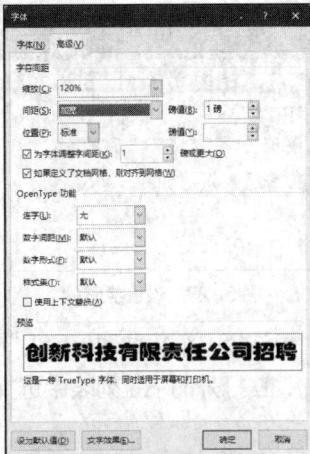

图 5-30　设置字符间距

图 5-31　设置着重号

（三）设置段落格式

段落是文本、图形和其他对象的集合，回车符"↵"是段落的结束标记。Word 2016 中的段落格式包括段落对齐方式、缩进、段间距和行间距等，通过对段落格式进行设置可以使文档内容的结构更清晰、层次更分明。

1. 设置段落对齐方式

Word 2016 中的段落对齐方式包括左对齐、居中、右对齐、两端对齐（默认对齐方式）和分散对齐 5 种，在浮动工具栏和"开始"/"段落"组中单击相应的对齐方式按钮可设置不同的段落对齐方式，其具体操作如下。

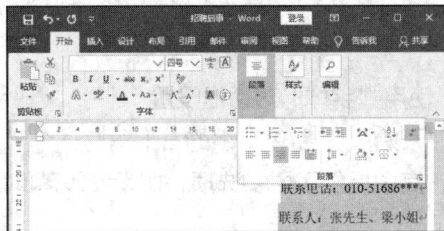

（1）选择标题文本，在"开始"/"段落"组中单击"居中"按钮≡，如图 5-32 所示。

（2）选择最后 3 行文本，在"开始"/"段落"组中单击"右对齐"按钮≡，如图 5-33 所示。

图 5-32　设置居中对齐

图 5-33　设置右对齐

2. 设置段落缩进

段落缩进是指段落左右两边的文本与页边距之间的距离，段落缩进包括左缩进、右缩进、首行缩进和悬挂缩进，通过"段落"对话框可以精确和详细地设置各种缩进量的值，其具体操作如下。

（1）选择除标题和最后 3 行外的其他文本，单击"开始"/"段落"组右下角的"对话框启动器"按钮⌐。

（2）打开"段落"对话框，默认显示"缩进和间距"选项卡，在"缩进"栏中的"特殊格式"下拉列表中选择"首行缩进"选项，其后的"缩进值"数值微调框中将自动显示"2 字符"，然后单击 确定 按钮，返回文档，查看设置首行缩进后的效果，如图 5-34 所示。

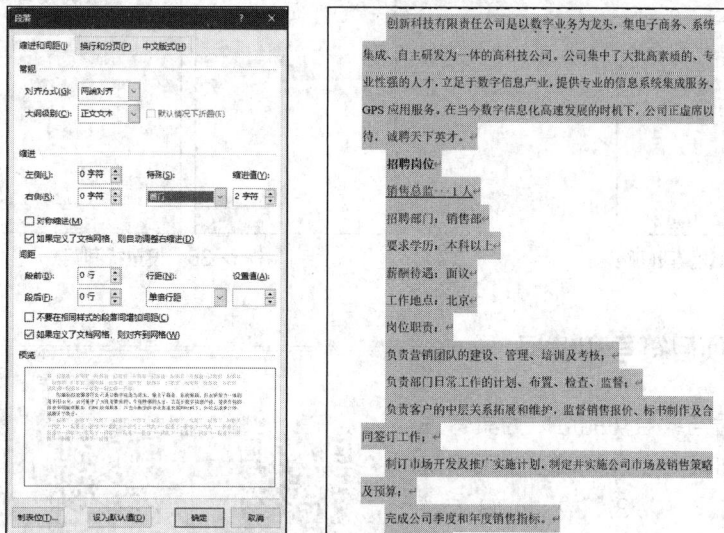

图 5-34　在"段落"对话框中设置首行缩进的效果

3. 设置段间距和行间距

行间距是指段落中从上一行文本底部到下一行文本底部的距离。段间距是指相邻两段文本之间的距离，包括段前和段后的距离。Word 2016 默认的行间距是单倍行距，用户可根据实际需要在"段落"对话框中设置 1.5 倍行距或 2 倍行距等，其具体操作如下。

微课

设置段间距和
行间距

（1）选择标题文本，在"开始"/"段落"组右下角单击"对话框启动器"按钮 ，打开"段落"对话框，默认显示"缩进和间距"选项卡，在"间距"栏中的"段前"和"段后"数值微调框中分别输入"1 行"，然后单击 确定 按钮，如图 5-35 所示。

（2）选择"招聘岗位"文本，按住"Ctrl"键的同时再选择"应聘方式"文本，在"开始"/"段落"组右下角单击"对话框启动器"按钮 ，打开"段落"对话框，在"间距"栏中的"行距"下拉列表中选择"多倍行距"选项，其后的"设置值"数值微调框中将自动显示数值"3"，然后单击 确定 按钮，如图 5-36 所示。

（3）返回文档，可看到设置段间距和行间距后的效果。

> **提示**　在"段落"对话框中的"缩进和间距"选项卡中可以设置段落的对齐方式、左右边距缩进量和段落间距；在"换行和分页"选项卡中可以设置分页、行号和断字等；在"中文版式"选项卡中可以设置中文文稿的特殊版式，如按中文习惯控制首尾字符、允许标点溢出边界等。另外，在"开始"/"段落"组中单击"行和段落间距"按钮 ，在打开的下拉列表中选择"1.5"等行距倍数选项，也可增加段落前的间距或段落后的间距。

图 5-35　设置段间距

图 5-36　设置行间距

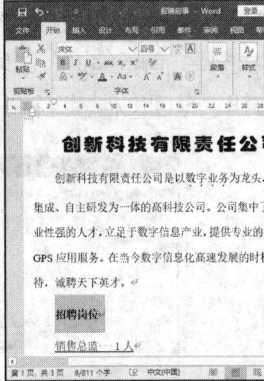

（四）设置项目符号和编号

使用项目符号与编号功能可以为具有并列关系的段落添加●、★、◆等样式的项目符号，也可为其添加"1. 2. 3."或"A. B. C."等样式的编号，还可组成多级列表，使文档内容层次分明、条理清晰。

查看设置纵横混排　　查看合并字符　　查看双行合一

1. 设置项目符号

在"开始"/"段落"组中单击"项目符号"按钮≡，可添加默认样式的项目符号；单击"项目符号"按钮右侧的下拉按钮，在打开的下拉列表中的"项目符号库"栏中可选择更多的项目符号样式，其具体操作如下。

微课

设置项目符号

（1）选择"招聘岗位"文本，按住"Ctrl"键的同时再选择"应聘方式"文本。

（2）在"开始"/"段落"组中单击"项目符号"按钮≡右侧的下拉按钮，在打开的下拉列表中的"项目符号库"栏中选择"◇"选项，返回文档后，可查看设置项目符号后的效果，如图 5-37 所示。

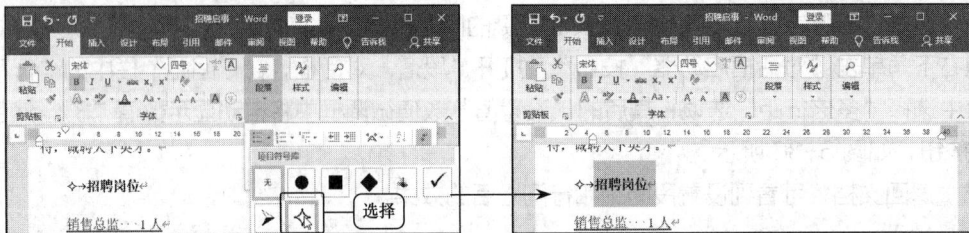

图 5-37　设置项目符号

2. 设置编号

编号主要用于设置一些按一定顺序排列的项目，如操作步骤或合同条款等。设置编号的方法与设置项目符号的方法相似，即在"开始"/"段落"组中单击"编号"按钮≡或单击该按钮右侧的下拉按钮，在打开的下拉列表中选择需要的编号样式，其具体操作如下。

（1）选择第一个"岗位职责："与"职位要求："之间的文本内容，在"开始"/"段落"组中单击"编号"按钮 右侧的下拉按钮 ，在打开的下拉列表中的"编号库"栏中选择"1.2.3."选项。

（2）使用相同的方法在文档中依次设置其他位置的文本所需要的编号样式，如图 5-38 所示。

微课
设置编号

> **提示** 多级列表在展示同级文档的内容时，还可显示下一级的文档内容，它常用于长文档中。设置多级列表的方法：选择要应用多级列表的文本，在"开始"/"段落"组中单击"多级列表"按钮 ，在打开的下拉列表中的"列表库"栏中选择多级列表样式。

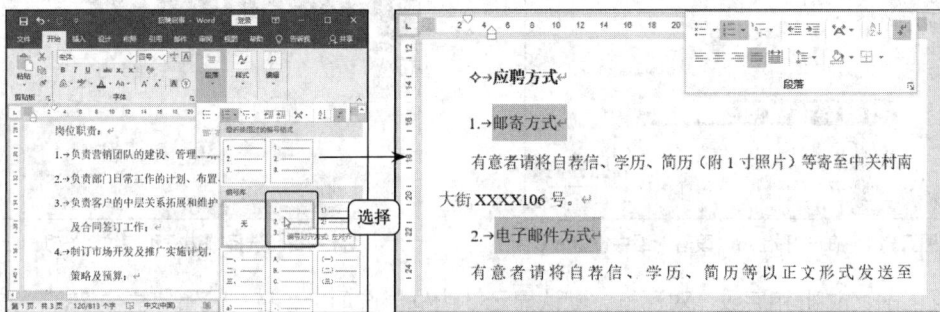

图 5-38　设置编号

（五）设置边框与底纹

在 Word 文档中，不仅可以为字符设置默认的边框和底纹，还可以为段落设置边框与底纹。

微课
为字符设置边框
与底纹

1. 为字符设置边框与底纹

在"开始"/"字体"组中单击"字符边框"按钮 或"字符底纹"按钮 ，可为字符设置相应的边框效果与底纹效果，其具体操作如下。

（1）同时选择邮寄地址和电子邮件地址的文本，在"开始"/"字体"组中单击"字符边框"按钮 ，为字符设置字符边框，如图 5-39 所示。

（2）保持文本处于选择状态，继续在"开始"/"字体"组中单击"字符底纹"按钮 ，为字符设置底纹，如图 5-40 所示。

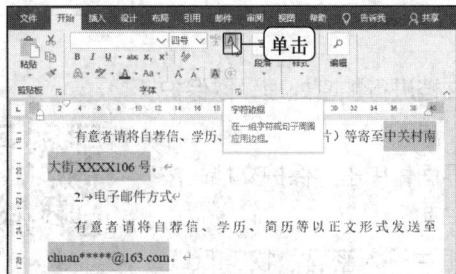

图 5-39　为字符设置边框

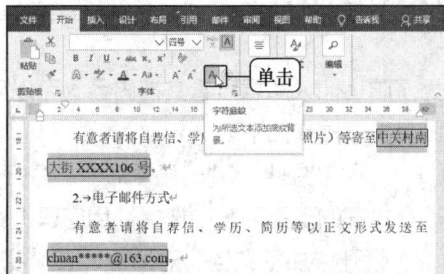

图 5-40　为字符设置底纹

2. 为段落设置边框与底纹

在"开始"/"段落"组中单击"底纹"按钮 🖎 右侧的下拉按钮 ▾，在打开的下拉列表中可设置不同颜色的底纹样式；单击"下框线"按钮 ⊞ 右侧的下拉按钮 ▾，在打开的下拉列表中可设置不同类型的框线，若选择了该下拉列表中的"边框和底纹"选项，则可在打开的"边框和底纹"对话框中详细设置边框与底纹样式，其具体操作如下。

（1）选择标题文本，在"开始"/"段落"组中单击"底纹"按钮 🖎 右侧的下拉按钮 ▾，在打开的下拉列表中选择"深红"选项，如图 5-41 所示。

（2）选择第一个"岗位职责："与"职位要求："之间的文本内容，在"开始"/"段落"组中单击"下框线"按钮 ⊞ 右侧的下拉按钮 ▾，在打开的下拉列表中选择"边框和底纹"选项，如图 5-42 所示。

图 5-41　在"开始"/"段落"组中设置底纹

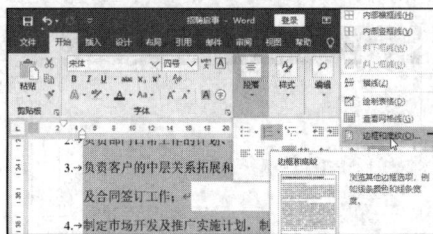

图 5-42　选择"边框和底纹"选项

（3）打开"边框和底纹"对话框，默认显示"边框"选项卡，在"设置"栏中选择"方框"选项，在"样式"列表框中选择"————"选项。

（4）切换到"底纹"选项卡，在"填充"栏中的下拉列表中选择"白色，背景 1，深色 15%"选项，如图 5-43 所示，然后单击 确定 按钮，为文本设置边框与底纹效果。完成后使用相同的方法为其他段落设置边框与底纹样式。

图 5-43　通过对话框设置边框与底纹

（六）保护文档

为了防止他人随意查看文档内容，可以对 Word 文档进行加密处理，以保护文档，其具体操作如下。

（1）选择"文件"/"信息"命令，打开"信息"界面，单击"保护文档"按钮 🔒，在打开的下拉列表中选择"用密码进行加密"选项。

（2）打开"加密文档"对话框，在"密码"文本框中输入密码"123456"

后，单击 确定 按钮，打开"确认密码"对话框，在"重新输入密码"文本框中重新输入密码"123456"，然后单击 确定 按钮，如图 5-44 所示。

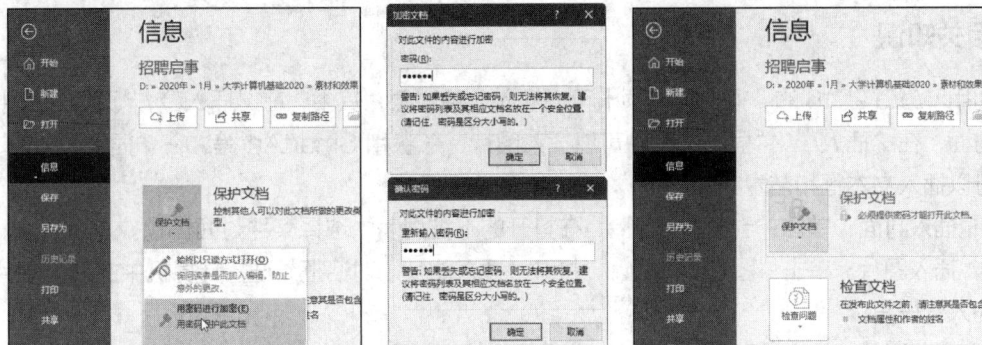

图 5-44　加密文档

（3）单击"返回"按钮⊙返回工作界面，在快速访问工具栏中单击"保存"按钮圖保存设置。关闭文档，再次打开该文档时，将打开"密码"对话框，在文本框中输入密码，然后单击 确定 按钮，便可打开该文档（配套资源：效果\项目五\招聘启事.docx）。

任务三　制作公益宣传海报

任务要求

小李是公司宣传部的工作人员。张总让小李制作一份公益宣传海报文档，希望能够通过该宣传海报提升公司的知名度、扩大公司的社会影响力，以及完善和提高公司自身的文化建设和社会责任感。接到任务后，小李参考了其他公益宣传海报的设计，然后他利用 Word 2016 的相关功能对公益宣传海报进行了设计制作，完成后的参考效果如图 5-45 所示，具体要求如下。

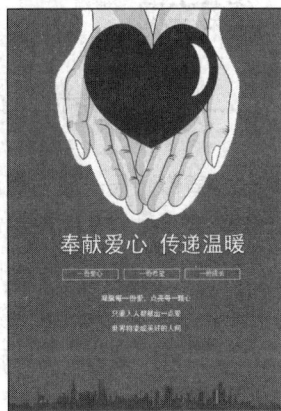

图 5-45　"公益宣传海报"文档效果

• 新建"公益宣传海报.docx"文档，通过"颜色"对话框设置文档的背景颜色。

• 插入"爱心.png""城市.png"图片，设置图片的显示方式为"浮于文字上方"，然后将"爱心.png"图片移至页面上方，并翻转图片；将"城市.png"图片移至页面下方，并删除背景和设置图片颜色。

• 在"爱心.png"图片上绘制心形，设置其填充颜色为"深红"，轮廓为"无轮廓"，然后通过编辑顶点功能调整形状的弧度，再使用同样的方法绘制并编辑新月形形状。

• 在"爱心.png"图片下方插入"填充：白色，轮廓：蓝色，主题色 5，阴影"样式的艺术字，并设置其"文本轮廓"为"深红"。

• 在艺术字下方插入一个"图片重点列表"样式的 SmartArt 图形，设置其环绕方式为"浮于文字上方"，然后在 SmartArt 图形中输入文本内容，并删除多余的形状和设置 SmartArt 图形的颜色。

查看"公益宣传海报"相关知识

- 在 SmartArt 图形下方绘制横排文本框，输入文本后，设置文本的字体为"黑体"，字号为"小三"，文本框的填充颜色为"无填充"，轮廓为"无轮廓"，然后调整文本框的大小和位置。

相关知识

利用 Word 2016 的"插入"选项卡可以插入各种对象，其中，在"插入/"/"页面"组中可以插入封面，在"插入/"/"插图"组中可以插入图片、形状和 SmartArt 等，在"插入/"/"文本"组中可以插入文本框和艺术字等。

- 插入封面：单击"封面"按钮，在打开的下拉列表中选择某种封面样式。
- 插入图片：单击"图片"按钮，打开"插入图片"对话框，选择计算机中的某张图片，单击"插入"按钮。
- 插入形状：单击"形状"按钮，在打开的下拉列表中选择某个形状，然后在文档中单击或拖曳鼠标进行插入。
- 插入 SmartArt 图形：单击"SmartArt"按钮，打开"选择 SmartArt 图形"对话框，选择某种类型的 SmartArt 图形后直接插入。
- 插入文本框：单击"文本框"按钮，在打开的下拉列表中选择已有的文本框样式直接插入；也可选择"绘制文本框"或"绘制竖排文本框"选项，在文档中单击或拖曳鼠标进行插入。
- 插入艺术字：单击"艺术字"按钮，在打开的下拉列表中选择某种艺术字样式后进行插入。

任务实现

（一）设置页面背景

公益宣传海报一般对页面美观度有一定要求，因此制作这类海报时需要先设置页面背景，其具体操作如下。

（1）新建"公益宣传海报.docx"文档，在"设计"/"页面背景"组中单击"页面颜色"按钮，在打开的下拉列表中选择"其他颜色"选项，如图 5-46 所示。

（2）打开"颜色"对话框，切换到"自定义"选项卡，在"红色""绿色""蓝色"数值框中分别输入"212""60""44"，然后单击 确定 按钮，如图 5-47 所示，完成页面背景颜色的设置。

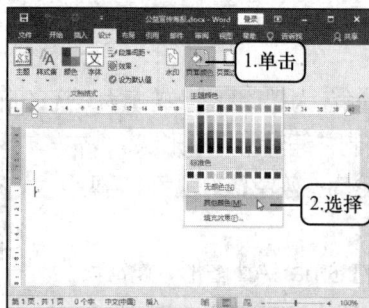

微课

设置页面背景

图 5-46 选择"其他颜色"选项

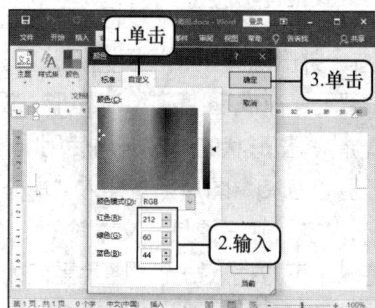

图 5-47 设置背景颜色

（二）插入图片

在 Word 2016 中，用户可根据需要将图片插入文档中，并对图片进行调整和编辑，其具体操作如下。

（1）在"插入"/"插图"组中单击"图片"按钮▢，打开"插入图片"对话框，拖曳鼠标框选"爱心.png""城市.png"图片（配套资源:\素材\项目五\公益宣传海报\爱心.png、城市.png），然后单击 插入(S) 按钮，如图 5-48 所示。

微课

插入图片

（2）返回文档后，选择"爱心.png"图片，在"图片工具 图片格式"/"排列"组中单击"环绕文字"按钮▢，在打开的下拉列表中选择"浮于文字上方"选项，如图 5-49 所示。

（3）使用相同的方法将"城市.png"图片的环绕方式也设置为"浮于文字上方"，然后将"城市.png"图片拖曳到页面左下角，再将鼠标指针移动到该图片的右上角，当鼠标指针变为▢形状时，按住鼠标左键并向右上方拖曳，放大图片至与页面宽度一致，如图 5-50 所示。

（4）保持图片处于选择状态，在"图片工具 格式"/"调整"组中单击"删除背景"按钮▢，激活"背景消除"选项卡。

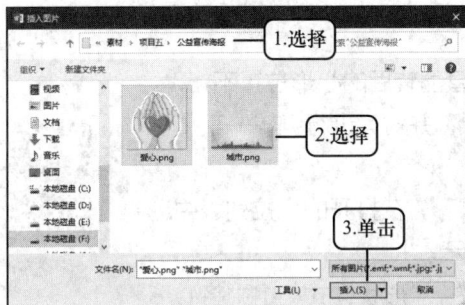

图 5-48 插入图片

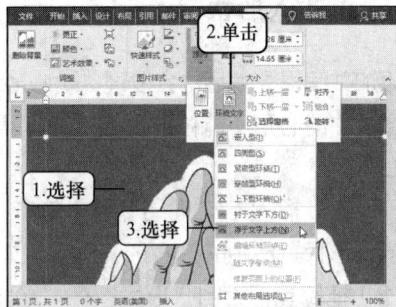

图 5-49 设置图片环绕方式

（5）在"背景消除"/"优化"组中单击"标记要保留的区域"按钮➕，拖曳鼠标在需要的地方画线，或者在该组中单击"标记要删除的区域"按钮➖，拖曳鼠标在不需要的地方画线，完成后在"背景消除"/"关闭"组中单击"保留更改"按钮✓，关闭"背景消除"选项卡并保留所有更改，效果如图 5-51 所示。

（6）保持图片处于选择状态，在"图片工具 格式"/"调整"中单击"颜色"按钮▢，在打开的下拉列表中选择"重新着色"栏中的"橙色，个性色 2 深色"选项，如图 5-52 所示。

（7）选择"爱心.png"图片，在"图片工具 格式"/"排列"组中单击"旋转"按钮▢，在打开的下拉列表中选择"垂直翻转"选项，如图 5-53 所示。

（8）保持图片处于选择状态，在"图片工具 格式"/"大小"组中将图片的高度设置为"16.67厘米"，宽度设置为"17.1厘米"，然后将其移动到页面的中间位置。

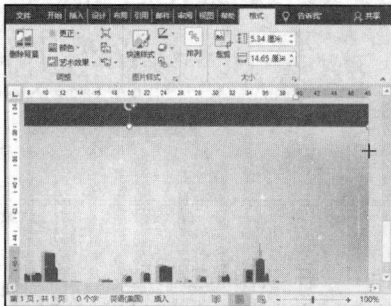

图 5-50　调整图片大小

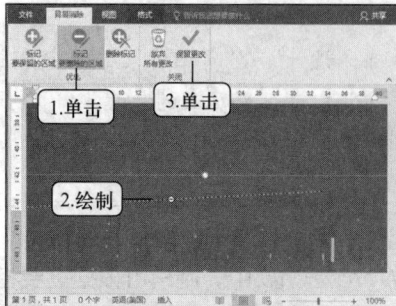

图 5-51　设置背景

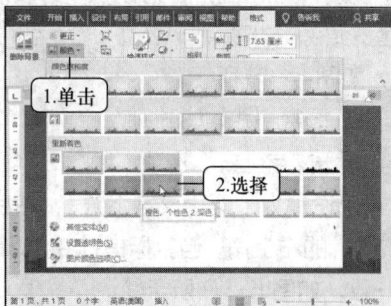

图 5-52　设置图片颜色

图 5-53　垂直翻转图片

（三）插入形状

　　添加并编辑图片后，会发现"爱心.png"图片垂直翻转后的心形位置不正确，由于图片中的心形不能修改，因此可以重新绘制心形，并对其进行编辑，其具体操作如下。

　　（1）在"插入"/"插图"组中单击"形状"按钮，在打开的下拉列表中选择"基本形状"栏中的"心形"选项，如图 5-54 所示。

　　（2）拖曳鼠标绘制心形后，在"绘图工具 格式"/"形状样式"组中将心形的填充颜色设置为"深红"，将其轮廓设置为"无轮廓"，然后在心形上单击鼠标右键，在弹出的快捷菜单中选择"编辑顶点"命令，如图 5-55 所示。

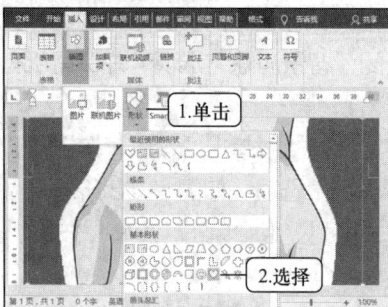

图 5-54　选择"心形"选项

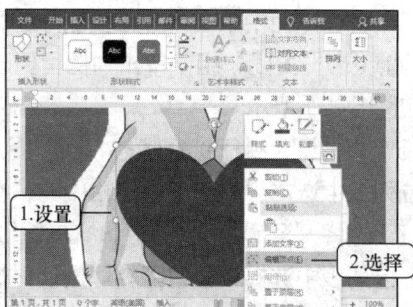

图 5-55　绘制并编辑心形

　　（3）选择心形下方的控制点并向上拖曳，再拖曳控制点右侧的控制柄，以调整心形的弧度，如

图 5-56 所示。

（4）使用相同的方法调整心形上方的控制点，完成后再调整心形的大小，使其完全遮住原图中的心形。

（5）绘制一个填充颜色为"白色，背景 1"、轮廓为"无轮廓"的"新月形"形状，然后水平翻转该形状并将其置于心形的右侧，如图 5-57 所示

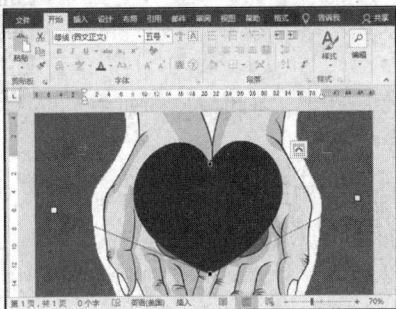

图 5-56　调整心形的弧度

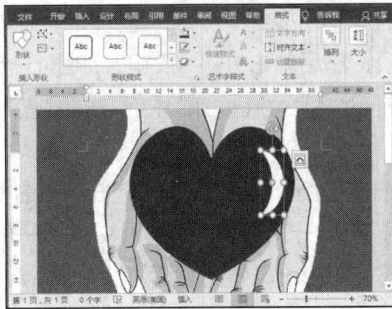

图 5-57　绘制并编辑新月形

（四）插入艺术字

在文档中插入艺术字，可以使文本呈现不同的效果，从而达到增强文本美观度的目的，其具体操作如下。

（1）在"插入"/"文本"组中单击"艺术字"按钮，在打开的下拉列表中选择"填充-白色，轮廓-着色 1，阴影"选项，如图 5-58 所示。

（2）将艺术字文本修改为"奉献爱心 传递温暖"，并将其移动到"爱心.png"图片的下方。

微课
插入艺术字

（3）选择艺术字，在"绘图工具 格式"/"艺术字样式"组中单击"文本轮廓"按钮右侧的下拉按钮，在打开的下拉列表中选择"深红"选项，如图 5-59 所示。

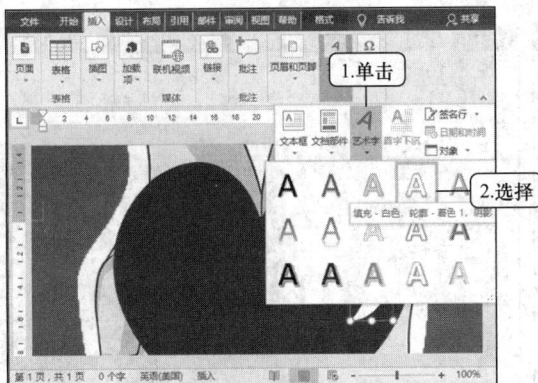

图 5-58　插入艺术字

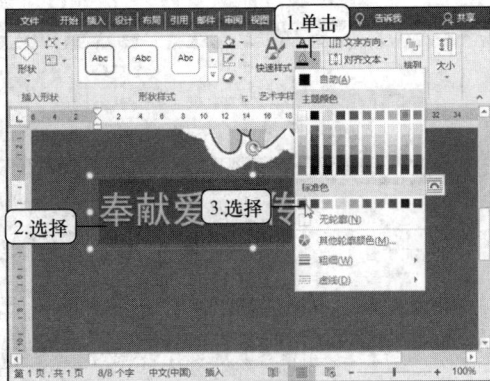

图 5-59　编辑艺术字

（4）在"开始"/"字体"组中设置艺术字的字号为"48"，然后拖曳艺术字框上的控制点，使艺术字完整显示。

（五）插入 SmartArt 图形

SmartArt 图形主要用于在文档中制作流程图、结构图或关系图等图示内容，具有结构清晰、样式美观等特点，其具体操作如下。

（1）在"插入"/"插图"组中单击"SmartArt"按钮 ，打开"选择 SmartArt 图形"对话框，切换到"列表"选项卡，在右侧样式类型列表中选择"图片重点列表"选项，然后单击 确定 按钮，如图 5-60 所示。

（2）将 SmartArt 图形的环绕方式设置为"浮于文字上方"，并将其移动到艺术字下方。

（3）选择 SmartArt 图形，单击左侧边框上的"展开"按钮 ，打开"在此处键入文字"文本窗格，在窗格第一个文本框中输入文本"一份爱心"，如图 5-61 所示。

（4）按"Enter"键继续添加"一份希望""一份成长"文本，然后删除多余的内容，并将 SmartArt 图形中的形状填充颜色均设置为"无填充颜色"。设置完成后调整 SmartArt 图形的大小，效果如图 5-62 所示。

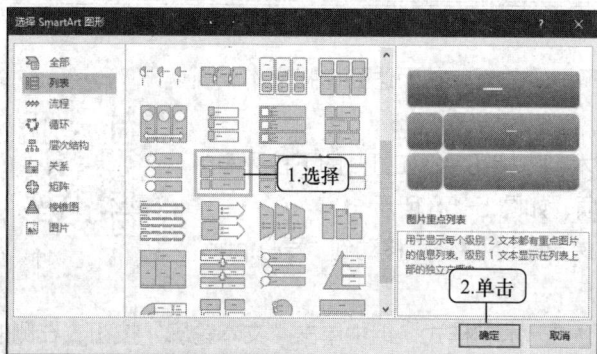

微课

插入 SmartArt 图形

图 5-60　选择 SmartArt 图形的样式

图 5-61　输入文本

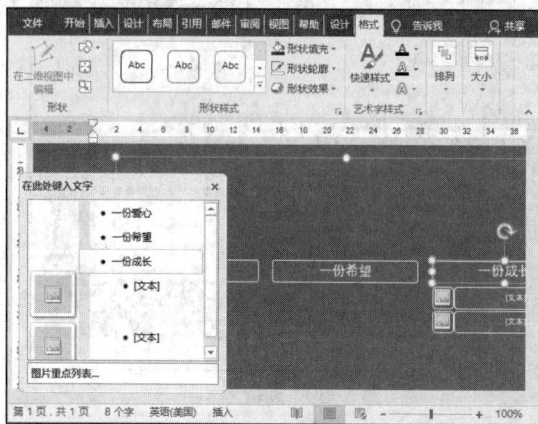

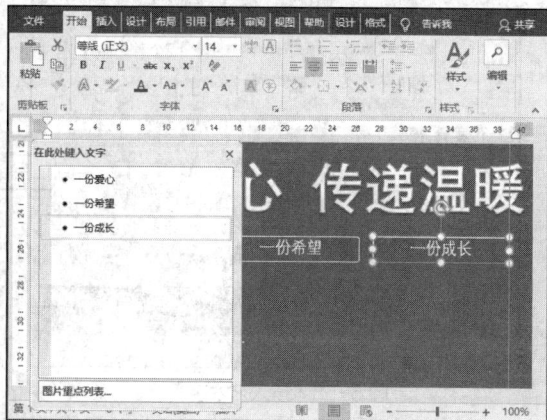

图 5-62　编辑 SmartArt 图形

（六）插入文本框

利用文本框可以制作出特殊的文档版式，在文本框中既可以输入文本，也可以插入图片。文本框中的文本格式可以根据需要自行进行设置，其设置方法与一般的文本相同。在文档中插入的文本框可以是 Word 2016 自带样式的文本框，也可以是手动绘制的横排或竖排文本框，其具体操作如下。

（1）在"插入"/"文本"组中单击"文本框"按钮，在打开的下拉列表中选择"绘制文本框"选项，然后拖曳鼠标进行绘制，效果如图 5-63 所示。

（2）在文本框中输入"凝聚每一份爱，点亮每一颗心""只要人人都献出一点爱""世界将变成美好的人间"文本，再设置文本的字体为"黑体"，字号为"小三"。

（3）选择文本框，设置文本框的填充颜色为"无填充颜色"，轮廓为"无轮廓"，然后调整文本框的大小和位置，效果如图 5-64 所示。

（4）按"Ctrl+S"组合键保存文档（配套资源:\效果\项目五\公益宣传海报.docx）。

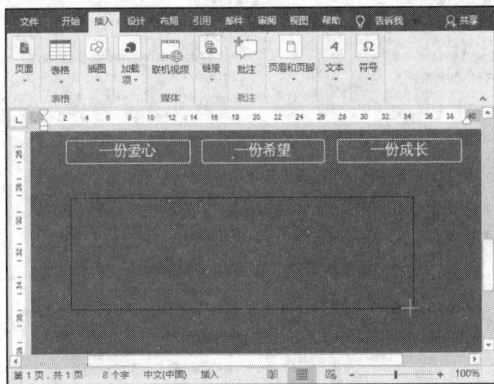

图 5-63　绘制文本框

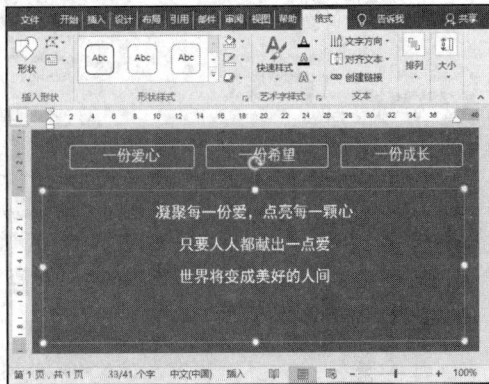

图 5-64　编辑文本框

课后练习

1. 启动 Word 2016，按照下列要求对文档进行操作，参考效果如图 5-65 所示。

图 5-65　"公司新闻"文档效果

（1）新建一个空白文档，将其命名为"公司新闻.docx"并保存，然后在文档中输入文本内容（配套资源:\素材\项目五\公司新闻.txt）。

（2）在文档起始位置插入 3 个换行符，然后在文档中插入"填充-黑色，文本 1，轮廓-背景 1，清晰阴影-背景 1"样式的艺术字，在文本框中输入"季度工作会议圆满召开"文本，并调整艺术字的位置。

查看制作"公司新闻"的方法

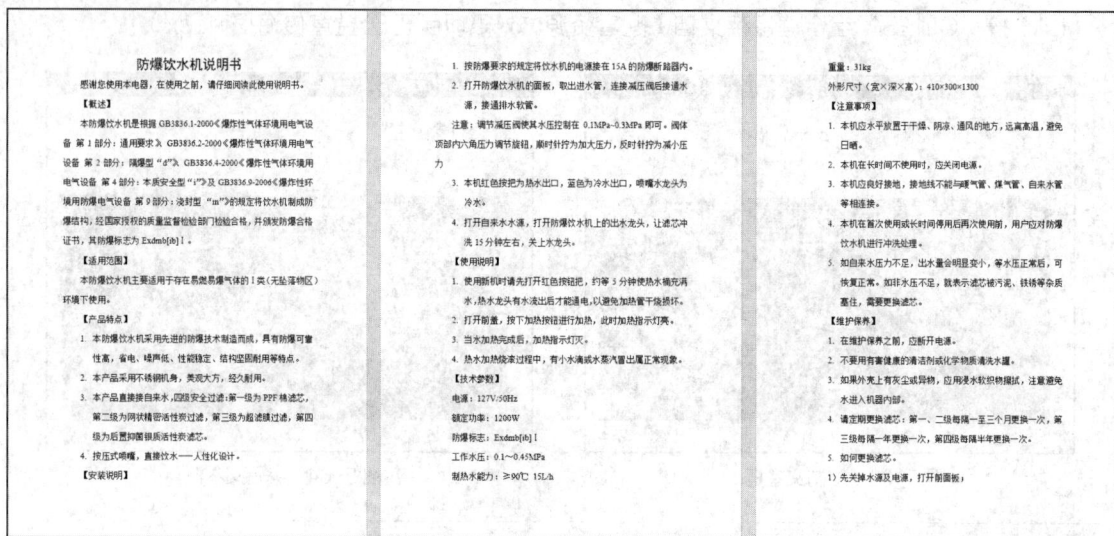

（3）插入"会议.jpg"图片（配套资源:\素材\项目五\会议.jpg），调整图片的大小和位置，然后对图片应用"映像圆角矩形"样式，并将图片的环绕文字方式设置为"穿越型环绕"。

（4）将正文的字体设置为"华文中宋"，并对段落进行首行缩进设置，再将最后一段文本进行右对齐设置。

（5）更改字体颜色并为文本添加边框后，保存文档（配套资源:\效果\项目五\公司新闻.docx）。

2. 打开"产品说明书.docx"文档（配套资源:\素材\项目五\产品说明书.docx），按照下列要求对文档进行操作，参考效果如图 5-66 所示。

图 5-66 "产品说明书"文档效果（部分）

（1）在标题行下方插入文本，然后将文档中的"饮水机"文本替换为"防爆饮水机"，再修改正文内容中的公司名称和电话号码。

（2）设置标题文本的字体格式为"黑体，二号"，段落对齐方式为"居中"，正文内容的字号为"四号"，段落缩进方式为"首行缩进"，再设置最后 3 行的段落对齐方式为"右对齐"。

查看制作"产品说明书"的方法

（3）为相应的文本内容设置"1.2.3.…"和"1）2）3）…"样式的编号。在"安装说明"文本后设置编号时，可先设置编号"1.2."，然后用格式刷复制编号"3.4."。

（4）选择公司详细的地址和电话的相关文本，在"开始"/"字体"组中单击"以不同颜色突出显示文本"按钮 右侧的下拉按钮，在打开的下拉列表中选择"黑色"选项，设置黑色底纹（配套资源:\效果\项目五\产品说明书.docx）。

项目六

排版文档

06

Word 2016 不仅可以实现简单的图文编辑，还能实现长文档的编辑和版式设计。本项目将通过 3 个典型任务来介绍通过 Word 2016 对文档进行排版的方法，包括在文档中插入与编辑表格内容、使用样式控制文档格式、页面设置、排版和打印设置等。

学习目标	素养目标
• 制作图书入库单。 • 排版端午节活动策划方案。 • 排版和打印毕业论文。	• 进一步提升文档的整体编排能力。 • 保持端正的学习态度，努力提升信息技术专业素养和综合素质。

任务一　制作图书入库单

任务要求

学校图书馆需要扩充藏书量，新增多个科目的图书。为此，需要制作一份图书入库单作为补充书籍的凭据。小李是图书馆的管理员，这项工作落到了他的身上，小李通过整理书籍和单据，制作了图书入库单，参考效果如图 6-1 所示，具体要求如下。

• 输入标题"图书入库单"文本，设置字体格式为"黑体，加粗，小一，居中对齐"。

• 创建一个 9 列 13 行的表格，将鼠标指针移动到表格右下角的控制点上，拖曳鼠标调整表格高度。

• 合并第 12 行的第 2 列、第 3 列和第 4 列单元格，拖曳鼠标调整表格第 2 列的宽度。

• 平均分配第 2~7 列的宽度，在表格第 1 行下方插入一行单元格，删除第 14 行单元格。

• 在表格对应的位置输入图 6-1 所示的文本，然后设

置对齐方式为"居中对齐"，并为第一行单元格和最后一行的第二个单元格设置底纹"白色，背景 1，

图书入库单

序号	书名	类别	应收数量	实收数量	单价	金额	入库日期	备注
1	父与子全集	少儿	25	25	35	¥875.00	2023 年 5 月 10 日	
2	古代汉语词典	工具	50	50	119.9	¥5,995	2023 年 5 月 10 日	
3	世界很大，幸好有你	传记	12	12	39	¥468	2023 年 5 月 10 日	
4	Photoshop CC 图像处理	计算机	30	30	48	¥1,440	2023 年 5 月 10 日	
5	疯狂英语 90 句	外语	15	15	19.8	¥297	2023 年 5 月 10 日	
6	窗边的小豆豆	少儿	75	75	25	¥1,875	2023 年 5 月 10 日	
7	只属于我的视界：手机摄影自白书	摄影	23	23	58	¥1,334	2023 年 5 月 10 日	
8	黑白花意：笔尖下的 87 朵花之绘	绘画	35	35	29.8	¥1,043	2023 年 5 月 10 日	
9	小王子	少儿	55	55	20	¥1,100	2023 年 5 月 10 日	
10	配色设计原理	设计	30	30	59	¥1,770	2023 年 5 月 10 日	
11	基本乐理	音乐	12	12	38	¥456	2023 年 5 月 10 日	
12	合计			362	492	¥16,653.00		

图 6-1　"图书入库单"文档效果

深色 25%"。

- 选择整个表格，设置表格宽度为"根据内容自动调整表格"，对齐方式为"水平居中"。
- 设置表格外边框样式为"单实线"，颜色为"蓝色"，将最后一行的上边框样式设置为"双实线"。
- 最后使用"公式"按钮计算金额和合计值。

相关知识

（一）插入表格的几种方式

在 Word 2016 中插入的表格主要有自动表格、指定行列表格和手动绘制的表格 3 种类型，下面具体介绍。

1. 插入自动表格

插入自动表格的具体操作如下。

（1）将文本插入点定位到需要插入表格的位置，在"插入"/"表格"组中单击"表格"按钮 ▦。

（2）在打开的下拉列表中将鼠标指针移动到"插入表格"栏中的某个单元格上，此时呈橘黄色边框显示的表格即要插入的表格，如图 6-2 所示。

（3）单击完成插入操作。

微课
插入自动表格

2. 插入指定行列表格

插入指定行列表格的具体操作如下。

（1）在"插入"/"表格"组中单击"表格"按钮 ▦，在打开的下拉列表中选择"插入表格"选项，打开"插入表格"对话框。

（2）在该对话框中可以指定表格的列数和行数，如图 6-3 所示，然后单击 确定 按钮创建表格。

微课
插入指定行列表格

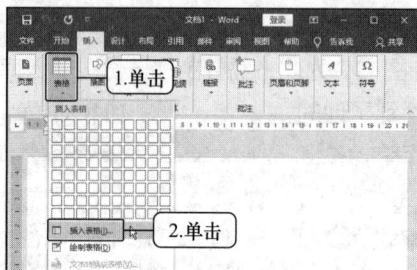

图 6-2　插入自动表格

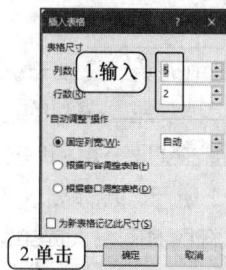

图 6-3　插入指定行列表格

3. 绘制表格

通过自动插入的方式只能插入比较规则的表格，对于一些结构较复杂的表格，可以手动绘制，其具体操作如下。

（1）在"插入"/"表格"组中单击"表格"按钮 ▦，在打开的下拉列表中选择"绘制表格"选项。

（2）此时鼠标指针呈 ✐ 形状，在需要插入表格的地方按住鼠标左键不放并拖曳，将出现一个以虚线框显示的表格，拖曳鼠标调整虚线框到适当大小后释放鼠标，可以

微课
绘制表格

绘制出表格的边框。

（3）按住鼠标左键不放，从一条线的起点拖曳至终点，释放鼠标左键后，可在表格中画出横线、竖线和斜线，从而将绘制的边框分成若干单元格，并形成各种样式的表格。表格绘制完成后，按"Esc"键退出绘制状态。

（二）选择表格

在文档中可对插入的表格进行调整，调整表格前需先选中表格，在 Word 2016 中选中表格有以下 3 种情况。

1. 选择整行表格

选择整行表格主要有以下两种方法。

• 将鼠标指针移至表格左侧，当鼠标指针呈 形状时，单击可以选择整行。如果按住鼠标左键不放并向上或向下拖曳，则可以选择多行表格。

• 在需要选择的行中单击任意单元格，在"表格工具 布局"/"表"组中单击"选择"按钮，在打开的下拉列表中选择"选择行"选项可选择该行。

2. 选择整列表格

选择整列表格主要有以下两种方法。

• 将鼠标指针移动到表格顶端，当鼠标指针呈 形状时，单击可选择整列。如果按住鼠标左键不放并向左或向右拖曳，则可选择多列表格。

• 在需要选择的列中单击任意单元格，在"表格工具 布局"/"表"组中单击"选择"按钮，在打开的下拉列表中选择"选择列"选项可选择该列。

3. 选择整个表格

选择整个表格主要有以下 3 种方法。

• 将鼠标指针移动到表格边框线上，然后单击表格左上角的"全选"按钮，可选择整个表格。

• 在表格内部拖曳鼠标选择整个表格。

• 在表格内单击任意单元格，在"表格工具 布局"/"表"组中单击"选择"按钮，在打开的下拉列表中选择"选择表格"选项可选择整个表格。

（三）将表格转换为文本

将表格转换为文本的具体操作如下。

（1）单击表格左上角的"全选"按钮选择整个表格，然后在"表格工具 布局"/"数据"组中单击"转换为文本"按钮。

（2）打开"表格转换成文本"对话框，在其中选择合适的文本分隔符后，单击 确定 按钮，便可将表格转换为文本。

微课
将表格转换为文本

（四）将文本转换为表格

将文本转换为表格的具体操作如下。

（1）拖曳鼠标选择需要转换为表格的文本，然后在"插入"/"表格"组中单击"表格"按钮，在打开的下拉列表中选择"文本转换成表格"选项。

（2）在打开的"将文字转换成表格"对话框中根据需要设置表格尺寸和文本分隔符位置，完成后单击 确定 按钮，将文本转换为表格。

微课

将文本转换为表格

任务实现

（一）绘制"图书入库单"表格框架

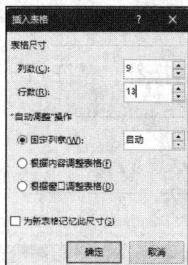

微课

绘制"图书入库单"表格框架

在使用 Word 2016 制作表格时，最好事先在纸上绘制出表格的大致草图，规划行、列数，然后再在 Word 2016 中创建并编辑表格，以便快速创建表格，其具体操作如下。

（1）打开 Word 2016，在文档的开始位置输入标题"图书入库单"文本，然后按"Enter"键。

（2）在"插入"/"表格"组中单击"表格"按钮，在打开的下拉列表中选择"插入表格"选项，打开"插入表格"对话框。

（3）在该对话框中分别将"列数"和"行数"分别设置为"9"和"13"，如图 6-4 所示。

（4）单击 确定 按钮创建表格。选择标题文本，在"开始"/"字体"组中设置字体格式为"黑体，小一，加粗"，并设置对齐方式为"居中对齐"，效果如图 6-5 所示。

（5）将鼠标指针移动到表格右下角的控制点上□，向下拖曳鼠标调整表格的高度（拖曳过程中鼠标指针将变成十形状），如图 6-6 所示。

（6）选择表格中第 12 行的第 2 列、第 3 列和第 4 列单元格，在"表格工具 布局"/"合并"组中单击"合并单元格"按钮，或单击鼠标右键，在弹出的快捷菜单中选择"合并单元格"命令，以合并单元格，完成后的效果如图 6-7 所示。

图 6-4　插入表格　　　图 6-5　设置标题字体格式　　　图 6-6　调整表格高度　　　图 6-7　合并单元格

（7）将鼠标指针移至第 2 列表格左侧的边框上，当鼠标指针变为十形状后，按住鼠标左键并向左拖曳鼠标，手动调整列宽。

（8）选择表格第 2～7 列单元格，在"表格工具 布局"/"单元格大小"组中单击"分布列"按钮，平均分配各列的宽度，然后使用上一步的方法手动调整第 12 行单元格的列宽。

（二）编辑"图书入库单"表格

在制作表格的时候，通常需要在指定位置插入一些单元格，或将多余的单元格合并或拆分等，以满足实际需要，其具体操作如下。

（1）将鼠标指针移动到第 1 行左侧，当其变为 形状时，选择该行单元格，在"表格工具 布局"/"行和列"组中单击"在下方插入"按钮 ，或将鼠标指针移动到第 1 行和第 2 行之间，当出现 按钮时单击，在表格第 1 行下方插入一行单元格，如图 6-8 所示。

（2）选择第 14 行中的某个单元格，单击鼠标右键，在弹出的快捷菜单中选择"删除单元格"命令，打开"删除单元格"对话框，选中"删除整行"单选项后，单击 确定 按钮，如图 6-9 所示。

图 6-8　插入单元格

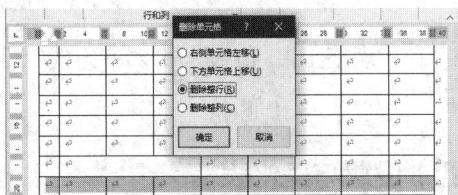

图 6-9　删除单元格

提示　在选择整行或整列单元格后，单击鼠标右键，在弹出的快捷菜单中选择相应的命令，也可实现单元格的插入、删除和合并等操作，如选择"插入"/"在左侧插入列"命令，便可在选择列的左侧插入一列空白单元格。

（三）输入与编辑表格内容

将表格的框架编辑好后，就可以向表格中输入相关的表格内容，并设置对应的格式，其具体操作如下。

（1）在表格中对应的位置输入相关的文本内容，具体内容可参考提供的效果文件，如图 6-10 所示。

（2）选择第一行单元格中的内容，设置字体格式为"黑体，五号，加粗"。

（3）在表格上单击"全选"按钮 选择整个表格，设置对齐方式为"居中对齐"。

（4）保持表格处于选中状态，在"表格工具 布局"/"单元格大小"组中单击"自动调整"按钮 ，在打开的下拉列表中选择"根据内容自动调整表格"选项，完成后的效果如图 6-11 所示。

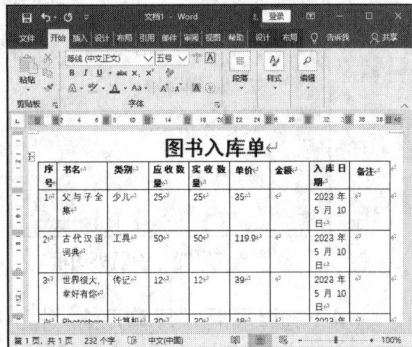

图 6-10　输入文本

图6-11　根据内容自动调整表格

（5）在"表格工具 布局"/"对齐方式"组中单击"水平居中"按钮▤，设置文本对齐方式为"水平居中"。

（四）设置与美化表格

完成对表格内容的编辑后，还可以设置表格的边框和填充颜色，以美化表格，其具体操作如下。

（1）选择整个表格，在"表格工具 设计"/"边框"组中单击"边框"按钮▤，在打开的下拉列表中选择"边框和底纹"选项。

（2）打开"边框和底纹"对话框，在"设置"栏中选择"虚框"选项，在"样式"列表框中选择"单实线"选项，设置颜色为"蓝色"，宽度为"1.5 磅"，如图6-12所示。

微课

设置与美化表格

（3）单击 确定 按钮，完成表格外边框设置，效果如图6-13所示。

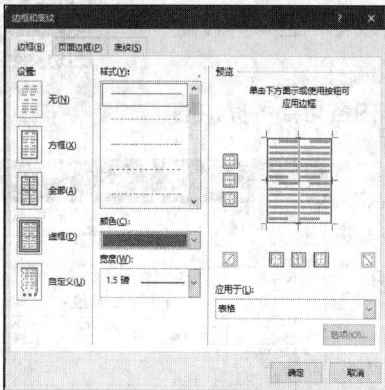

图6-12　设置外边框

图6-13　设置外边框后的效果

（4）选择最后一行单元格，打开"边框和底纹"对话框，在"样式"列表框中选择"双实线"选项，在右侧单击"顶部应用"按钮▤，然后单击 确定 按钮，如图6-14所示。

（5）选择"合计"文本所在的单元格，设置字体格式为"黑体，加粗"，然后按住"Ctrl"键依次选择表格表头所在的单元格。

（6）在"表格工具 设计"/"表格样式"组中单击"底纹"按钮▤下方的下拉按钮▾，在打开的下拉列表中选择"白色，背景1，深色25%"选项，完成单元格底纹的设置，效果如图6-15所示。

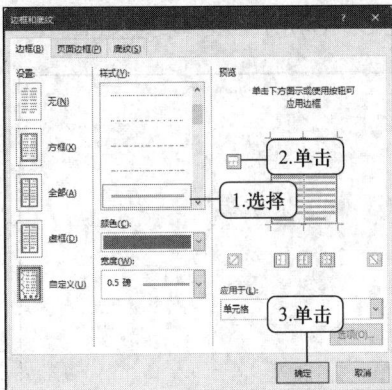

图 6-14　设置上边框

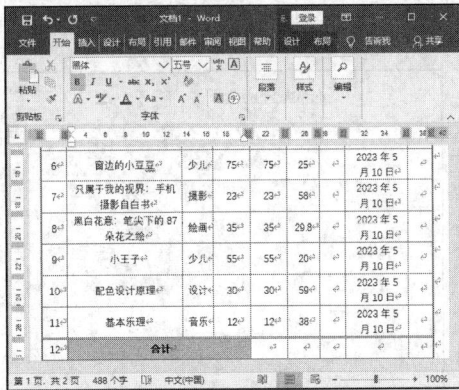

图 6-15　为单元格添加底纹后的效果

（五）计算表格中的数据

表格的内容可能会涉及数据计算，使用 Word 2016 制作的表格也可以对数据进行简单的计算，其具体操作如下。

（1）将文本插入点定位到第一本书的"金额"单元格中，在"表格工具布局"/"数据"组中单击"公式"按钮 fx。

（2）打开"公式"对话框，在"公式"文本框中输入公式"=E2*F2"，在"编号格式"下拉列表中选择"0"选项，如图 6-16 所示。

（3）单击 确定 按钮，完成该单元格的数据计算，使用相同的方法计算其他合计值，完成后调整各列宽度到合适大小，效果如图 6-17 所示。

微课

计算表格中的数据

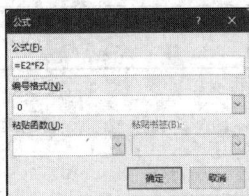

图 6-16　设置公式与编号格式

图 6-17　使用公式计算后的结果

（4）按"Ctrl+S"组合键将文档以"图书入库单"为文件名进行保存（配套资源:\素材\项目六\图书入库单.docx）。

任务二　排版端午节活动策划方案

任务要求

为迎接端午节的到来，学校将于 2023 年 6 月 20 号和 21 号这两天举办端午节活动，在活动举办前，需要先制订端午节活动策划方案，学校将这一任务交给了校团委的干事栗娜。栗娜打开原有的"端午节活动策划方案.docx"文档，经过一番研究，最后利用 Word 2016 的相关功能对端午节活动策划方案重新进行了设计制作，完成后的参考效果如图6-18所示，具体要求如下。

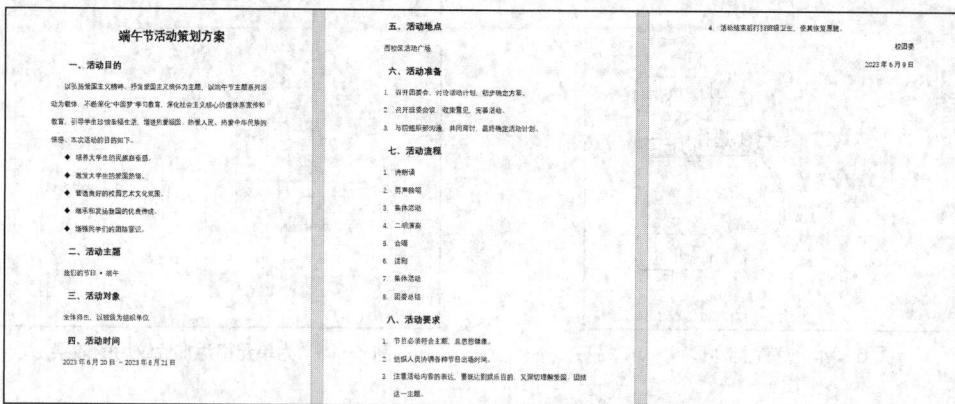

图6-18 "端午节活动策划方案"文档的参考效果

- 打开文档，将纸张的"宽度"和"高度"分别设置为"20厘米"和"28厘米"。
- 设置页边距"上""下"分别为"2厘米"，设置页边距"左""右"分别为"3厘米"。
- 为标题应用内置的"标题1"样式，再修改"正文"样式，设置格式为"小四，左对齐，首行缩进，1.5倍行距"。
- 新建"小标题"样式，设置格式为"小三，加粗，段前段后0.5行"。
- 为具有并列或递进关系的内容添加项目符号和编号。

相关知识

（一）模板与样式

模板与样式是Word中常用的排版工具，下面分别介绍模板与样式的相关知识。

1. 模板

Word 2016的模板是一种固定样式的框架，包含相应的文字和样式。新建模板的方法是打开想要作为模板使用的Word文档，然后打开"另存为"对话框，设置好文件名后，在"保存类型"下拉列表中选择"Word模板（*.dotx）"选项，最后单击 保存(S) 按钮，如图6-19所示。

2. 样式

在编排一篇长文档或一本书时，需要对许多文字和段落

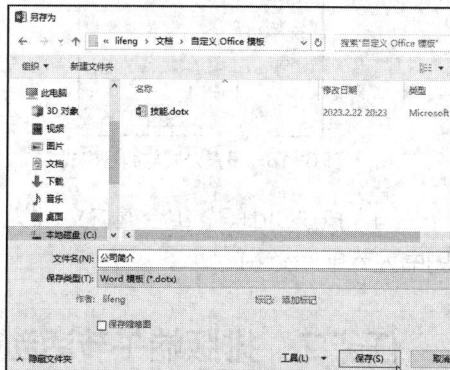

图6-19 新建模板

进行相同的排版工作，如果只是利用字体格式和段落格式进行编排，则费时且容易遗漏，更重要的是很难使文档格式保持一致。而使用样式则能减少许多重复的操作，并在短时间内编排出高质量的文档。

样式是指一组已经命名的字符和段落格式。它设定了文档中标题、题注、正文等各种文档元素的格式。用户可以将一种样式应用于某个段落或段落中的某个字符上，所选择的段落或字符便具有对应样式的格式。样式应用于文档主要有以下作用。

- 使文档的格式更便于统一。
- 便于构建大纲，使文档更有条理，同时编辑和修改更简单。
- 便于生成目录。

（二）页面版式

设置文档页面版式包括设置页面大小、页面方向和页边距，设置页面背景，添加封面，添加水印和设置主题等，这些设置将应用于文档的所有页面。

1．设置页面大小、页面方向和页边距

默认的 Word 页面大小为 A4（21 厘米×29.7 厘米），页面方向为纵向，页边距为普通，在"布局"/"页面设置"组中单击相应的按钮便可修改。

- 单击"纸张大小"按钮 下方的下拉按钮 ，在打开的下拉列表中选择一种页面大小的选项；或选择"其他页面大小"选项，在打开的"页面设置"对话框中设置文档的宽度和高度。
- 单击"页面方向"按钮 下方的下拉按钮 ，在打开的下拉列表中选择"横向"选项，可将页面方向设置为横向。
- 单击"页边距"按钮 下方的下拉按钮 ，在打开的下拉列表中选择一种页边距的选项；或选择"自定义页边距"选项，在打开的"页面设置"对话框中设置上、下、左、右页边距的值。

2．设置页面背景

在 Word 2016 中，页面背景可以是纯色背景、渐变背景和图片背景。设置页面背景的方法：在"设计"/"页面背景"组中单击"页面颜色"按钮 ，在打开的下拉列表中选择一种页面背景颜色，如图 6-20 所示。选择"填充效果"选项，在打开的"填充效果"对话框中切换到"渐变""图片"等选项卡，便可设置渐变背景和图片背景等。

3．添加封面

在制作某些办公文档时，可通过添加封面来展现文档的主题。封面内容一般包含标题、副标题、文档摘要、编写时间、作者和公司名称等。添加封面的方法：在"插入"/"页面"组中单击"封面"按钮 ，在打开的下拉列表中选择一种封面样式，如图 6-21 所示，为文档添加该封面，然后输入相应的封面内容。

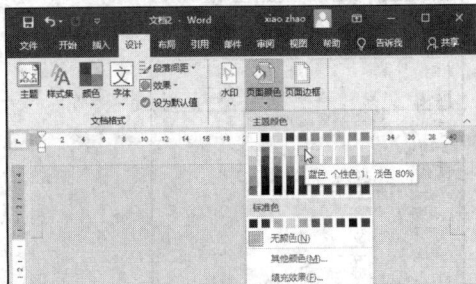

图 6-20　设置页面背景

图 6-21　设置封面

4．添加水印

制作办公文档时，可为文档添加水印背景，如添加"机密"水印等。添加水印的方法：在"设计"/"页面背景"组中单击"水印"按钮 ，在打开的下拉列表中选择一种水印效果。

5. 设置主题

应用主题可快速更改文档的整体效果，统一文档风格。设置主题的方法：在"设计"/"文档格式"组中单击"主题"按钮，在打开的下拉列表中选择一种主题样式，文档的颜色和字体等效果将发生变化。

任务实现

（一）设置页面大小

在日常应用中可根据文档内容自定义页面大小，其具体操作如下。

（1）打开"端午节活动策划方案.docx"文档（配套资源:\素材\项目六\端午节活动策划方案.docx），在"布局"/"页面设置"组中单击"对话框启动器"按钮，打开"页面设置"对话框。

（2）切换到"纸张"选项卡，在"纸张大小"下拉列表中选择"自定义大小"选项，分别设置"宽度"和"高度"为"20 厘米"和"28 厘米"，如图 6-22 所示。

（3）单击 确定 按钮，返回文档编辑区，查看设置页面大小后的文档效果。

微课

设置页面大小

（二）设置页边距

如果文档是给上级或者客户看的，那么采用 Word 的默认页边距就可以了。如果想节省纸张，则可以适当缩小页边距，其具体操作如下。

（1）在"布局"/"页面设置"组中单击"对话框启动器"按钮，打开"页面设置"对话框。

（2）切换到"页边距"选项卡，在"页边距"栏中的"上""下"数值微调框中分别输入"2 厘米"，在"左""右"数值微调框中分别输入"3 厘米"，单击 确定 按钮，如图 6-23 所示。

（3）返回文档编辑区后，可查看设置页边距后的文档页面版式。

微课

设置页边距

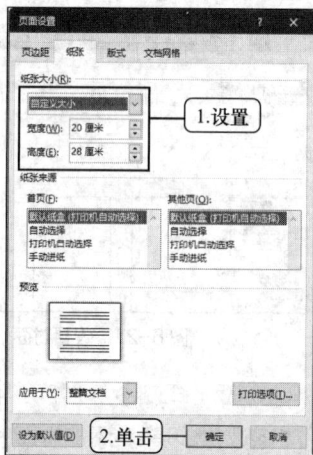

图 6-22　设置页面大小

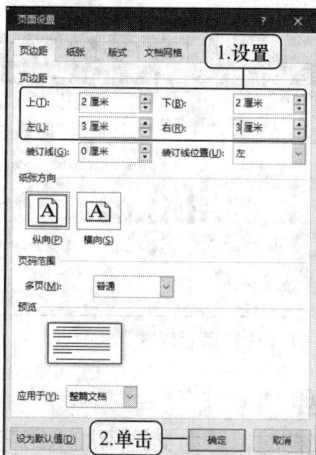

图 6-23　设置页边距

（三）套用内置样式

Word 2016 提供了丰富的内置样式，在制作"端午节活动策划方案"文档时可以直接应用。下面为"端午节活动策划方案.docx"文档套用内置样式，其具体操作如下。

微课

套用内置样式

（1）将文本插入点定位到标题"端午节活动策划方案"文本右侧，在"开始"/"样式"组中的下拉列表中选择"标题 1"选项，可以看到文档标题应用样式后的效果，如图 6-24 所示。

（2）在"开始"/"段落"组中单击"居中"按钮，设置标题文本的对齐方式为"居中对齐"，如图 6-25 所示。

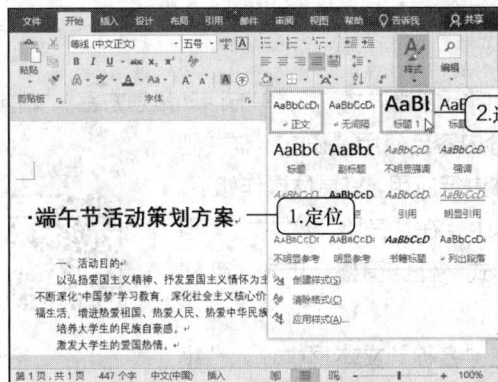

图 6-24　应用"标题 1"样式

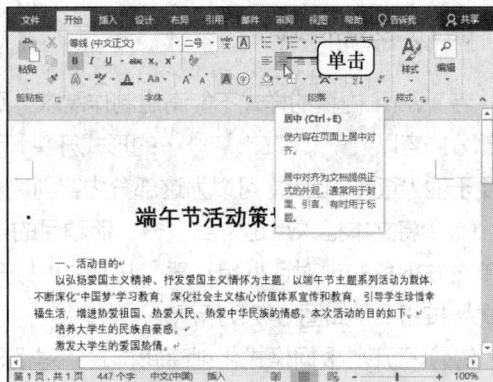

图 6-25　设置文本的对齐方式

（四）修改样式

设置好文档标题样式后，可以继续设置"端午节活动策划方案"文档的正文样式。正文的样式是 Word 文档的默认样式，且在文档中占比较多，用户可以通过修改 Word 内置样式的方法来快速设置正文的样式，其具体操作如下。

微课

修改样式

（1）将文本插入点定位到"一、活动目的"文本右侧，在"开始"/"样式"组的下拉列表中的"正文"选项上单击鼠标右键，在弹出的快捷菜单中选择"修改"命令，如图 6-26 所示。

（2）打开"修改样式"对话框，在"格式"栏中将字号设置为"小四"，再单击"左对齐"按钮，接着单击该对话框左下角的 格式(O) 按钮，在打开的下拉列表中选择"段落"选项，如图 6-27 所示。

（3）打开"段落"对话框，在"缩进"栏中设置"特殊格式"为"首行缩进"，"缩进值"为"2字符"；在"间距"栏中设置"行距"为"1.5 倍行距"，完成后单击 确定 按钮，如图 6-28 所示。

（4）返回"修改样式"对话框，单击 确定 按钮，完成"正文"样式的修改，此时文档中所有应用了"正文"样式的文本的格式都将发生变化。

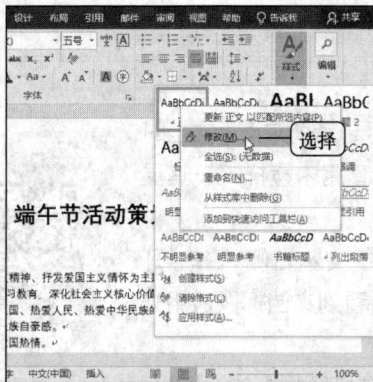

| 图6-26 选择"修改"命令 | 图6-27 修改样式 | 图6-28 设置"段落"格式 |

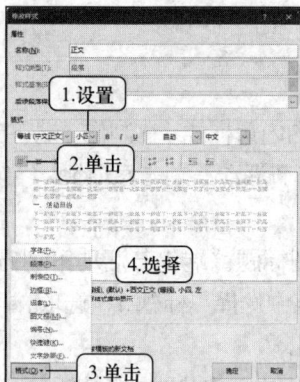

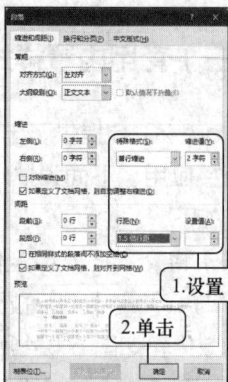

（五）创建样式

若 Word 内置的样式不能满足制作需求，则可以自行创建样式。"端午节活动策划方案"文档中有部分内容以"一、""二、"……的形式开头，这部分内容若使用"正文"样式则不便于他人查看。因此，可以为这部分内容创建样式并进行应用，其具体操作如下。

微课
创建样式

（1）将文本插入点定位到"一、活动目的"文本中，在"开始"/"样式"组中单击右下角的"对话框启动器"按钮，打开"样式"任务窗格，单击"新建样式"按钮，如图6-29所示。

（2）打开"根据格式化创建新样式"对话框，在"名称"文本框中输入"小标题"文本，在"格式"栏中设置字号为"三号"，并单击"加粗"按钮 **B**，如图6-30所示。

（3）单击该对话框左下角的 格式(O) 按钮，在打开的下拉列表中选择"段落"选项，打开"段落"对话框，在"间距"栏中的"段前"和"段后"数值微调框中均输入"0.5行"，然后单击 确定 按钮，如图6-31所示。

（4）返回"根据格式化创建新样式"对话框，单击 确定 按钮，完成"小标题"样式的创建。返回 Word 文档后，可看到"一、活动目的"文本应用"小标题"样式后的效果，如图6-32所示。

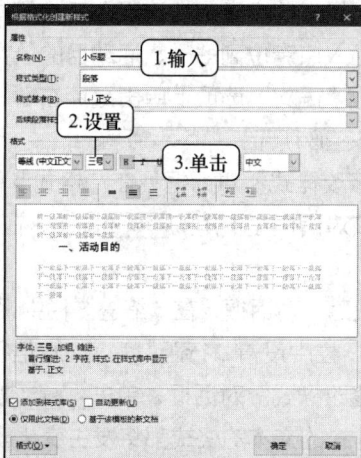

| 图6-29 新建样式 | 图6-30 设置"小标题"样式 |

图 6-31　设置间距

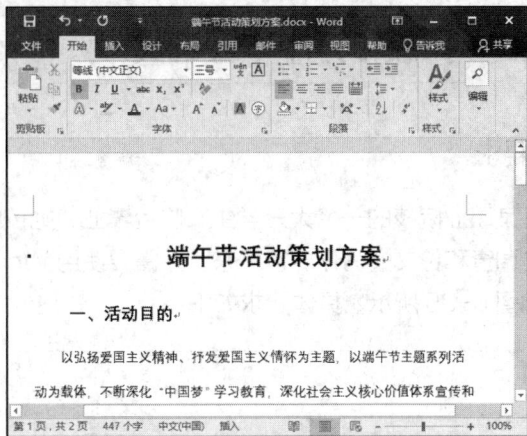

图 6-32　应用样式后的效果

（5）按住"Ctrl"键，同时选择"二、活动主题""三、活动对象""四、活动时间""五、活动地点""六、活动准备""七、活动流程""八、活动要求"文本，将鼠标指针移动到"开始"/"样式"组中的"小标题"选项上，单击该选项为所选文本应用新创建的"小标题"样式。

（六）设置项目符号和编号

"端午节活动策划方案"文档中还有一部分具有并列或递进关系的内容，可以为它们设置项目符号和编号，以规范文档的格式，其具体操作如下。

（1）选择"一、活动目的"下方的 5 段文本，在"开始"/"段落"组中单击"项目符号"按钮 ≣ 右侧的下拉按钮 ⁃，在打开的下拉列表中选择"◆"选项，如图 6-33 所示。

（2）选择"六、活动准备"下方的 3 行文本，在"开始"/"段落"组中单击"编号"按钮 ≣ 右侧的下拉按钮 ⁃，在打开的下拉列表中选择"1.2.3."样式的编号，如图 6-34 所示。

微课

设置项目符号和编号

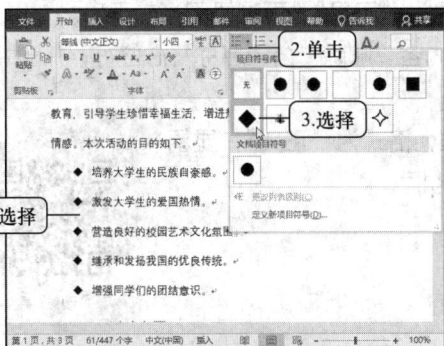

图 6-33　设置项目符号

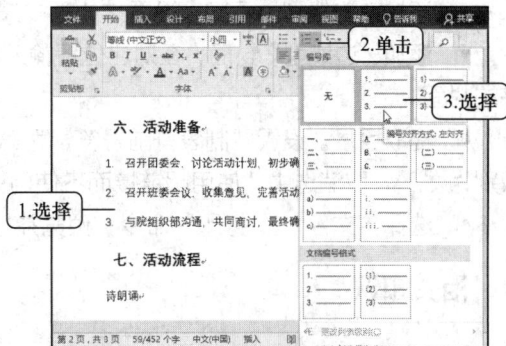

图 6-34　设置编号

（3）使用相同的方法为"七、活动流程""八、活动要求"下的文本应用相同样式的编号，然后将最后两行文本的对齐方式设置为右对齐，完成文档格式的设置（配套资源:\效果\项目六\端午节活动策划方案.docx）。

任务三　排版和打印毕业论文

任务要求

肖雪是某职业院校的一名大三学生，临近毕业，她按照指导老师发放的毕业设计任务书要求，完成了实验调查和论文的写作。接下来，她需要使用 Word 2016 对论文进行排版，论文完成排版后的效果如图 6-35 所示，具体要求如下。

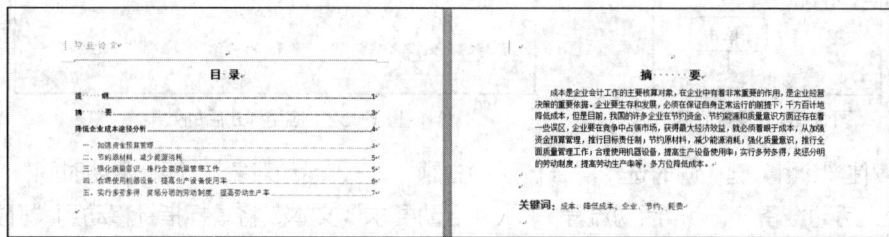

图 6-35 "毕业论文"文档效果（部分）

- 新建样式，设置正文字体，中文为"宋体"，西文为"Times New Roman"，字号为"五号"，首行统一缩进 2 字符。
- 设置一级标题字体格式为"黑体，三号，加粗"，段落格式为"居中对齐，段前段后均为 0 行，2 倍行距"。
- 设置二级标题的字体格式为"思源黑体 CN Extralight，四号，加粗"，段落格式为"对齐，1.5 倍行距"。
- 设置"关键词："文本的字符格式为"思源黑体，四号，加粗"，后面的关键词格式与正文相同。
- 使用大纲视图查看文档结构，然后分别在每个部分的前面插入分页符或分节符。
- 添加"边线型"样式的页眉，设置字体为"宋体"，字号为"五号"，行距为"单倍行距"，对齐方式为"居中对齐"。
- 添加"边线型"页脚，设置字体为"宋体"，字号为"五号"，页脚显示当前页码。
- 添加"边线型"封面，在对应位置输入相关文本内容，删除"公司名称"占位符，并删除原来的封面。
- 提取目录。设置"制表符前导符"为第 2 个选项，格式为"正式"，显示级别为"2"，取消选中"使用超链接而不使用页码"复选框。
- 选择"文件"/"打印"命令，预览并打印文档。

微课

添加题注

相关知识

（一）添加题注

题注通常用于对文档中的图片或表格进行自动编号，从而节约手动编号的时间，其具体操作如下。

（1）在"引用"/"题注"组中单击"插入题注"按钮▤，打开"题注"对话框。

（2）在"选项"栏的"标签"下拉列表中选择需要设置的标签，也可以单击 新建标签(N)... 按钮，打开"新建标签"对话框，在"标签"文本框中输入自定义的标签名称。

（3）单击 确定 按钮返回"题注"对话框，查看添加的新标签，单击 确定 按钮可返回文档，查看添加的题注。

（二）创建交叉引用

交叉引用可以为文档中的图片、表格与正文相关的说明文字创建对应的关系，从而为使用者提供自动更新功能，其具体操作如下。

（1）将文本插入点定位到需要使用交叉引用的位置，在"引用"/"题注"组中单击"交叉引用"按钮▣，打开"交叉引用"对话框。

（2）在"引用类型"下拉列表中选择需要引用的类型，这里选择"书签"，在"引用哪一个书签"列表框中选择需要引用的选项，这里没有创建书签，故没有选项。单击 插入(I) 按钮可创建交叉引用。在选择插入的文本范围时，插入的交叉引用的内容将显示为灰色底纹。若修改了被引用的内容，返回引用时可按"F9"键更新。

微课
创建交叉引用

（三）插入批注

批注用于在阅读时对文中的内容添加评语和注解，其具体操作如下。

（1）选择要插入批注的文本，在"审阅"/"批注"组中单击"新建批注"按钮▢，此时被选择的文本处将出现一条引至文档右侧的引线。

（2）批注中的"[M 用 1]"表示由姓名简写为"M"的用户添加的第一条批注，在批注文本框中可输入批注内容。

（3）使用相同的方法可以为文档添加多个批注，并且批注会自动编号，单击"上一条"按钮▢或"下一条"按钮▢，可查看前后的批注。

（4）为文档添加批注后，若要删除，可在要删除的批注上单击鼠标右键，在弹出的快捷菜单中选择"删除批注"命令。

微课
插入批注

（四）添加修订

对错误的内容添加修订，并将文档发送给制作人员予以确认，可减少文档的出错率，其具体操作如下。

（1）在"审阅"/"修订"组中单击"修订"按钮▤，进入修订状态，此时对文档的任何操作都将被记录下来。

（2）修改文档内容，在修改后原位置会显示修订的结果，并在左侧出现一条竖线，表示该处进行了修订。

（3）在"审阅"/"修订"组中单击"显示标记"按钮▤右侧的下拉按钮▾，在打开的下拉列表中选择"批注框"/"在批注框中显示修订"选项。

微课
添加修订

（4）修订结束后，需单击"修订"按钮 退出修订状态，否则文档中的任何操作都会被视为修订操作。

（五）接受与拒绝修订

对于文档中的修订，用户可根据需要选择接受或拒绝，其具体操作如下。

（1）在"审阅"/"更改"组中单击"接受"按钮 接受修订，或单击"拒绝"按钮 拒绝修订。

（2）单击"接受"按钮 下方的下拉按钮 ，在打开的下拉列表中选择"接受所有修订"选项，可一次性接受文档中的所有修订。

微课

接受与拒绝修订

（六）插入并编辑公式

当需要使用一些复杂的数学公式时，可使用 Word 中提供的公式编辑器快速、方便地编写数学公式，如根式公式或积分公式等。下面将插入"事例（两条件）"公式，并输入条件，其具体操作如下。

（1）在"插入"/"符号"组中单击"公式"按钮π下方的下拉按钮 ，在打开的下拉列表中选择"插入新公式"选项。

微课

插入并编辑公式

（2）在文档中将出现一个公式编辑框，在"公式工具 设计"/"结构"组中单击"括号"按钮 ，在打开的下拉列表的"事例和堆栈"栏中选择"事例（两条件）"选项。

（3）单击括号上方的条件框，选择该条件框，并输入数据，然后在"插入"/"符号"组中单击"大于"按钮 。

（4）单击括号下方的条件框，选择该条件框，然后在"公式工具 设计"/"结构"组中单击"分数"按钮 ，在打开的下拉列表中的"分数"栏中选择"分数（竖式）"选项。

（5）在插入的公式编辑框中输入数据，完成后在文档的任意处单击以退出公式的编辑。

任务实现

（一）设置文档格式

在初步完成毕业论文后需要为其设置相关的文本格式，使其结构分明，其具体操作如下。

（1）打开"毕业论文.docx"文档（配套资源\素材\项目六\毕业论文.docx），将文本插入点定位到"提纲"文本中，打开"样式"任务窗格，单击"新建样式"按钮 。

微课

设置文档格式

（2）打开"根据格式化创建新样式"对话框，通过前面讲解的方法在对话框中设置一级标题的样式，其中设置字体格式为"黑体，三号，加粗"，设置对齐方式为"居中对齐"，段前、段后均为"0行"，行距为"2倍行距"，大纲级别为"1级"，如图 6-36 所示。

（3）通过应用样式的方法为其他一级标题应用样式，效果如图 6-37 所示。

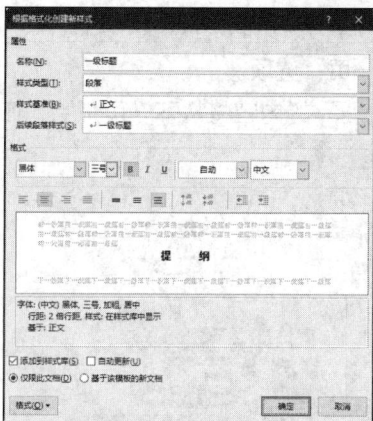

图 6-36　创建样式

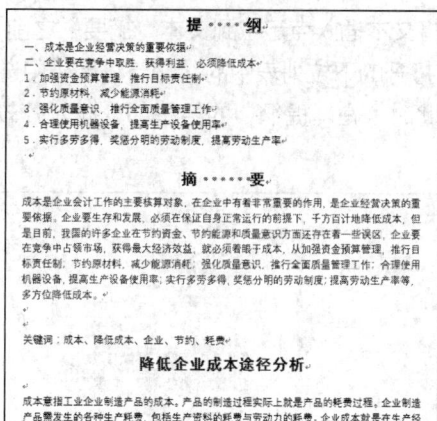

图 6-37　应用样式

（4）使用相同的方法设置二级标题样式。其中，设置字体格式为"思源黑体 CN Extralinght，四号，加粗"，设置段落格式为"左对齐，1.5 倍行距"，大纲级别为"2 级"。

（5）设置正文样式，中文为"宋体"，西文为"Times New Roman"，字号为"五号"，首行统一缩进"2 个字符"，设置正文行距为"单倍行距"。完成后为文档应用相关的样式。

（二）使用大纲视图

大纲视图适用于长文档中文本级别较多的情况，以便用户查看和调整文档结构，其具体操作如下。

（1）在"视图"/"视图"组中单击"大纲视图"按钮，将视图模式切换到大纲视图，在"大纲"/"大纲工具"组中的"显示级别"下拉列表中选择"2 级"选项。

（2）查看所有 2 级标题文本后，双击"降低企业成本途径分析"文本段落左侧的标记，可展开下面的内容，如图 6-38 所示。

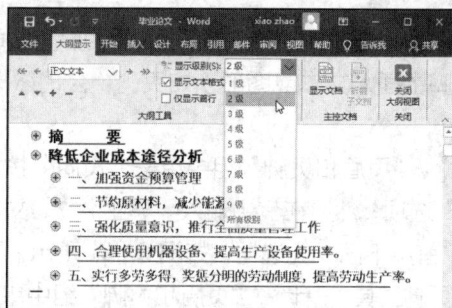

图 6-38　使用大纲视图

微课

使用大纲视图

（3）设置完成后，在"大纲"/"关闭"组中单击"关闭大纲视图"按钮或在"视图"/"视图"组中单击"页面视图"按钮，返回页面视图模式。

（三）插入分隔符

分隔符主要用于标识文字分隔的位置，其具体操作如下。

（1）将文本插入点定位到文本"提纲"之前，在"布局"/"页面设置"组中单击"分隔符"按钮，在打开的下拉列表中的"分页符"栏中选择"分页符"选项。

（2）在文本插入点所在位置插入分页符，此时，"提纲"的内容将从下一页开始，如图 6-39 所示。

微课

插入分隔符

（3）将文本插入点定位到文本"摘要"之前，在"布局"/"页面设置"组中单击"分隔符"按钮 ，在打开的下拉列表中的"分节符"栏中选择"下一页"选项。

（4）此时，在"提纲"的结尾部分插入分节符，"摘要"的内容将从下一页开始，如图 6-40 所示。

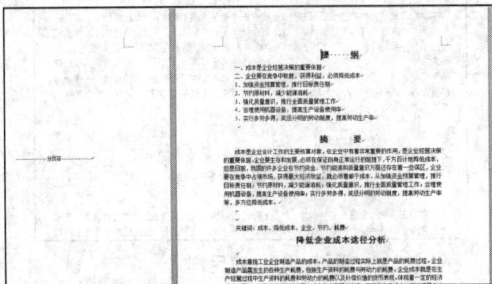

图 6-39　插入分页符后的效果

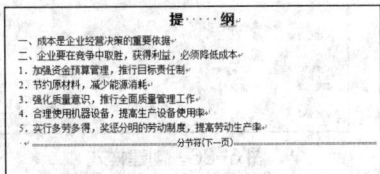

图 6-40　插入分节符后的效果

（5）使用相同的方法为"降低企业成本途径分析"设置分节符。

提示　如果文档中的编辑标记并未显示，可在"开始"/"段落"组中单击"显示/隐藏编辑标记"按钮 ，使该按钮处于选中状态，此时隐藏的编辑标记将显示出来。

（四）设置页眉页脚

为了使页面更美观，便于阅读，许多文档都添加了页眉和页脚。在编辑文档时，可在页眉和页脚中插入文本或图形，如页码、公司徽标、日期和作者名等，其具体操作如下。

（1）在"插入"/"页眉和页脚"组中单击"页眉"按钮 ，在打开的下拉列表中选择"边线型"选项，然后在其中输入"毕业论文"文本，并设置格式为"宋体，五号"，选中"首页不同"复选框，如图 6-41 所示。

（2）在"页眉页脚工具 设计"/"页眉和页脚"组中单击"页脚"按钮 ，在打开的下拉列表中选择"边线型"选项。

（3）文本插入点自动位于页脚区，且自动插入左对齐的页码，然后在"页眉页脚工具 设计"/"关闭"组中单击"关闭页眉和页脚"按钮 退出页眉和页脚视图，如图 6-42 所示。

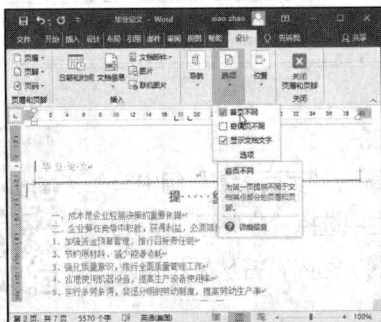

图 6-41　设置页眉

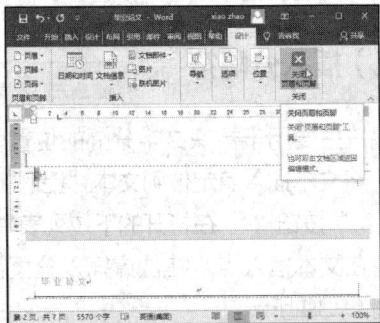

图 6-42　单击"关闭页眉和页脚"按钮

微课
设置页眉页脚

（五）设置封面和创建目录

设置封面格式通过设置字体来完成，对于设置了多级标题样式的文档，可通过索引和目录功能提取目录，其具体操作如下。

（1）在文档开始处单击定位文本插入点，在"插入"/"页面"组中单击"封面"按钮，在打开的下拉列表中选择"边线型"选项，在文档标题处输入"毕业论文"文本，在文档副标题处输入"降低企业成本途径分析"文本。

（2）删除"公司名称"占位符，在作者处输入"姓名：肖雪"文本，在日期处输入"学号：2019036"文本，完成后删除原来的封面页内容，参考效果如图 6-43 所示。

图 6-43 设置封面效果

> **提示** 由于设置封面后，页眉可能会根据封面页调整，若出现这一问题，需要用户手动重新设置页眉。

（3）选择摘要中的"关键词："文本，设置字符格式为"思源黑体 CN Extralight，四号，加粗"。

（4）在"提纲"页的末尾定位文本插入点，在"插入"/"页面"组中单击"分页"按钮，插入分页符并创建新的空白页，在新页面第 1 行输入"目 录"，并应用一级标题格式。

（5）按"Enter"键将文本插入点定位于第 2 行左侧，在"引用"/"目录"组中单击"目录"按钮，在打开的下拉列表中选择"自定义目录"选项，打开"目录"对话框，切换到"目录"选项卡，在"制表符前导符"下拉列表中选择第 2 个选项，在"格式"下拉列表中选择"正式"选项，在"显示级别"数值微调框中输入"2"，取消选中"使用超链接而不使用页码"复选框，单击 确定 按钮，如图 6-44 所示。

（6）返回文档编辑区后，查看插入的目录，效果如图 6-45 所示。

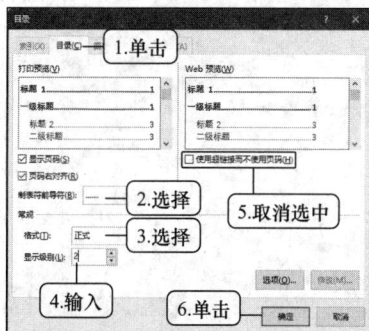

图 6-44 "目录"对话框

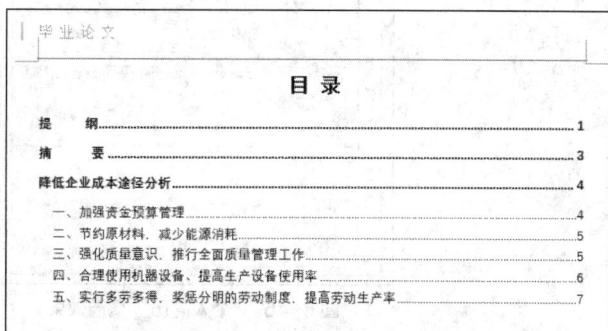

图 6-45 插入目录的效果

（六）预览并打印文档

将文档中的文本内容编辑完成后可将其打印出来，即把制作好的文档内容输出到纸张上。但是为了使输出的文档内容效果更佳，及时发现文档中隐藏的排版问题，可在打印文档之前预览打印效果，其具体操作如下。

微课

预览并打印文档

（1）选择“文件”/“打印”命令，在右侧预览打印效果。

（2）预览效果确定无误后，在“打印”栏的“份数”数值微调框中设置打印份数，这里设置为“2”，然后单击“打印”按钮开始打印（配套资源:\效果\项目六\毕业论文.docx）。

提示 选择“文件”/“打印”命令，在“设置”栏中的第 1 个下拉列表中选择“打印当前页面”选项，将只打印文本插入点指定的页面；若选择“打印自定义范围”选项，再在其下的“页数”文本框中输入起始页码或页面范围（连续页码可以使用英文半角连接号“-”分隔，不连续的页码可以使用英文半角逗号“,”分隔），则可打印指定范围内的页面。

课后练习

1. 新建一个空白文档，将其命名为“个人简历.docx”并保存，按照下列要求对文档进行操作，效果如图 6-46 所示。

查看“个人简介”具体操作

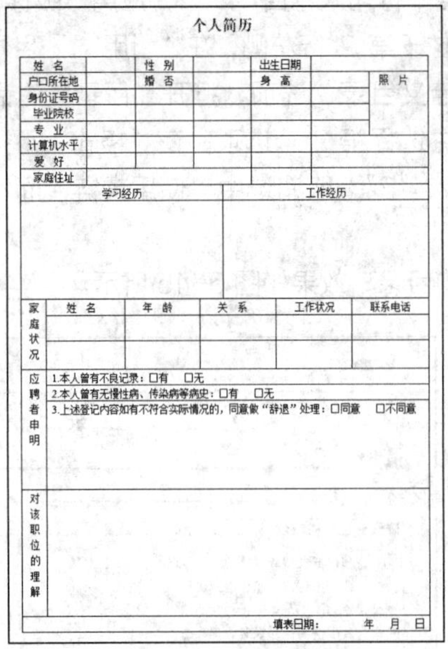
个人简历

姓 名 | 性 别 | 出生日期 | 照 片
户口所在地 | 婚 否 | 身 高
身份证号码
毕业院校
专 业
计算机水平
爱 好
家庭住址
学习经历 | 工作经历
家庭状况 | 姓 名 | 年 龄 | 关 系 | 工作状况 | 联系电话
应聘者申明
1.本人曾有不良记录：□有 □无
2.本人曾有无慢性病、传染病等病史：□有 □无
3.上述登记内容如有不符合实际情况的，同意做“辞退”处理：□同意 □不同意
对该职位的理解
填表日期： 年 月 日

图 6-46 “个人简历”文档效果

（1）输入标题文本，并设置格式为“汉仪中宋简，三号，居中”，间距为“段前 0.5 行，段后 1 行”。

（2）插入一个7列14行的表格。

（3）合并第1行的第6列和第7列单元格，合并第2~5行的第7列单元格。

（4）合并第8行的第2~4列单元格。

（5）将第9行和第10行单元格分别拆分为2列1行，使用类似方法处理表格，并调整表格行、列的间距。

（6）在表格中输入相关文本，并调整表格大小（配套资源:\效果\项目六\个人简历.docx）。

2. 打开"岗位说明书.docx"文档（配套资源:\素材\项目六\岗位说明书.docx），按照下列要求对文档进行操作，岗位说明书效果如图6-47所示。

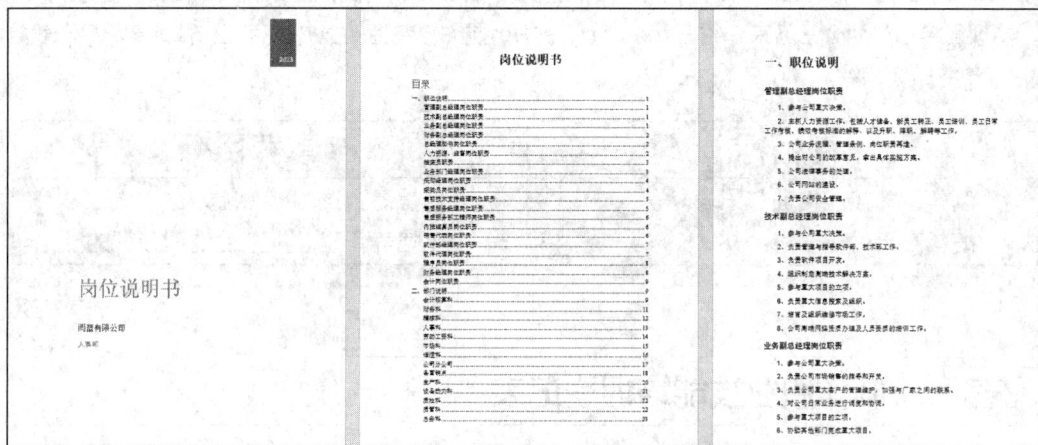

图6-47 "岗位说明书"文档效果（部分）

（1）插入"离子（浅色）"封面，输入标题"岗位说明书"、副标题"雨蓝有限公司"、作者"人事部"和年份"2023"。

（2）在"岗位说明书"标题下方添加"一、职位说明"文本，在第9页"会计核算科"文本前添加"二、部门说明"文本。

（3）为"一、职位说明"文本应用"标题1"样式。将文本插入点定位到"管理副总经理岗位职责"文本所在行，新建一个名为"标题2"的样式，设置样式类型为"段落"、样式基准为"标题2"、后续段落样式为"正文"；设置文本格式为"黑体，四号"；设置段前、段后间距均为"5磅"，行距为"单倍行距"。

查看"岗位说明书"具体操作

（4）依次为各个标题应用样式。

（5）在文档标题下方提取目录，并应用"自动目录1"样式（配套资源:\效果\项目六\岗位说明书.docx）。

项目七
制作Excel表格

07

Excel 2016 是一款功能强大的电子表格处理软件，主要用于将庞大的数据转换为比较直观的表格或图表。本项目将通过两个任务来介绍 Excel 2016 的使用方法，包括新建并保存工作簿、输入工作表数据、设置格式和打印表格等。

学习目标	素养目标
• 制作职业技能培训登记表。 • 编辑产品价格表。	• 提高数据的整合能力。 • 培养正确、规范地处理数据的能力。

任务一　制作职业技能培训登记表

任务要求

职业技能培训后，公司经理让晓雪利用 Excel 制作一份登记表，并以"职业技能培训登记表"为文件名进行保存，晓雪在取得各位同事的个人信息后，便开始利用 Excel 制作表格，参考效果如图 7-1 所示，具体要求如下。

查看"职业技能培训登记表"相关知识

图 7-1　"职业技能培训登记表"工作簿效果

- 新建一个空白工作簿，并将其以"职业技能培训登记表"为文件名进行保存。
- 在 A1 单元格中输入"职业技能培训登记表"文本，然后在 A2:H2 单元格区域中输入相关文本内容。
- 在 A3 单元格中输入 1，然后拖曳鼠标填充序列。

- 依次在 B2:H12 单元格区域中输入其他内容，然后合并 A1:H1 单元格区域，设置单元格格式为"方正兰亭粗黑简体，18"。
- 选择 A2:H2 单元格区域，设置单元格格式为"方正中等线简体，12，居中对齐"，设置底纹为"金色，个性色 6，淡色 60%"。
- 选择 F3:F12 单元格区域，将其条件格式设置为"加粗倾斜，红色"。
- 自动调整 G 列的宽度，手动设置第 2～12 行的高度为"20"。
- 为工作表设置图片背景，背景图片为"背景.jpg"素材。

相关知识

（一）熟悉 Excel 2016 工作界面

Excel 2016 的工作界面与 Word 2016 的工作界面基本相似，由快速访问工具栏、标题栏、功能区、编辑栏、工作表编辑区等部分组成，如图 7-2 所示。下面介绍编辑栏和工作表编辑区的作用。

1. 编辑栏

编辑栏用来显示和编辑当前活动的单元格中的数据或公式。在默认情况下，编辑栏中包括名称框、"插入函数"按钮 f_x 和编辑框，在单元格中输入数据或插入公式与函数时，编辑栏中的"取消"按钮 × 和"输入"按钮 ✓ 也将显示出来。

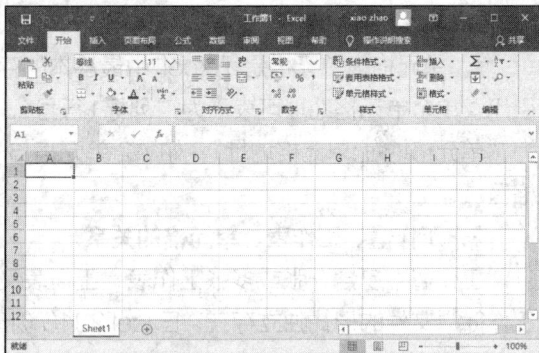

图 7-2　Excel 2016 工作界面

- 名称框。名称框用来显示当前单元格的地址或函数名称，如在名称框中输入"A3"后，按"Enter"键则表示选中 A3 单元格。
- "取消"按钮 × 。单击该按钮表示取消输入的内容。
- "输入"按钮 ✓ 。单击该按钮表示确定并完成输入。
- "插入函数"按钮 f_x 。单击该按钮，将快速打开"插入函数"对话框，在其中可选择相应的函数插入表格。
- 编辑框。编辑框用于显示在单元格中输入或编辑的内容，也可直接在其中输入和编辑单元格内容。

2. 工作表编辑区

工作表编辑区是 Excel 编辑数据的主要场所，它包括行号与列标、单元格地址和工作表标签等。

- 行号与列标、单元格地址。行号用"1、2、3…"等阿拉伯数字标识，列标用"A、B、C…"等大写英文字母标识。一般情况下，单元格地址表示为"列标+行号"，如位于 A 列第 1 行的单元格可表示为 A1 单元格。
- 工作表标签。工作表标签用来显示工作表的名称，Excel 2016 默认只包含一张工作表，单击"新工作表"按钮 ⊕，将新建一张工作表。当工作簿中包含多张工作表后，便可单击任意一个工作表标签进行工作表之间的切换操作。

（二）认识工作簿、工作表、单元格

工作簿、工作表和单元格是构成 Excel 的框架，同时它们之间也存在包含与被包含的关系。了解它们的概念和相互之间的关系，有助于在 Excel 中执行相应的操作。

1. 工作簿、工作表和单元格的概念

下面首先了解工作簿、工作表和单元格的概念。

- 工作簿。工作簿即 Excel 文件，是用来存储和处理数据的主要文档，也被称为电子表格。默认情况下，新建的工作簿以"工作簿 1"命名，若继续新建工作簿则将以"工作簿 2""工作簿 3"……命名，且工作簿的名称将显示在标题栏的文档名处。

- 工作表。工作表是用来显示和分析数据的工作场所，它存储在工作簿中。默认情况下，一个工作簿中只包含 1 张工作表，且以"Sheet1"命名，若继续新建工作表则将以"Sheet2""Sheet3"……命名。

- 单元格。单元格是 Excel 中最基本的存储数据单元，它通过对应的行号和列标进行命名和引用。单个单元格地址可表示为"列标+行号"，而多个连续的单元格称为单元格区域，其地址表示为"单元格地址:单元格地址"，如 A2 单元格与 C5 单元格之间连续的单元格可表示为 A2:C5 单元格区域。

2. 工作簿、工作表、单元格的关系

工作簿中包含一张或多张工作表，工作表又是由排列成行和列的单元格组成的。在计算机中，工作簿以文件的形式独立存在，Excel 2016 创建的文件扩展名为".xlsx"，而工作表依附在工作簿中，单元格依附在工作表中，因此它们三者是包含与被包含的关系。

（三）切换工作簿视图

在 Excel 2016 中，用户可根据需要在视图栏中单击视图按钮组 中的相应按钮，或在"视图"/"工作簿视图"组中单击相应的按钮来切换工作簿视图。下面分别介绍各工作簿视图的作用。

- 普通视图。普通视图是 Excel 2016 中的默认视图，用于正常显示工作表，在其中可以执行数据输入、数据计算和图表制作等操作。

- 页面布局视图。在页面布局视图中，每一页都会显示页边距、页眉和页脚，用户可以在此视图模式下编辑数据、添加页眉和页脚，还可以通过拖曳上方或左侧标尺中的浅蓝色控制条来设置页面边距。

- 分页预览视图。分页预览视图可以显示蓝色的分页符，用户可以拖曳分页符来改变显示的页数和每页的显示比例。

（四）选择单元格

要在表格中输入数据，首先应选择输入数据的单元格。在工作表中选择单元格的方法有以下 6 种。

- 选择单个单元格。单击单元格，或在名称框中输入单元格的行号和列标后按"Enter"键，可选择所需的单元格。

- 选择所有单元格。单击行号和列标左上角交叉处的"全选"按钮 ，或按"Ctrl+A"组合键，可选择工作表中的所有单元格。
- 选择相邻的多个单元格。选择起始单元格后，按住鼠标左键不放拖曳鼠标到目标单元格，或在按住"Shift"键的同时选择目标单元格，可选择相邻的多个单元格。
- 选择不相邻的多个单元格。在按住"Ctrl"键的同时依次单击需要选择的单元格，可选择不相邻的多个单元格。
- 选择整行。将鼠标指针移动到需选择行的行号上，当鼠标指针变成 形状时，单击可选择该行。
- 选择整列。将鼠标指针移动到需选择列的列标上，当鼠标指针变成 形状时，单击可选择该列。

（五）合并与拆分单元格

当默认的单元格样式不能满足实际需要时，可通过合并与拆分单元格的方法来设置表格。

1. 合并单元格

在编辑表格的过程中，为了使表格结构看起来更美观、层次更清晰，有时需要合并某些单元格。选择需要合并的多个单元格，在"开始"/"对齐方式"组中单击"合并后居中"按钮 ，可合并单元格，并使其中的内容居中显示。除此之外，单击"合并后居中"按钮 右侧的下拉按钮 ，还可在打开的下拉列表中选择"跨越合并""合并单元格""取消单元格合并"等选项。

2. 拆分单元格

在拆分单元格时需先选择合并后的单元格，然后单击"合并后居中"按钮 ，或打开"设置单元格格式"对话框，在"对齐方式"选项卡中取消选中"合并单元格"复选框。

（六）插入与删除单元格

在表格中可插入和删除单个单元格，也可插入或删除一行或一列单元格。

1. 插入单元格

插入单元格的具体操作如下。

（1）选择单元格，在"开始"/"单元格"组中单击"插入"按钮 右侧的下拉按钮 ，在打开的下拉列表中选择"插入工作表行"或"插入工作表列"选项，可插入整行或整列单元格。

（2）单击"插入单元格"选项，打开"插入"对话框，选中"活动单元格右移"或"活动单元格下移"单选项后，单击 确定 按钮，可在选中单元格的左侧或上侧插入单元格。选中"整行"或"整列"单选项后，单击 确定 按钮，可在选中单元格上侧插入整行单元格或在选中单元格左侧插入整列单元格。

2. 删除单元格

删除单元格的具体操作如下。

（1）选择要删除的单元格，在"开始"/"单元格"组中单击"删除"按钮 右侧的下拉按钮 ，在打开的下拉列表中选择"删除工作表行"或"删除工作表列"选项，可删除整行或整列单元格。

（2）选择"删除单元格"选项，打开"删除"对话框，选中对应单选项后，单击 确定 按钮，

微课

插入单元格

微课

删除单元格

可删除所选单元格，并使不同位置的单元格代替已删除的单元格。

（七）查找和替换数据

在 Excel 表格中手动查找和替换某个数据将会非常麻烦，且容易出错，此时可利用查找和替换功能快速定位到满足查找条件的单元格，并将单元格中的数据替换为所需要的数据。

1. 查找数据

利用 Excel 提供的查找功能查找数据的具体操作如下。

（1）在"开始"/"编辑"组中单击"查找和选择"按钮 ，在打开的下拉列表中选择"查找"选项，打开"查找和替换"对话框，默认显示"查找"选项卡。

（2）在"查找内容"下拉列表框中输入要查找的数据，单击 按钮，便能快速查找到符合条件的单元格。

（3）单击 按钮，可以在"查找和替换"对话框下方的列表框中显示所有包含需要查找数据的单元格位置。单击 按钮关闭"查找和替换"对话框。

微课
查找数据

2. 替换数据

替换数据的具体操作如下。

（1）在"开始"/"编辑"组中单击"查找和选择"按钮 ，在打开的下拉列表中选择"替换"选项，打开"查找和替换"对话框，切换到"替换"选项卡。

（2）在"查找内容"下拉列表框中输入要查找的数据，在"替换为"下拉列表框中输入替换的内容。

微课
替换数据

（3）单击 按钮，查找符合条件的数据，然后单击 按钮进行替换，或单击 按钮，将所有符合条件的数据一次性替换。

任务实现

（一）新建并保存工作簿

启动 Excel 后，系统将自动新建名为"工作簿 1"的空白工作簿。为了满足需要，用户还可新建更多的空白工作簿，其具体操作如下。

（1）选择"开始"/"Excel 2016"命令，启动 Excel 2016；选择"文件"/"新建"命令，选择"空白工作簿"选项。

（2）系统将新建名为"工作簿 1"的空白工作簿。

微课
新建并保存工作簿

（3）选择"文件"/"保存"命令，在打开的"另存为"界面中选择"浏览"选项，在打开的"另存为"对话框中选择文件的保存路径，在"文件名"下拉列表框中输入"职业技能培训登记表"文本，然后单击 按钮。

> **提示** 按"Ctrl+N"组合键可快速新建空白工作簿，在桌面或文件夹的空白处单击鼠标右键，在弹出的快捷菜单中选择"新建"/"Microsoft Excel 工作表"命令也可以新建空白工作簿。

（二）输入工作表数据

输入数据是制作表格的基础，Excel 2016 支持各种类型数据的输入，如文本和数字等，其具体操作如下。

（1）选择 A1 单元格，在其中输入"职业技能培训登记表"文本，按"Enter"键切换到 A2 单元格，在其中输入"序号"文本。

（2）按"Tab"键或"→"键切换到 B2 单元格，在其中输入"部门"文本。使用相同的方法依次在 C2:H2 单元格区域中输入"性别""身份证号码""联系电话""学历""入职日期""报名项目"等文本。

（3）在 A3 单元格中输入"1"，选择 A3 单元格，将鼠标指针移动到 A3 单元格右下角，当出现✛形状的控制柄时，按住"Ctrl"键与鼠标左键拖曳控制柄至 A12 单元格，此时 A4:A12 单元格区域中将自动生成序号，如图 7-3 所示。

（4）选择 D3:D12 单元格区域，单击鼠标右键，在弹出的快捷菜单中选择"设置单元格格式"命令，打开"设置单元格格式"对话框，在"数字"选项卡中的"分类"列表框中选择"文本"选项，然后单击 确定 按钮，如图 7-4 所示。

图 7-3 自动填充数据

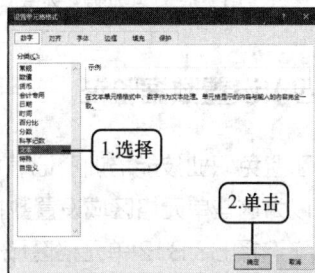

图 7-4 设置文本显示格式

（5）返回工作表，在 D3:D12 单元格区域中输入身份证号码，在 E3:E12 单元格区域中输入联系电话，在 G3:G12 单元格区域中输入入职日期，完成工作表数据的初步输入。

> **提示** 身份证号码一般为 18 位数字，在 Excel 2016 中默认以数值格式显示。但超过 15 位的数值在 Excel 2016 中会以科学记数格式显示，不符合身份证号码的显示要求，因此需要将身份证号码的显示格式设置为文本格式，使其完整显示。

（三）调整行高与列宽

在默认状态下，单元格的行高和列宽是固定不变的，输入职业技能培训登记表中的基本数据后，会发现部分单元格中的数据太多而不能完全显示，因此需要调整单元格的行高与列宽，其具体操作如下。

（1）选择 D 列，将鼠标指针放在 D 列和 E 列的间隔线上，当鼠标指针变为✛形状时，按住鼠标左键向右拖曳鼠标，此时鼠标指针右侧将显示具体的列宽数值，

微课

输入工作表数据

微课

调整行高与列宽

拖曳至适合位置后释放鼠标，如图 7-5 所示。

（2）选择 E 列，在"开始"/"单元格"组中单击"格式"按钮，在打开的下拉列表中选择"自动调整列宽"选项，返回工作表中可看到所选列自动变宽。

（3）使用相同的方法调整 F 列、G 列、H 列的宽度，然后将鼠标指针移动到第 1 行和第 2 行的间隔线上，当鼠标指针变为╪形状时，按住鼠标左键向下拖曳鼠标，调整第 1 行的高度为"29.25"。

（4）选择第 2~12 行，在"开始"/"单元格"组中单击"格式"按钮，在打开的下拉列表中选择"行高"选项，打开"行高"对话框，在"行高"数值微调框中输入"20"，然后单击 确定 按钮，如图 7-6 所示。

图 7-5 手动调整列宽

图 7-6 调整行高

（四）设置数据验证

为了避免职业技能培训登记表中部门、性别、学历、报名项目的内容输入错误，可以为这些单元格区域设置数据验证，其具体操作如下。

（1）选择 B3:B12 单元格区域，在"数据"/"数据工具"组中单击"数据验证"按钮，打开"数据验证"对话框，默认显示"设置"选项卡，在"允许"下拉列表中选择"序列"选项，在"来源"文本框中输入"财务部,人事部,销售部,技术部"文本，如图 7-7 所示。

微课

设置数据验证

（2）切换到"输入信息"选项卡，在"标题"文本框中输入"注意"文本，在"输入信息"文本框中输入"只能输入财务部、人事部、销售部、技术部中的某一个部门"文本，如图 7-8 所示。

（3）切换到"出错警告"选项卡，在"标题"文本框中输入"警告"文本，在"错误信息"文本框中输入"输入的数据不正确，请重新输入"文本，单击 确定 按钮，如图 7-9 所示。

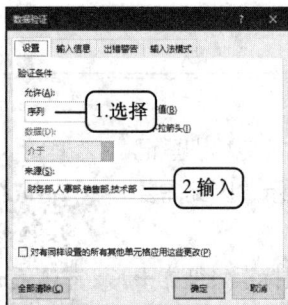

图 7-7 设置数据来源

图 7-8 设置输入信息

图 7-9 设置出错警告

（4）在 B3:B12 单元格区域中依次输入对应的部门信息。然后使用相同的方法，设置 C3:C12 单元格区域的数据验证为"男,女"，设置 F3:F12 单元格区域的数据验证为"专科,本科,研究生,博士"，设置 H3:H12 单元格区域的数据验证为"技术培训,人力资源培训,销售话术培训,会计考试培训"，设置完成后依次在对应的单元格中输入数据。

（五）设置单元格格式

完成所有数据的输入后，还需设置职业技能培训登记表中的单元格格式，包括合并单元格、设置单元格中的字体格式、设置底纹和边框等，以美化工作表，其具体操作如下。

微课

设置单元格格式

（1）选择 A1:H1 单元格区域，在"开始"/"对齐方式"组中单击"合并后居中"按钮或单击该按钮右侧的下拉按钮，在打开的下拉列表中选择"合并后居中"选项。

（2）返回工作表，可以看到所选的单元格区域合并为一个单元格，且单元格中的数据自动居中显示。

（3）保持单元格处于选择状态，在"开始"/"字体"组中的"字体"下拉列表中选择"方正兰亭粗黑简体"选项，在"字号"下拉列表中选择"18"选项。

（4）选择 A2:H2 单元格区域，设置字体为"方正中等线简体"，字号为"12"，然后在"开始"/"对齐方式"组中单击"居中"按钮。

（5）在"开始"/"字体"组中单击"填充颜色"按钮右侧的下拉按钮，在打开的下拉列表中选择"金色，个性色 4，淡色 60%"选项。选择 A3:H12 单元格区域，设置对齐方式为"居中"。

（6）选择 A1:H12 单元格区域，单击鼠标右键，在弹出的快捷菜单中选择"设置单元格格式"命令。打开"设置单元格格式"对话框，切换到"边框"选项卡，再单击"预置"栏中的"内部"按钮，设置内边框样式，如图 7-10 所示。

（7）在"样式"列表框中选择第 5 排第 2 个选项，再单击"预置"栏中的"外边框"按钮，设置外边框样式，完成后单击 确定 按钮，如图 7-11 所示。返回工作表后可看到设置边框后的效果。

图 7-10 设置内边框样式

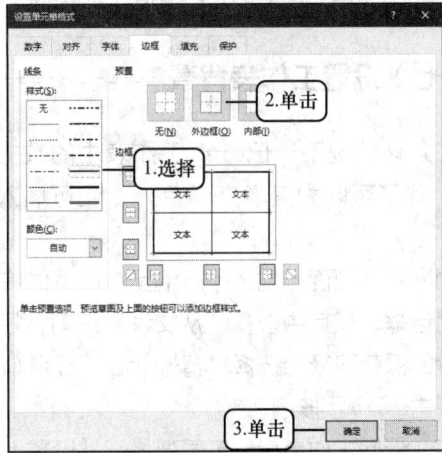

图 7-11 设置外边框样式

（六）设置条件格式

设置条件格式，可以将不满足或满足条件的数据单独显示出来，其具体操作如下。

（1）选择 F3:F12 单元格区域，在"开始"/"样式"组中单击"条件格式"按钮，在打开的下拉列表中选择"新建规则"选项，打开"新建格式规则"对话框。

（2）在"选择规则类型"列表框中选择"只为包含以下内容的单元格设置格式"选项，在"编辑规则说明"栏中的条件格式下拉列表中选择"等于"选项，并在右侧的文本框中输入"研究生"，如图 7-12 所示。

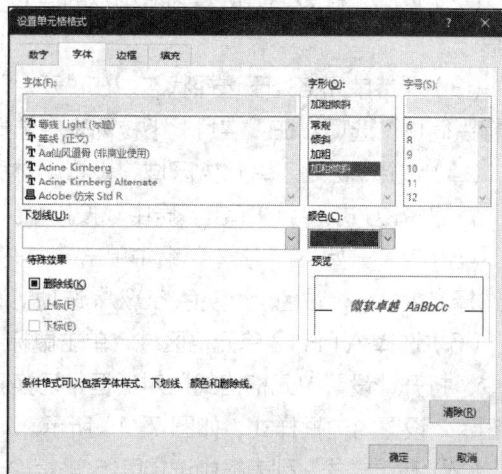

（3）单击 格式(F)... 按钮，打开"设置单元格格式"对话框，在"字体"选项卡中设置字形为"加粗倾斜"，将颜色设置为标准色中的"红色"，如图 7-13 所示。

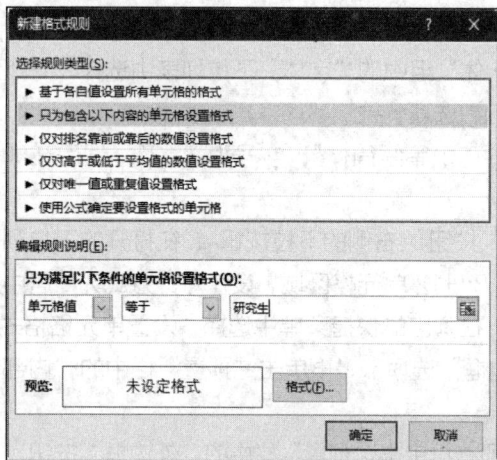

图 7-12　新建格式规则　　　　　　　　图 7-13　"设置单元格格式"对话框

（4）依次单击 确定 按钮返回工作界面，查看设置完条件格式的工作表。

（七）设置工作表背景

在默认情况下，Excel 工作表中的数据呈白底黑字显示。为使工作表更美观，除了可以为其填充颜色外，还可插入喜欢的图片作为背景，其具体操作如下。

（1）在"页面布局"/"页面设置"组中单击"背景"按钮，打开"插入图片"对话框，在其中选择"从文件"选项，打开"工作表背景"对话框，选择背景图片的保存路径，选择"背景.jpg"图片（配套资源:\素材\项目七\背景.jpg），然后单击 插入(S) 按钮。

（2）返回工作表后，可看到将图片设置为工作表背景后的效果（配套资源:\效果\项目七\职业技能培训登记表.xlsx）。

任务二　编辑产品价格表

任务要求

李涛是某商场护肤品专柜的库管，由于季节的变换，最近需要新进一批产品，经理让李涛制作一份产品价格表，用于对比产品成本。经过一番调查，李涛利用 Excel 2016 的功能完成了产品价格表的制作，完成后效果如图 7-14 所示，具体要求如下。

图 7-14　"产品价格表"工作簿效果（部分）

- 打开素材工作簿，先插入一个工作表，再删除"Sheet2""Sheet3""Sheet4"工作表。
- 复制两次"Sheet1"工作表，并将所有工作表分别重命名为"BS 系列""MB 系列""RF 系列"。
- 将"BS 系列"工作表以 C4 单元格为中心拆分为 4 个窗格，将"MB 系列"工作表中的 B3 单元格作为冻结中心冻结表格。
- 将 3 个工作表的标签颜色依次设置为"红色，个性 2""黄色""深蓝"。
- 将工作表的对齐方式设置为水平、垂直居中对齐，并横向打印 5 份。
- 选择"RF 系列"的 E3:E20 单元格区域，为其设置保护，最后为工作表和工作簿分别设置保护密码，其密码为"123"。

查看"产品价格表"相关知识

相关知识

（一）选择工作表

选择工作表的实质是选择工作表标签，主要有以下 4 种方法。

- 选择单张工作表。单击工作表标签，可选择对应的工作表。
- 选择连续的多张工作表。选择第一张工作表，按住"Shift"键不放，继续选择其他工作表。
- 选择不连续的多张工作表。选择第一张工作表，按住"Ctrl"键不放，继续选择其他工作表。
- 选择全部工作表。在任意工作表上单击鼠标右键，在弹出的快捷菜单中选择"选定全部工作表"命令。

（二）隐藏与显示工作表

当不需要显示工作簿中的某个工作表时，用户可将其隐藏，当需要时再使其重新显示出来，其具体操作如下。

（1）选择需要隐藏的工作表，在其上单击鼠标右键，在弹出的快捷菜单中选择"隐藏"命令，可隐藏所选的工作表。

（2）在工作簿的任意工作表上单击鼠标右键，在弹出的快捷菜单中选择"取消隐藏"命令。

微课

隐藏与显示工作表

（3）在打开的"取消隐藏"对话框的列表框中选择需显示的工作表，然后单击 确定 按钮，可将隐藏的工作表显示出来。

（三）设置超链接

在制作电子表格时，可根据需要为相关的单元格设置超链接，其具体操作如下。

（1）选择需要设置超链接的单元格，在"插入"/"链接"组中单击"链接"按钮，打开"插入超链接"对话框。

（2）在打开的对话框中，用户可根据需要设置链接对象的位置等，完成后单击 确定 按钮。

微课

设置超链接

（四）套用表格格式

如果用户希望工作表更美观，但又不想花费太多的时间设置工作表的格式，可利用套用表格格式功能直接套用系统中已设置好的表格格式，其具体操作如下。

（1）选择需要套用表格格式的单元格区域，在"开始"/"样式"组中单击"套用表格格式"按钮，在打开的下拉列表中选择一种需要的表格样式选项。

（2）由于已选中了需要套用表格格式的单元格区域，因此这里只需在打开的"套用表格式"对话框中单击 确定 按钮，如图7-15所示。

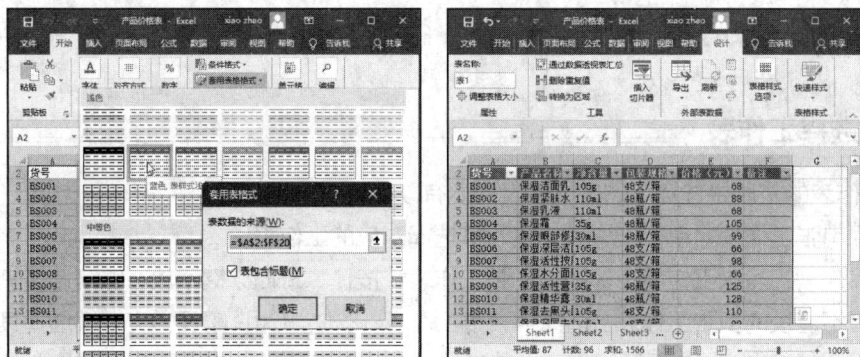

微课

套用表格格式

图7-15　套用表格格式

（3）套用表格格式后，将激活"表格工具-设计"选项卡，在其中可重新设置表格样式和表格样式选项。另外，在"表格工具-设计"/"工具"组中单击"转换为区域"按钮，可将套用的表格格式转换为区域，即转换为普通的单元格区域。

微课

打开工作簿

任务实现

（一）打开工作簿

要查看或编辑保存在计算机中的工作簿，首先要打开该工作簿，其具体操作如下。

（1）启动 Excel 2016 程序，选择"文件"/"打开"命令，或按"Ctrl+O"组合键，打开"打开"窗口，其中显示了最近编辑过的工作簿和打开过的文件夹。若是想打开最近使用过的工作簿，只需选择"最近"列表中的相应文件；若是想打开计算机中保存的工作簿，则需选择"浏览"选项。

（2）这里选择"浏览"选项，在打开的"打开"对话框中选择"产品价格表.xlsx"工作簿（配套资源:\素材\项目七\产品价格表.xlsx），然后单击 打开(O) 按钮打开选择的工作簿。

（二）插入与删除工作表

在 Excel 中当工作表的数量不够用时，可通过插入工作表来增加工作表的数量，若插入了多余的工作表，则可将其删除，以节省系统资源。

1．插入工作表

在默认情况下，Excel 2016 工作簿提供了 1 张工作表，用户可以根据需要插入多张工作表。下面介绍如何在"产品价格表.xlsx"工作簿中通过"插入"对话框插入空白工作表，其具体操作如下。

（1）在"Sheet1"工作表标签上单击鼠标右键，在弹出的快捷菜单中选择"插入"命令。

（2）打开"插入"对话框，在"常用"选项卡的列表框中选择"工作表"选项，然后单击 确定 按钮，插入新的空白工作表，如图 7-16 所示。

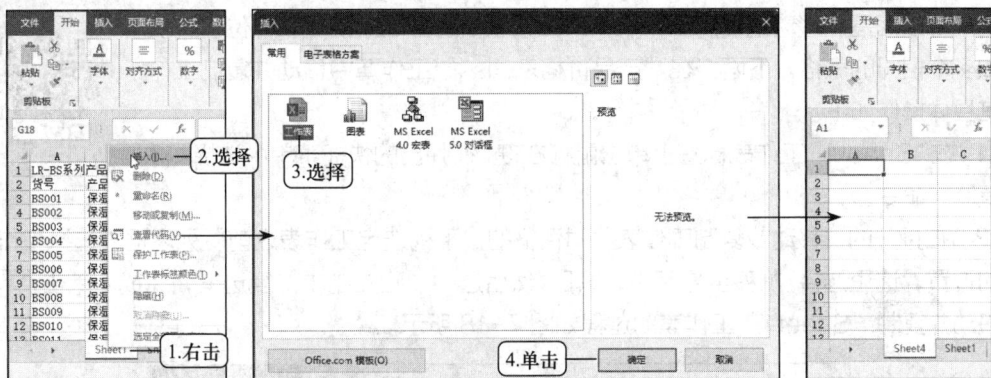

图 7-16　插入工作表

> **提示**　在"插入"对话框中切换到"电子表格方案"选项卡，在其中可以插入基于模板的工作表。另外，在工作表标签右侧单击"新工作表"按钮⊕，或在"开始"/"单元格"组中单击"插入"按钮下方的下拉按钮，在打开的下拉列表中选择"插入工作表"选项，都可快速插入空白工作表。

2．删除工作表

当工作簿中存在多余的工作表或不需要的工作表时，可以将其删除。下面将删除"产品价格表.xlsx"工作簿中的"Sheet2""Sheet3""Sheet4"工作表，其具体操作如下。

（1）按住"Ctrl"键不放，同时选择"Sheet2""Sheet3""Sheet4"工作表，单击鼠标右键，在弹出的快捷菜单中选择"删除"命令。

（2）返回工作簿，可看到"Sheet2""Sheet3""Sheet4"工作表已被删除，如图 7-17 所示。

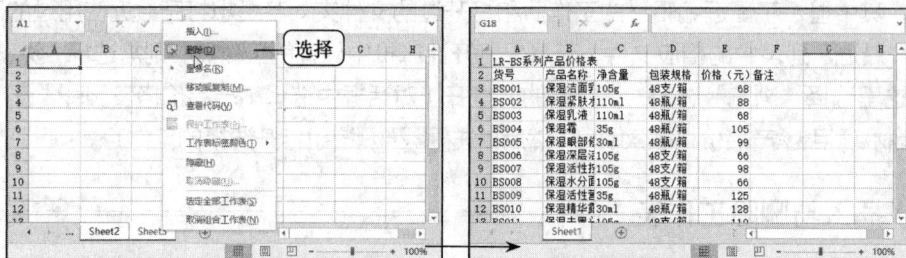

图 7-17　删除工作表

> **提示**　若要删除有数据的工作表，将打开询问是否永久删除这些数据的提示对话框，单击 删除 按钮将删除工作表和工作表中的数据，且不能恢复已经删除的工作表和工作中心数据。单击 取消 按钮将取消删除工作表的操作。

（三）移动与复制工作表

在 Excel 中工作表的位置并不是固定不变的，为了避免重复制作相同的工作表，用户可根据需要移动或复制工作表，即在原表格的基础上改变表格位置或快速添加多个相同的表格。下面将在"产品价格表.xlsx"工作簿中移动并复制工作表，其具体操作如下。

（1）在"Sheet1"工作表标签上单击鼠标右键，在弹出的快捷菜单中选择"移动或复制"命令。

（2）在打开的"移动或复制工作表"对话框的"下列选定工作表之前"列表框中选择工作表移动到的位置，这里选择"（移至最后）"选项，然后选中"建立副本"复选框，完成后单击 确定 按钮，移动并复制"Sheet1"工作表的过程如图 7-18 所示。

图 7-18　设置移动位置并复制工作表

> **提示**　将鼠标指针移动到需移动或复制的工作表标签上，按住鼠标左键不放，此时鼠标指针变成↘形状，工作表标签上有一个▼符号将随鼠标指针移动，将其拖曳到目标工作表位置之后释放鼠标，释放鼠标后在目标工作表中可看到移动的工作表。而按住"Ctrl"键的同时按住鼠标左键进行拖曳，则可以复制工作表。

（3）用相同方法在"Sheet1 (2)"工作表后继续移动并复制工作表，如图 7-19 所示。

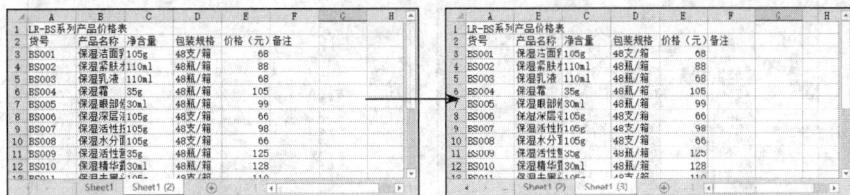

图 7-19 移动并复制工作表

（四）重命名工作表

工作表的名称默认为"Sheet1""Sheet2"……为了便于查询，可重命名工作表。下面介绍在"产品价格表.xlsx"工作簿中重命名工作表的方法，其具体操作如下。

（1）双击"Sheet1"工作表标签，或在"Sheet1"工作表标签上单击鼠标右键，在弹出的快捷菜单中选择"重命名"命令，此时被选中的工作表标签处于可编辑状态，且该工作表的名称自动呈灰底黑字显示。

（2）直接输入"BS 系列"文本，然后按"Enter"键或在工作表的任意位置单击以退出编辑状态。

（3）使用相同的方法将"Sheet1（2）"和"Sheet1（3）"工作表分别重命名为"MB 系列"和"RF 系列"，如图 7-20 所示。

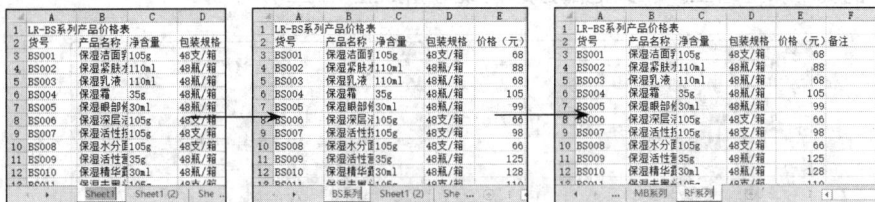

图 7-20 重命名工作表

（五）拆分工作表

在 Excel 2016 中，用户可以使用拆分工作表的方法将工作表拆分为多个窗格，在每个窗格中都可进行单独的操作，这样有利于在数据量比较大的工作表中查看数据的前后对照关系。要拆分工作表，首先应选中作为拆分中心的单元格，然后执行拆分命令。下面介绍在"产品价格表.xlsx"工作簿的"BS 系列"工作表中以 C4 单元格为中心拆分工作表，其具体操作如下。

（1）在"BS 系列"工作表中选择 C4 单元格，然后在"视图"/"窗口"组中单击"拆分"按钮 。

（2）此时工作表将以 C4 单元格为中心被拆分为 4 个窗格，在任意一个窗口中选择单元格，然后滚动鼠标滚轮，便可显示出工作表中的其他数据，如图 7-21 所示。

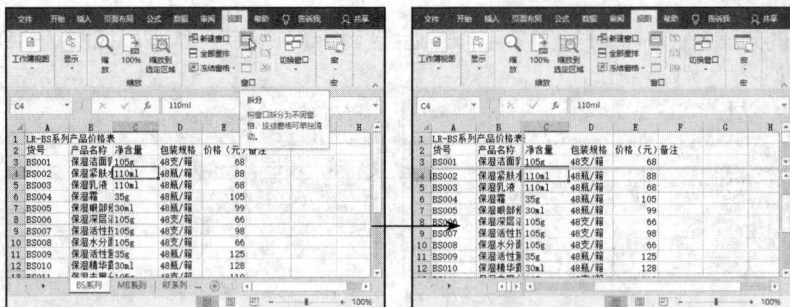

图 7-21 拆分工作表

(六)冻结窗格

在数据量比较大的工作表中,为了方便查看表头与数据的对应关系,用户可通过冻结窗格随意查看工作表的其他内容而不移动表头所在的行或列。下面介绍如何在"产品价格表.xlsx"工作簿的"MB 系列"工作表中以 B3 单元格为冻结中心冻结窗格,其具体操作如下。

微课

冻结窗格

(1)选择"MB 系列"工作表,在其中选择 B3 单元格作为冻结中心,然后在"视图"/"窗口"组中单击"冻结窗格"按钮,在打开的下拉列表中选择"冻结拆分窗格"选项。

(2)返回工作表后,拖曳水平滚动条或垂直滚动条,可在保持 B3 单元格左侧的列或上方的行位置不变的情况下,查看工作表其他部分的列或行,如图 7-22 所示。

图 7-22 冻结窗格

(七)设置工作表标签颜色

在默认状态下,工作表标签呈灰底黑字或白底绿字显示,为了让工作表标签更美观、醒目,用户可设置工作表标签的颜色。下面在"产品价格表.xlsx"工作簿中分别设置工作表标签的颜色,其具体操作如下。

微课

设置工作表标签
颜色

(1)选择"BS 系列"工作表,然后在其上单击鼠标右键,在弹出的快捷菜单中选择"工作表标签颜色"/"红色,个性色 2"命令。

(2)返回工作表中可查看所设置的工作表标签颜色,单击其他工作表标签,然后使用相同的方法分别设置"MB 系列"和"RF 系列"工作表标签的颜色为"黄色"和"深蓝"，如图 7-23 所示。

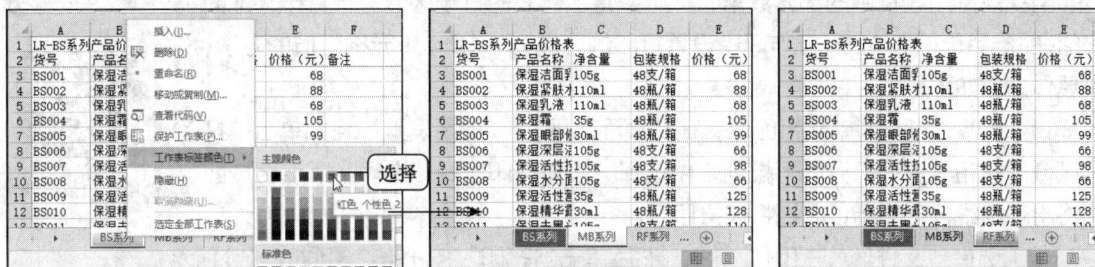

图 7-23　设置工作表标签的颜色

（八）预览并打印表格数据

在打印表格之前需先预览打印效果，对表格内容的设置满意后再开始打印。在 Excel 中，根据打印内容的不同，可分为两种情况：一是打印整个工作表；二是打印区域数据。

1. 设置打印参数

选择需打印的工作表，预览其打印效果后，若对表格内容和页面设置不满意，可重新设置，如设置纸张方向和纸张页边距等，直至设置满意后再打印。下面介绍如何在"产品价格表.xlsx"工作簿中预览并打印工作表，其具体操作如下。

（1）选择"文件"/"打印"命令，在右侧预览工作表的打印效果，在"设置"栏的"纵向"下拉列表中选择"横向"选项，单击"页面设置"超链接，如图 7-24 所示。

（2）在打开的"页面设置"对话框中切换到"页边距"选项卡，在"居中方式"栏中选中"水平"和"垂直"复选框，然后单击　确定　按钮，如图 7-25 所示。

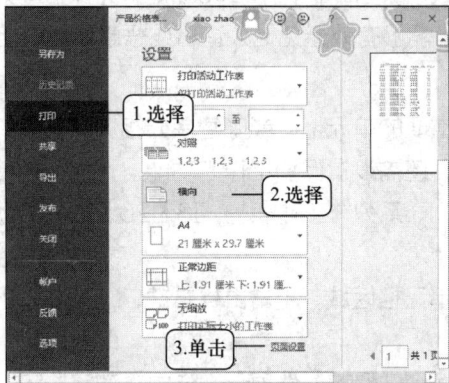

图 7-24　预览打印效果并设置纸张方向

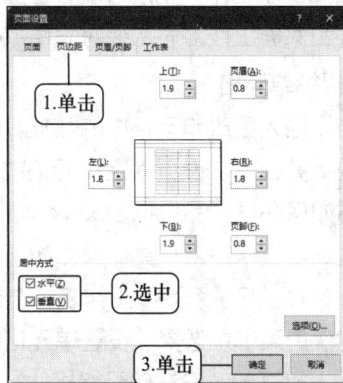

图 7-25　设置居中方式

> **提示**　在"页面设置"对话框中切换到"工作表"选项卡，在其中可设置打印区域或打印标题等内容，然后单击　确定　按钮，返回工作簿的打印界面，单击"打印"按钮可只打印设置的区域数据。

（3）返回打印界面，在"打印"栏的"份数"数值微调框中可设置打印份数，这里输入"5"，设置完成后单击"打印"按钮 🖶 打印表格。

2. 设置打印区域数据

当只需打印表格中的部分数据时，可设置工作表的打印区域进行打印。下面
介绍在"产品价格表.xlsx"工作簿中设置打印的区域为 A1:F4 单元格区域的方法，
其具体操作如下。

设置打印区域数据

（1）选择 A1:F4 单元格区域，在"页面布局"/"页面设置"组中单击"打
印区域"按钮 📑，在打开的下拉列表中选择"设置打印区域"选项，所选区域四
周将出现虚线框，表示该区域将被打印。

（2）选择"文件"/"打印"命令，然后单击"打印"按钮 🖶，如图 7-26 所示。

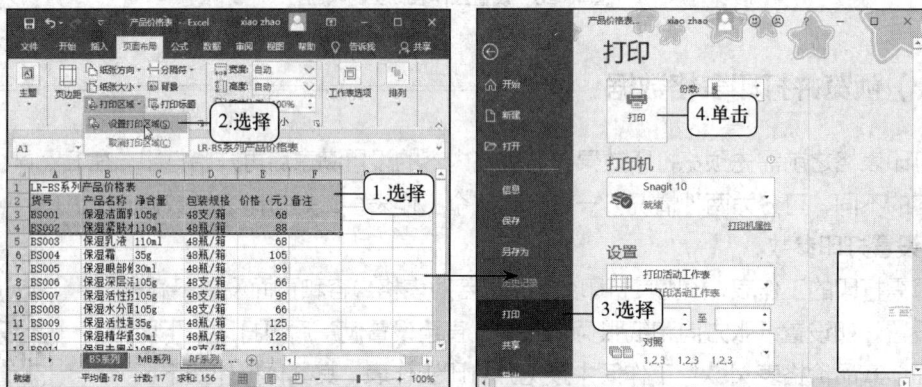

图 7-26　设置打印区域数据

（九）保护表格数据

在 Excel 表格中，用户可能会存放一些重要的数据，因此，利用 Excel 提供的保护单元格、保
护工作表和保护工作簿等功能对表格数据进行保护，能够有效避免他人查看或恶意更改表格数据。

1. 保护单元格

为防止他人更改单元格中的数据，可锁定一些重要的单元格，或隐藏单元格
中包含的计算公式。设置锁定单元格或隐藏公式后，还需设置保护工作表功能。
下面介绍如何在"产品价格表.xlsx"工作簿中为"RF 系列"工作表的 E3:E20
单元格区域设置保护，其具体操作如下。

保护单元格

（1）选择"RF 系列"工作表，选择 E3:E20 单元格区域，单击鼠标右键，
在弹出的快捷菜单中选择"设置单元格格式"命令。

（2）在打开的"设置单元格格式"对话框中切换到"保护"选项卡，选中"锁定"和"隐藏"
复选框，然后单击 [确定] 按钮完成对单元格的保护设置。

2. 保护工作表

设置保护工作表功能后，其他用户只能查看该表格中的数据，不能修改表格
中的数据，这样可避免他人恶意更改表格数据。下面介绍如何在"产品价格表.xlsx"
工作簿中设置工作表的保护功能，其具体操作如下。

保护工作表

（1）在"审阅"/"更改"组中单击"保护工作表"按钮■。

（2）在打开的"保护工作表"对话框的"取消工作表保护时使用的密码"文本框中输入密码，这里输入密码"123"，然后单击 确定 按钮。

（3）在打开的"确认密码"对话框的"重新输入密码"文本框中输入与前面相同的密码，然后单击 确定 按钮，返回工作簿中可发现相应选项卡中的按钮呈灰色状态显示，如图 7-27 所示。

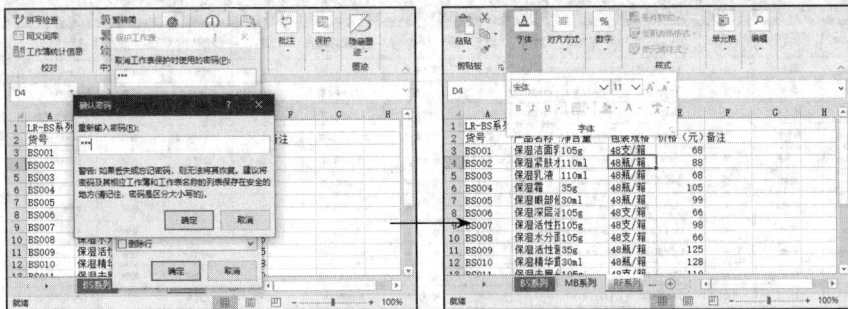

图 7-27　保护工作表

3. 保护工作簿

若不希望工作簿中的重要数据被他人查看或使用，可使用工作簿的保护功能保证工作簿的结构和窗口不被他人修改。下面介绍如何在"产品价格表.xlsx"工作簿中设置工作簿的保护功能，其具体操作如下。

微课

保护工作簿

（1）在"审阅"/"更改"组中单击"保护工作簿"按钮■。

（2）打开"保护结构和窗口"对话框，在"密码"文本框中输入密码"123"，选中"结构"复选框，然后单击 确定 按钮。

（3）在打开的"确认密码"对话框的"重新输入密码"文本框中，输入与前面相同的密码，单击 确定 按钮，如图 7-28 所示，返回工作簿中，保存并关闭工作簿（配套资源:\效果\项目七\产品价格表.xlsx）。

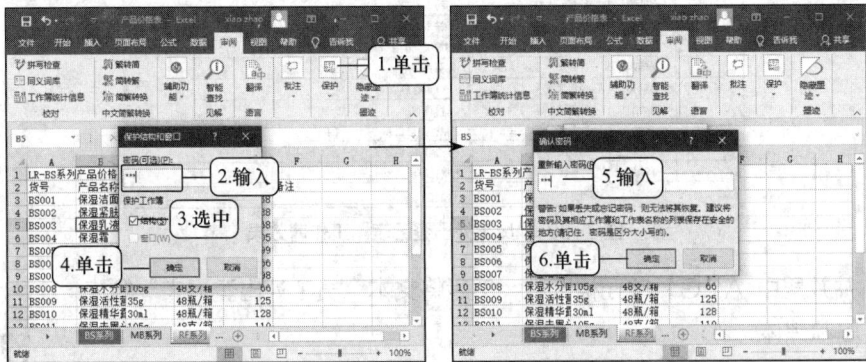

图 7-28　保护工作簿

> **提示**　要撤销工作表或工作簿的保护功能，可在"审阅"/"更改"组中单击"保护工作簿"按钮■，在打开的对话框中输入工作表或工作簿的保护密码，然后单击 确定 按钮。

课后练习

1. 新建一个空白工作簿，按照下列要求对表格进行操作，效果如图 7-29 所示。

职员编号	姓名	性别	出生日期	身份证号码	学历	专业	进公司日期	工龄	职位	职位状态	联系电话	备注
KOP0001	郭佳	女	1985年1月	304850******4850	大专	市场营销	2003年7月	12	销售员	在职	159****0546	
KOP0002	张健	男	1983年10月	565432******5432	本科	文秘	2005年7月	10	职员	在职	159****0547	
KOP0003	何可人	女	1981年6月	575529******5529	研究生	装饰艺术	2003年7月	13	设计师	在职	159****0548	
KOP0004	陈宇轩	男	1982年8月	585626******5626	硕士	市场营销	2003年10月	12	市场部经理	在职	159****0549	
KOP0005	方小波	男	1985年3月	595723******5723	本科	市场营销	2003年10月	12	销售员	在职	159****0550	
KOP0006	杜丽	女	1983年5月	605820******5820	大专	市场营销	2005年7月	10	销售员	在职	159****0551	
KOP0007	谢晓云	女	1980年12月	646208******6208	本科	电子商务	2003年10月	12	职员	在职	159****0552	
KOP0008	范武	女	1981年11月	656305******6305	本科	市场营销	2003年10月	12	销售员	在职	159****0553	
KOP0009	郑宝	男	1990年12月	686596******6596	大专	电子商务	2005年7月	13	职员	在职	159****0554	
KOP0010	朱辰	女	1982年8月	696693******6693	本科	电子工程	2003年10月	2	工程师	在职	159****0555	
KOP0011	欧阳夏	女	1983年7月	747178******7178	本科	电子工程	2005年7月	10	工程师	在职	159****0556	
KOP0012	邓佳丽	女	1980年4月	787566******7566	大专	市场营销	2002年4月	13	销售员	在职	159****0557	
KOP0013	李培林	男	1984年10月	797663******7663	研究生	装饰艺术	2005年7月	10	设计师	在职	159****0558	

图 7-29 "员工档案表"工作簿效果

（1）打开 Excel 2016 并新建工作簿，为工作表命名，并输入员工档案表的内容。

（2）调整单元格的行高和列宽，合并单元格并为单元格设置边框。

（3）设置单元格中的文本格式，包括设置字体、字号，再设置底纹、对齐方式。

（4）设置打印参数，并打印工作表，再设置密码以保护工作表（配套资源:\效果\项目七\员工档案表.xlsx）。

查看"员工档案表"具体操作

2. 打开"员工外出登记表"工作簿（配套资源:\素材\项目七\员工外出登记表.xlsx），按照下列要求对表格进行操作，效果如图 7-30 所示。

序号	姓 名	所属部门	外出时间	外出事由	回岗时间	备 注
1	李明华	销售部	9:00	拜访客户	11:50	
2	姜岩	技术部	15:00	参加技术交流会议	17:30	
3	张晟	技术部	15:00	参加技术交流会议	17:30	
4	孙明明	行政部	9:00	购买办公用品	10:00	
5	赵明亮	销售部	10:00	拜访客户	14:30	
6	田大国	销售部	14:30	拜访客户	16:30	
7	金亮	财务部	10:30	去银行办理业务	12:00	
8	沈君	销售部	9:40	与客户洽谈	11:30	成功签约
9	陈丽	财务部	10:30	去银行办理业务	12:00	

图 7-30 "员工外出登记表"工作簿效果

（1）合并并居中 A1:G1 单元格区域，然后将文本"员工外出登记表"的格式设置为"思源黑体，20"。

（2）选择 A2:G11 单元格区域，将所选文本居中对齐，然后通过"开始"/"字体"组为所选区域添加边框。

（3）利用"移动或复制工作表"对话框，对"Sheet1"工作表进行复制操作，并对工作表进行重命名，最后将工作表标签颜色设置为"红色"和"黄色"。

（4）设置打印参数，并打印工作表，再设置密码以保护工作表（配套资源:\效果\项目七\员工外

查看"员工外出登记表"具体操作

出登记表.xlsx）。

3. 打开"往来客户一览表.xlsx"工作簿（配套资源:\素材\项目七\往来客户一览表.xlsx），按照下列要求对工作簿进行操作，效果如图 7-31 所示。

序号	企业名称	法人代表	联系人	电话	传真	企业邮箱	地址	账号	合作性质	建立合作关系时间	信誉等级
001	东宝网络有限责任公司	张大东	王宝	1875362****	0571-665****	gongbao@163.net	杭州市下城区文辉路	95599044586625****	一级代理商	2002-5-15	良
002	祥瑞有限责任公司	李祥瑞	李丽	1592125****	010-664****	xiangrui@163.net	北京市西城区金融街	95599044586235****	供应商	2003-10-1	优
003	熙远有限责任公司	王均	王均	1332132****	025-669****	weiyuan@163.net	南京市浦口区海院路	95599044586625****	一级代理商	2005-10-10	优
004	德瑞电子商务公司	郑志国	罗鹏程	1892129****	0769-667****	mingming@163.net	东莞市东莞大道	95599044586625****	供应商	2005-12-5	优
005	诚信建材公司	邓杰	谢巧巧	1586987****	021-666****	chengxin@163.net	上海浦东新区	95599044586625****	供应商	2006-5-1	优
006	兴邦物流有限公司	李林峰	郑红梅	1336582****	0755-672****	xingbang@163.net	深圳南山区科技园	95599044586625****	供应商	2009-8-10	良
007	雅奇电子商务公司	陈科	郭淋	1345133****	027-668****	yaqi@163.net	武汉市汉阳区芳草路	95599044586625****	一级代理商	2007-1-10	优
008	康泰公司	李睿	江丽娟	1852686****	020-670****	kangtai@163.net	广州市白云区白云大道南	95599044586235****	一级代理商	2008-5-25	差
009	华太实业有限责任公司	姜芝华	姜芝华	1362126****	028-663****	huatai@163.net	成都市一环路东三段	95599044586625****	供应商	2010-9-10	优
010	荣鑫建材公司	蒲建国	曾静	1365630****	010-671****	rongxing@163.net	北京市丰台区东大街	95599044586625****	一级代理商	2012-1-20	良

图 7-31 "往来客户一览表"工作簿效果

（1）合并 A1:L1 单元格区域，然后选择第 A~L 列，自动调整列宽。

（2）选择 A3:A12 单元格区域，在"设置单元格格式"对话框的"数字"选项卡中自定义序号的格式为"000"。

（3）选择 I3:I12 单元格区域，在"设置单元格格式"对话框的"数字"选项卡中设置数字格式为"文本"，完成后在相应的单元格中输入 11 位以上的数字。

查看"往来客户一览表"具体操作

（4）剪切 A10:I10 单元格区域中的数据，将其插入第 7 行下方。

（5）将 B6 单元格中的"明铭"修改为"德瑞"，再查找"有限公司"，并替换为"有限责任公司"。

（6）选择 A1 单元格，设置字体格式为"方正大黑简体，20，深蓝"，选择 A2:L2 单元格区域，设置字体格式为"方正黑体简体，12"。

（7）选择 A2:L12 单元格区域，设置对齐方式为"居中"，边框为"所有框线"，完成后重新调整单元格的行高与列宽。

（8）选择 A2:L12 单元格区域，套用表格格式"表样式中等深浅 16"，完成后保存工作簿（配套资源:\效果\项目七\往来客户一览表.xlsx）。

项目八
计算和分析Excel数据

08

Excel 2016 具有强大的数据处理功能，主要体现在计算数据和分析数据上。本项目将通过 3 个典型任务，介绍在 Excel 2016 中计算和分析数据的方法，包括公式与函数的使用、数据排序、数据筛选、数据分类汇总、使用数据透视图和数据透视表分析数据，以及创建图表分析数据等。

学习目标	素养目标
• 制作工作考核表。 • 统计分析员工绩效表。 • 制作销售分析表。	• 提高计算表格数据的效率。 • 不断地学习，不断地积累知识，提高自己的知识素养。

任务一　制作工作考核表

查看"工作考核表"相关知识

任务要求

公司总结了上季度各员工的考核情况，李总让肖雪统计各员工的考核成绩，并在统计后制作一份"工作考核表"，以便了解各员工的工作情况，据此评出优秀员工并予以奖励。肖雪根据李总提出的要求，利用 Excel 制作了季度工作考核表，效果如图 8-1 所示，具体要求如下。

图 8-1　"工作考核表"工作簿效果

- 使用求和函数 SUM 计算总分。
- 使用平均值函数 AVERAGE 计算平均分。
- 使用最大值函数 MAX 和最小值函数 MIN 计算考核的最高分和最低分。

- 使用排名函数 RANK 计算考核总分排名。
- 使用 IF 嵌套函数判断考核成绩是否合格。
- 使用 INDEX 函数查询"陈锐"的领导能力和"周晓梅"的工作态度。

相关知识

（一）公式运算符和语法

在 Excel 中使用公式前，首先需要大致了解公式中的运算符和公式的语法，下面分别对其进行简单介绍。

1. 运算符

运算符即公式中的运算符号，用于对公式中的元素进行特定计算。运算符主要用于连接数字并产生相应的计算结果。运算符有算术运算符（如加、减、乘、除）、比较运算符、文本运算符（如&）、引用运算符（如冒号与空格）和括号运算符（如()）5 种，当一个公式中包含这 5 种运算符时，应遵循从高到低的优先级进行计算；若公式中还包含括号运算符，则一定要注意每个左括号必须配一个右括号。

2. 语法

Excel 中的公式是按照特定的顺序进行数值运算的，这一特定顺序即语法。Excel 中的公式遵循特定的语法：最前面是等号，后面是参与计算的元素和运算符。如果公式中同时用到了多个运算符，则需按照运算符的优先级别进行运算，如果公式中包含相同优先级的运算符，则先进行括号里面的运算，再从左到右依次计算。

（二）单元格引用及其分类

在使用公式计算数据前要了解单元格引用和单元格引用分类的基础知识。

1. 单元格引用

Excel 2016 是通过单元格的地址来引用单元格的，单元格地址是指单元格的行号与列标的组合。例如，"=193800+123140+146520+152300"，数据"193800"位于 B3 单元格，其他数据依次位于 C3、D3 和 E3 单元格中，通过单元格引用，将公式输入为"=B3+C3+D3+E3"，同样可以获得这 4 个数据的计算结果。

2. 单元格引用分类

在计算数据表中的数据时，通常会通过复制或移动公式来实现快速计算，因此会涉及不同的单元格引用方式。Excel 中包括相对引用、绝对引用和混合引用 3 种引用方式，不同的引用方式，得到的计算结果也不相同。

- 相对引用。相对引用是指输入公式时直接通过单元格地址来引用单元格。相对引用单元格后，如果复制或剪切公式到其他单元格，那么公式中引用的单元格地址会根据复制或剪切的位置而发生相应改变。
- 绝对引用。绝对引用是指无论引用单元格的公式的位置如何改变，所引用的单元格均不会发生变化。绝对引用的形式是在单元格的行号和列标前加上符号"$"。

- 混合引用。混合引用包含相对引用和绝对引用。混合引用有两种形式，一种是行绝对、列相对，如"B$2"表示行不发生变化，但是列会随着新的位置发生变化；另一种是行相对、列绝对，如"$B2"表示列保持不变，但是行会随着新的位置而发生变化。

（三）使用公式计算数据

Excel 2016 中的公式是对工作表中的数据进行计算的等式，它以"="（等号）开始，其后是公式的表达式。公式的表达式可包含运算符、常量数值、单元格引用和单元格区域引用。

1. 输入公式

在 Excel 2016 中输入公式的方法与输入数据的方法类似，只需将公式输入相应的单元格中，便可计算出结果。输入公式的方法为选择要输入公式的单元格，在单元格或编辑栏中输入"="，接着输入公式内容，完成后按"Enter"键或单击编辑栏上的"输入"按钮 ✓。

在单元格中输入公式后，按"Enter"键可在计算出公式结果的同时选择同列的下一个单元格；按"Tab"键可在计算出公式结果的同时选择同行的下一个单元格；按"Ctrl+Enter"组合键则可在计算出公式结果后，仍保持当前单元格的选择状态。

2. 编辑公式

编辑公式与编辑数据的方法相同。选择含有公式的单元格，将插入点定位在编辑栏或单元格中需要修改的位置，按"Backspace"键删除多余或错误的内容，再输入正确的内容，按"Enter"键可完成对公式的编辑，Excel 会自动计算新公式。

3. 复制公式

在 Excel 2016 中复制公式是快速计算数据的最佳方法，因为在复制公式的过程中，Excel 会自动改变引用单元格的地址，可避免手动输入公式的麻烦，提高工作效率。通常使用"开始"选项卡或单击鼠标右键进行复制、粘贴；也可以通过拖曳控制柄进行复制；还可选择添加了公式的单元格，按"Ctrl+C"组合键进行复制，再将插入点定位到要复制到的单元格，按"Ctrl+V"组合键进行粘贴就可完成对公式的复制。

（四）Excel 中的常用函数

Excel 2016 中提供了多种函数，每个函数的功能、语法结构及其参数的含义各不相同，除 SUM 函数和 AVERAGE 函数外，常用的函数还有 IF 函数、MAX/MIN 函数、COUNT 函数、SIN 函数、PMT 函数和 SUMIF 函数等。

- SUM 函数。SUM 函数的功能是对被选择的单元格或单元格区域进行求和计算，其语法结构为 SUM(number1,number2,...)，其中，number1,number2,...表示若干需要求和的参数。填写参数时，可以使用单元格地址（如 E6,E7,E8），也可以使用单元格区域（如 E6:E8），甚至可以混合输入（如 E6,E7:E8）。

- AVERAGE 函数。AVERAGE 函数的功能是求平均值，计算方法：将选择的单元格或单元格区域中的数据先相加，再除以单元格个数。其语法结构为 AVERAGE(number1, number2,...)，其中，number1,number2,...表示需要计算平均值的若干参数。

- IF 函数。IF 函数是一种常用的条件函数，它能判断真假值，并根据逻辑计算的真假值返回不同的结果，其语法结构为 IF(logical_test,value_if_true,value_if_false)，其中，logical_test 表示计算结果为 true 或 false 的任意值或表达式；value_if_true 表示 logical_test 为 true 时要返回的值，可以是任意数据；value_if_false 表示 logical_test 为 false 时要返回的值，也可以是任意数据。

- MAX/MIN 函数。MAX 函数的功能是返回被选中单元格区域中所有数值的最大值，MIN 函数则用来返回所选单元格区域中所有数值的最小值。其语法结构为 MAX/MIN(number1,number2,...)，其中 number1,number2,...表示要筛选的若干参数。

- COUNT 函数。COUNT 函数的功能是返回包含数字及包含参数列表中的数字的单元格的个数，通常利用它来计算单元格区域或数字数组中数字字段的输入项个数，其语法结构为 COUNT(value1,value2,...)，其中，value1, value2, ...为包含或引用各种类型数据的参数（1～30个），但只有数字类型的数据才会被计算。

- SIN 函数。SIN 函数的功能是返回给定角度的正弦值，其语法结构为 SIN(number)，number 为需要计算正弦的角度，以弧度表示。

- PMT 函数。PMT 函数的功能是基于固定利率及等额分期付款方式，返回贷款的每期付款额，其语法结构为 PMT(rate,nper,pv,fv,type)，其中，rate 为贷款利率；nper 为该项贷款的付款总数；pv 为现值，或一系列未来付款的当前值的累积和，也称为本金；fv 为未来值，或在最后一次付款后希望得到的现金余额，如果省略 fv，则假设其值为零，也就是一笔贷款的未来值为零；type 为数字 0 或 1，用以指定各期的付款时间是在期初还是期末。

- SUMIF 函数。SUMIF 函数的功能是根据指定条件对若干单元格求和，其语法结构为 SUMIF(range,criteria,sum_range)，其中，range 为用于条件判断的单元格区域；criteria 用于确定哪些单元格将被作为相加求和的条件，其形式可以为数字、表达式或文本；sum_range 为需要求和的实际单元格。

- RANK 函数。RANK 函数是排名函数，RANK 函数最常用于求某一个数值在某一区域内的排名，其语法结构为 RANK(number,ref, order)，其中，函数名后面的参数中 number 为需要找到排位的数字（单元格内必须为数字）；ref 为数字列表数组或对数字列表的引用；order 用于指明排位的方式，order 的值为 0 和 1，默认不用输入，得到的就是从大到小的排名，若是想求倒数第几名，order 的值则应使用 1。

- INDEX 函数。INDEX 函数用于返回工作表或区域中的值或对值的引用。INDEX 函数有两种形式：数组形式和引用形式。数组形式通常返回数值或数值数组；引用形式通常返回引用。INDEX(array,row_num,column_num)返回数组中指定的单元格或单元络数组的数值。其中 array 为单元格区域或数组常数；row_num 为数组中某行的行序号，函数从该行返回数值；column_num 是数组中某列的列序号，函数从该列返回数值；如果省略 row_num，则必须有 column_num；如果省略 column_num，则必须有 row_num。INDEX(array,row_num,column_num)返回数组中指定的单元格或单元格数组的数值；INDEX(reference,row_num,column_num,area_num)返回引用中指定的单元格或单元格区域的引用。reference 是对一个或多个单元格区域的引用，如果为引用输入一个不连续的选定区域，必须用括号括起来。area_num 用于选择引用中的一个区域，并返回该区域中 row_num 和 column_num 的交叉区域。row_num 和 column_num 的含义与用法，同数组形式中的相同。

任务实现

（一）使用求和函数 SUM 计算总分

工作考核表中包含很多数据，这些数据需要经过统一核算后才能体现个人的实际成绩，使用函数可以较为方便地对数据进行处理和分析。其中，计算各项成绩之和是 Excel 2016 中比较常用的一个操作，其具体操作如下。

（1）打开"工作考核表.xlsx"工作簿（配套资源:\素材\项目八\工作考核表.xlsx），选择 H3 单元格，在"公式"/"函数库"组中单击"自动求和"按钮 Σ。

（2）此时，H3 单元格中将插入求和函数"SUM"，同时 Excel 2016 将自动识别函数参数"C3:G3"，如图 8-2 所示。

（3）单击编辑栏中的"输入"按钮 ✓，完成 H3 单元格中的求和计算。将鼠标指针移动到 H3 单元格的右下角，当鼠标指针变为 ✚ 形状时，按住鼠标左键向下拖曳，至 H14 单元格时释放鼠标左键，系统将自动计算出每一位员工的考核总分，如图 8-3 所示。

图 8-2 插入求和函数

图 8-3 自动填充总分

（二）使用平均值函数 AVERAGE 计算平均分

AVERAGE 函数用来计算某一单元格区域中的数据平均值，即先将单元格区域中的数据相加再除以单元格个数，其具体操作如下。

（1）选择 I3 单元格，在"公式"/"函数库"组中单击"自动求和"按钮 Σ 下方的下拉按钮 ▾，在打开的下拉列表中选择"平均值"选项。

（2）此时，I3 单元格中将插入平均值函数"AVERAGE"，同时 Excel 2016 将自动识别函数参数"C3:H3"，手动将其更改为"C3:G3"，如图 8-4 所示。

（3）单击编辑栏中的"输入"按钮 ✓，完成 I3 单元格中的平均值计算。

（4）将鼠标指针移动到 I3 单元格右下角，当鼠标指针变为 ✚ 形状时，按住鼠标左键向下拖曳，至 I14 单元格时释放鼠标左键，系统将自动计算出每一位员工的考核平均分，如图 8-5 所示。

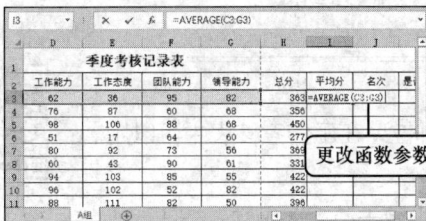

图 8-4　更改函数参数

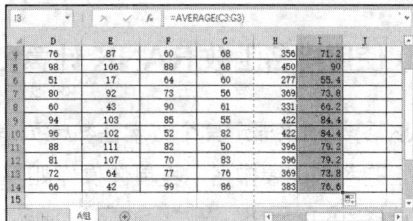

图 8-5　自动填充平均分

（三）使用最大值函数 MAX 和最小值函数 MIN 计算极值

MAX 函数和 MIN 函数用于显示一组数据中的最大值或最小值，其具体操作如下。

（1）选择 C15 单元格，在"公式"/"函数库"组中单击"自动求和"按钮 Σ 下方的下拉按钮 ，在打开的下拉列表中选择"最大值"选项，如图 8-6 所示。

（2）此时，C15 单元格中将插入最大值函数"MAX"，同时 Excel 2016 将自动识别函数参数"C3:C14"，如图 8-7 所示。

（3）单击编辑栏中的"输入"按钮 ，完成 C15 单元格中的最大值计算。将鼠标指针移动到 C15 单元格的右下角，当鼠标指针变为 形状时，按住鼠标左键向右拖曳，至 G15 单元格时释放鼠标左键，系统将自动计算出各项考核指标中的最高分。

微课

使用最大值函数 MAX 和最小值函数 MIN 计算考核成绩

图 8-6　选择"最大值"选项

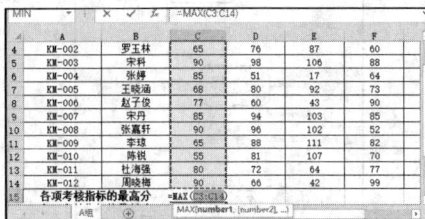

图 8-7　插入最大值函数

（4）选择 C16 单元格，在"公式"/"函数库"组中单击"自动求和"按钮 Σ 下方的下拉按钮 ，在打开的下拉列表中选择"最小值"选项。

（5）此时，C16 单元格中将插入最小值函数"MIN"，同时 Excel 2016 将自动识别函数参数"C3:C15"，手动将其更改为"C3:C14"。单击编辑栏中的"输入"按钮 ，完成 C16 单元格中的最小值计算，如图 8-8 所示。

（6）将鼠标指针移动到 C16 单元格右下角，当鼠标指针变为 形状时，按住鼠标左键向右拖曳，至 G16 单元格时释放鼠标左键，系统将自动计算出各项考核指标中的最低分，如图 8-9 所示。

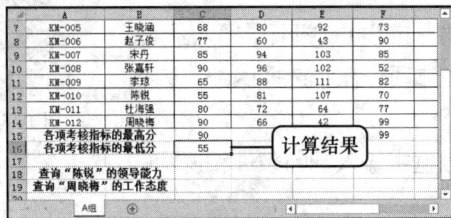

图 8-8　插入最小值函数

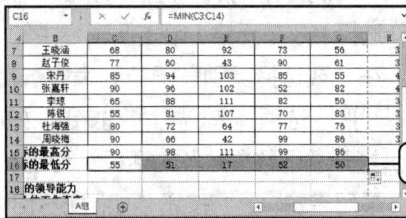

图 8-9　自动填充最低分

（四）使用排名函数 RANK 计算名次

RANK 函数用来显示某个数字在数字列表中的排位，在工作考核表中可以用来查看员工的考核成绩排名，其具体操作如下。

（1）选择 J3 单元格，在"公式"/"函数库"组中单击"插入函数"按钮 f_x 或按"Shift+F3"组合键，打开"插入函数"对话框。

（2）在"或选择类别"下拉列表中选择"全部"选项，在"选择函数"列表框中选择"RANK"选项，然后单击 确定 按钮，如图 8-10 所示。

（3）打开"函数参数"对话框，在"Number"参数框中输入"H3"，然后单击"Ref"参数框右侧的"收缩"按钮 。

（4）此时该对话框将处于收缩状态，拖曳鼠标选择 H3:H14 单元格区域，再单击该对话框右侧的"展开"按钮 。

（5）返回"函数参数"对话框，按"F4"键将"Ref"参数框中的单元格引用地址转换为绝对引用形式，然后单击 确定 按钮，如图 8-11 所示。

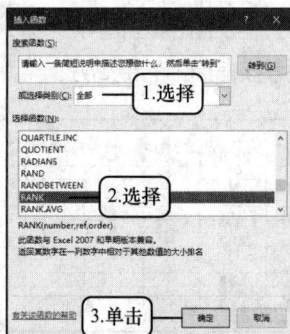

图 8-10　选择 RANK 函数

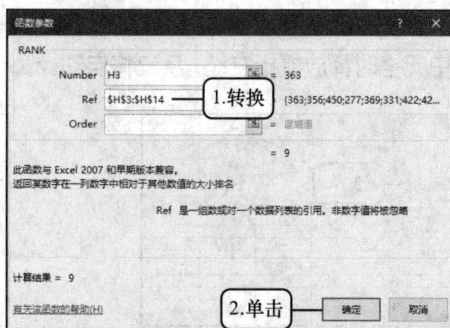

图 8-11　设置函数参数

（6）返回工作表中可查看排名情况，选中 J3 单元格。将鼠标指针移动到 J3 单元格右下角，当鼠标指针变为 ✚ 形状时，按住鼠标左键向下拖曳，至 J14 单元格时释放鼠标左键，系统将自动计算出每一位员工的名次。

（五）使用 IF 嵌套函数判断考核成绩是否合格

IF 嵌套函数用于判断数据表中的某个数据是否满足指定条件，如果满足则返回特定值，不满足则返回其他值，其具体操作如下。

（1）选择 K3 单元格，单击编辑栏中的"插入函数"按钮 f_x，打开"插入函数"对话框，在"或选择类别"下拉列表中选择"逻辑"选项，在"选择函数"列表框中选择"IF"选项，单击 确定 按钮，如图 8-12 所示。

（2）打开"函数参数"对话框，分别在 3 个参数框中输入判断条件和返回的逻辑值，最后单击 确定 按钮，如图 8-13 所示。

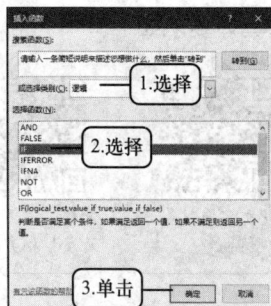

图 8-12　选择 IF 函数

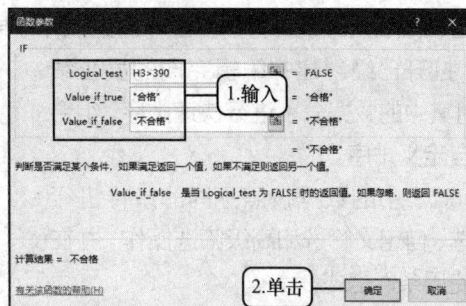

图 8-13　设置判断条件和返回的逻辑值

（3）返回工作表，可看到由于 H3 单元格中的值小于"390"，因此 K3 单元格中显示了"不合格"。将鼠标指针移动到 K3 单元格右下角，当鼠标指针变为➕形状时，按住鼠标左键向下拖曳，至 K14 单元格时释放鼠标左键，判断其他员工的考核成绩是否满足合格条件，若总分低于"390"，则显示"不合格"。

（六）使用 INDEX 函数查询成绩

INDEX 函数用于显示工作表或区域中的值或对值的引用，其具体操作如下。

（1）选择 C18 单元格，在编辑框中输入"=INDEX("，编辑框下方将自动提示 INDEX 函数的参数输入规则。拖曳鼠标选择 B3:G14 单元格区域，编辑框中将自动输入函数参数"B3:G14"。

（2）继续在编辑框中输入函数参数"，10,6)"，然后单击编辑栏中的"输入"按钮✓，如图 8-14 所示，完成 C18 单元格中的计算。

（3）选择 C19 单元格，在编辑框中输入"=INDEX("，拖曳鼠标选择 B3:G14 单元格区域，编辑框中将自动输入函数参数"B3:G14"，如图 8-15 所示。

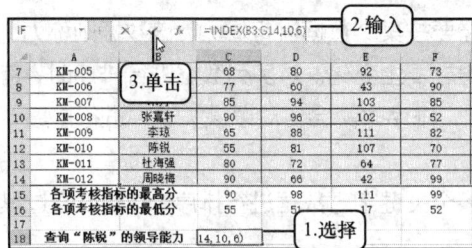

图 8-14　确认函数的应用

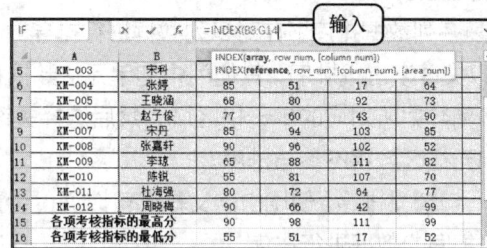

图 8-15　选择参数

（4）继续在编辑框中输入函数参数"，12,4)"，按"Ctrl+Enter"组合键完成 C19 单元格中的计算（配套资源:\效果\项目八\工作考核表.xlsx）。

任务二　统计分析员工绩效表

任务要求

公司要对下属工厂的员工进行绩效考评，小丽作为财务部的一名员工，被部长要求对工厂一季

微课

使用 INDEX 函数查询成绩

查看常用条件函数

度的员工绩效表进行统计分析，工作簿的制作效果如图 8-16 所示，具体要求如下。

- 打开已经创建并编辑完成的员工绩效表，对其中的数据分别进行快速排序、组合排序和自定义排序。
- 对表中的数据按照不同的条件进行自动筛选、自定义筛选和高级筛选操作，并在表格中使用条件格式。

查看常用日期 函数 　　查看常用财务 函数 　　查看："员工绩效表"相关知识

图 8-16 "员工绩效表"工作簿效果

- 按照不同的设置字段，为表格中的数据创建分类汇总、嵌套分类汇总，然后查看分类汇总的数据。
- 创建数据透视表，然后创建数据透视图。

相关知识

（一）数据排序

数据排序是统计工作中的一项重要内容，在 Excel 中可将数据按照指定的顺序规律进行排序。一般情况下，数据排序分为以下 3 种情况。

- 单列数据排序。单列数据排序是指在工作表中以一列单元格中的数据为依据，对工作表中的所有数据进行排序。
- 多列数据排序。在对多列数据进行排序时，需要按某个数据进行排列，该数据则称为"关键字"。以关键字进行排序，其他列中的单元格数据将随之发生变化。对多列数据进行排序时，首先要选择多列数据所对应的单元格区域，然后选择关键字，排序时就会自动以该关键字进行排序，未选择的单元格区域将不参与排序。
- 自定义排序。使用自定义排序可以通过设置多个关键字对数据进行排序，并可以通过其他关键字对相同的数据进行排序。

（二）数据筛选

数据筛选功能是对数据进行分析时常用的操作之一。数据筛选分为以下 3 种情况。

- 自动筛选。自动筛选数据即根据用户设定的筛选条件，自动将表格中符合条件的数据显示出来，而表格中的其他数据将被隐藏。
- 自定义筛选。自定义筛选是在自动筛选的基础上进行的，即单击自动筛选后需自定义的字段名称右侧的下拉按钮，在打开的下拉列表中选择相应的选项确定筛选条件，然后在打开的"自定义筛选方式"对话框中进行相应的设置。

● 高级筛选。若需要根据自己设置的筛选条件对数据进行筛选，则需要使用高级筛选功能。高级筛选功能可以筛选出同时满足两个或两个以上条件的数据。

任务实现

微课

（一）排序员工绩效表数据

排序员工绩效表数据

使用 Excel 中的数据排序功能对数据进行排序，有助于快速且直观地显示、组织和查找所需的数据，其具体操作如下。

（1）打开"员工绩效表.xlsx"工作簿（配套资源:\素材\项目八\员工绩效表.xlsx），选择 G 列中的任意单元格，在"数据"/"排序和筛选"组中单击"升序"按钮。将选择的数据表按照"季度总产量"由低到高进行排序。

（2）选择 A2:G14 单元格区域，在"数据"/"排序和筛选"组中单击"排序"按钮。

（3）打开"排序"对话框，在"主要关键字"下拉列表中选择"季度总产量"选项，在"排序依据"下拉列表中选择"数值"选项，在"次序"下拉列表中选择"降序"选项，如图 8-17 所示。

（4）单击 添加条件(A) 按钮，在"次要关键字"下拉列表中选择"3月份"选项，在"排序依据"下拉列表中选择"数值"选项，在"次序"下拉列表中选择"降序"选项，单击 确定 按钮。

（5）此时可对数据表先按照"季度总产量"序列进行降序排列，对于"季度总产量"列中相同的数据，则按照"3月份"序列进行降序排列，效果如图 8-18 所示。

图 8-17　设置主要排序条件

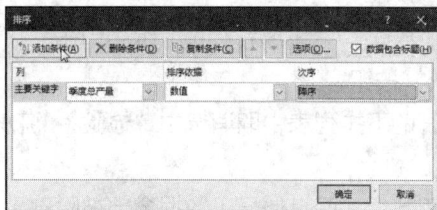

图 8-18　查看排序结果

（6）选择"文件"/"选项"命令，打开"Excel 选项"对话框，切换到"高级"选项卡，在右侧的"常规"栏中单击 编辑自定义列表(O)... 按钮。

（7）打开"自定义序列"对话框，在"输入序列"文本框中输入序列字段"流水,装配,检验,运输"，单击 添加(A) 按钮，将自定义字段添加到左侧的"自定义序列"列表框中。

（8）连续单击 确定 按钮，关闭"Excel 选项"对话框，返回数据表，选择任意一个单元格，在"排序和筛选"组中单击"排序"按钮，打开"排序"对话框。

（9）在"主要关键字"下拉列表中选择"（列 G）"选项，在"次序"下拉列表中选择"自定义序列"选项，打开"自定义序列"对话框，在"自定义序列"列表框中选择前面创建的序列，单击 确定 按钮。

（10）返回"排序"对话框，在"次序"下拉列表中将显示设置的自定义序列，选中"次要关键词"选项，单击 删除条件(D) 按钮，删除该条件，单击 确定 按钮，如图 8-19 所示。

（11）此时可将数据表按照"工种"序列中的自定义序列进行排序，效果如图 8-20 所示（配套资源:\效果\项目八\员工绩效表（排序）.xlsx）。

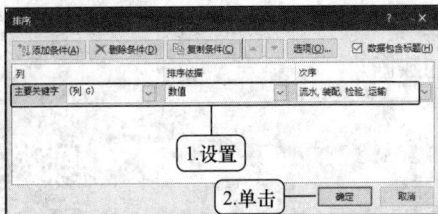

图 8-19　设置自定义序列　　　　　　图 8-20　查看按照自定义序列排序的效果

> **提示**　对数据进行排序时，如果打开提示对话框，显示"此操作要求合并单元格都具有相同大小"，则表示当前数据表中包含合并的单元格，由于 Excel 无法识别合并的单元格并对其进行正确排序，因此，需要用户手动选择规则的排序区域，再进行排序。

（二）筛选员工绩效表数据

Excel 筛选数据功能可根据需要显示满足某一个或某几个条件的数据，而隐藏其他的数据。

1. 自动筛选

自动筛选功能可以在数据表中快速显示指定字段的记录并隐藏其他记录。下面在"员工绩效表.xlsx"工作簿中筛选出工种为"装配"的员工绩效数据，其具体操作如下。

（1）打开表格，选择工作表中的任意单元格，在"数据"/"排序和筛选"组中单击"筛选"按钮▽，进入筛选状态，列标题单元格右侧显示出"筛选"按钮▽。

（2）在 C2 单元格中单击"筛选"按钮▽，在打开的下拉列表中取消选中"检验""流水""运输"复选框，仅选中"装配"复选框，单击 确定 按钮。

（3）此时将在数据表中显示工种为"装配"的员工数据，而其他员工数据全部被隐藏。

> **提示**　选择字段可以同时筛选多个字段的数据。单击"筛选"按钮▽，打开设置筛选条件的下拉列表，只需在其中选中对应的复选框。在 Excel 2016 中还能通过颜色、数字和文本进行筛选，但是这类筛选方式都需要提前设置表格中的数据。

2. 自定义筛选

自定义筛选多用于筛选数值数据，设定筛选条件可以将满足指定条件的数据筛选出来，而隐藏其他数据。下面介绍在"员工绩效表.xlsx"工作簿中筛选出季度总产量大于"1540"的相关信息的方法，其具体操作如下。

（1）打开"员工绩效表.xlsx"工作簿，单击"筛选"按钮▽进入筛选状态，在"季度总产量"单元格中单击▽按钮，在打开的下拉列表中选择"数字筛选"/"大于"选项。

（2）打开"自定义自动筛选方式"对话框，在"季度总产量"栏的"大于"下拉列表框右侧的下拉列表框中输入"1540"，单击 确定 按钮，如图 8-21 所示。

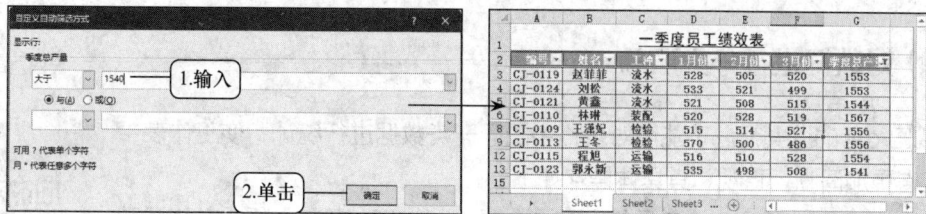

图 8-21　自定义筛选

提示　筛选并查看数据后，在"排序和筛选"组中单击"清除"按钮，可清除筛选结果，但仍保持筛选状态；单击"筛选"按钮，可直接退出筛选状态，返回筛选前的数据表。

3. 高级筛选

通过高级筛选功能，可以自定义筛选条件，在不影响当前数据表的情况下显示筛选结果，对于较复杂的筛选，可以使用高级筛选功能。下面介绍在"员工绩效表.xlsx"工作簿中筛选 1 月份产量大于"510"，季度总产量大于"1556"的数据的方法，其具体操作如下。

微课

高级筛选

（1）打开"员工绩效表.xlsx"工作簿，在 C16 单元格中输入筛选序列"1 月份"，在 C17 单元格中输入条件">510"，在 D16 单元格中输入筛选序列"季度总产量"，在 D17 单元格中输入条件">1556"，在表格中选择任意的单元格，在"数据"/"排序和筛选"组中单击"高级"按钮。

（2）打开"高级筛选"对话框，选中"将筛选结果复制到其他位置"单选项，将"列表区域"设置为"\$A\$2:\$G\$14"，在"条件区域"文本框中输入"\$C\$16:\$D\$17"，在"复制到"文本框中输入"\$A\$18:\$G\$25"，单击 确定 按钮。

（3）此时可在原数据表下方的 A18:G19 单元格区域中单独显示筛选结果。

微课

使用条件格式

4. 使用条件格式

条件格式用于将数据表中满足指定条件的数据以特定的格式显示，以便用户直观查看与区分数据。下面介绍在"员工绩效表.xlsx"工作簿中将月产量大于"500"的数据填充为浅红色的方法，其具体操作如下。

（1）选择 D3:F14 单元格区域，在"开始"/"样式"组中单击"条件格式"按钮，在打开的下拉列表中选择"突出显示单元格规则"/"大于"选项。

（2）打开"大于"对话框，在文本框中输入"500"，在"设置为"下拉列表中选择"浅红色填充"选项，单击 确定 按钮，如图 8-22 所示。

（3）此时可将 D3:F14 单元格区域中所有数据大于"500"的单元格填充为浅红色，如图 8-23 所示（配套资源:\效果\项目八\员工绩效表（筛选）.xlsx）。

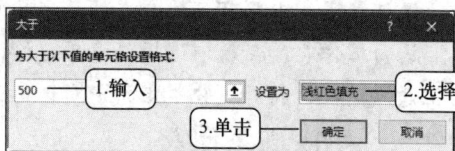

图 8-22　设置条件格式

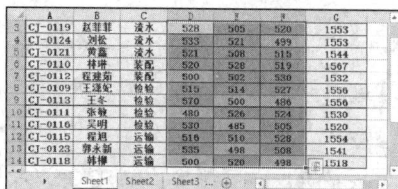

图 8-23　应用条件格式

（三）对数据进行分类汇总

运用 Excel 的分类汇总功能可对表格中的同一类数据进行统计，使工作表中的数据变得更加清晰、直观，其具体操作如下。

（1）选择 C 列的任意一个单元格，在"数据"/"排序和筛选"组中单击"升序"按钮↓↑，对数据进行排序。

（2）在"数据"/"分级显示"组中单击"分类汇总"按钮，打开"分类汇总"对话框，在"分类字段"下拉列表中选择"工种"选项，在"汇总方式"下拉列表中选择"求和"选项，在"选定汇总项"列表框中选中"季度总产量"复选框，单击 确定 按钮，如图 8-24 所示。此时可对数据进行分类汇总，同时直接在表格中显示汇总结果。

（3）在 C 列中选择任意单元格，使用相同的方法打开"分类汇总"对话框，在"汇总方式"下拉列表中选择"平均值"选项，在"选定汇总项"列表框中选中"季度总产量"复选框，取消选中"替换当前分类汇总"复选框，单击 确定 按钮。

（4）在汇总数据表的基础上继续添加分类汇总，可同时查看不同工种每季度的平均产量，效果如图 8-25 所示（配套资源:\效果\项目八\员工绩效表（分类汇总）.xlsx）。

> **提示** 分类汇总实际上就是分类加汇总，其操作过程首先是通过排序功能对数据进行分类排序，然后按照分类进行汇总。如果没有进行排序，汇总的结果就没有意义。所以，在分类汇总时，必须先对数据进行排序，再进行汇总操作，且排序的条件最好是需要分类汇总的相关字段，这样汇总的结果才会更加清晰。

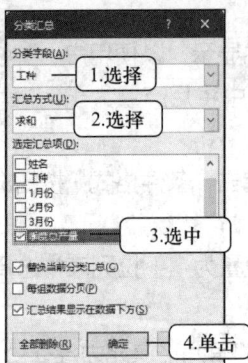

图 8-24 设置分类汇总

图 8-25 查看嵌套分类汇总结果

> **提示** 并不是所有数据表都能够进行分类汇总，必须保证数据表中具有可以分类的序列，才能进行分类汇总。另外，打开已经进行了分类汇总的工作表，在表中选择任意单元格，然后在"数据"/"分级显示"组中单击"分类汇总"选项，打开"分类汇总"对话框，直接单击按钮可删除已创建的分类汇总。

（四）创建并编辑数据透视表

数据透视表是一种交互式的数据报表，可以快速汇总大量的数据，同时对汇总结果进行筛选，以查看源数据的不同统计结果。下面介绍如何为"员工绩效表.xlsx"工作簿创建数据透视表，其具体操作如下。

微课

查看合并计算　　查看模拟分析　　创建并编辑数据
透视表

（1）打开"员工绩效表.xlsx"工作簿，选择 A2:G14 单元格区域，在"插入"/"表格"组中单击"数据透视表"按钮，打开"创建数据透视表"对话框。

（2）由于已经选中了数据区域，因此只需设置放置数据透视表的位置，这里选中"新工作表"单选项，单击 确定 按钮，如图 8-26 所示。

（3）此时系统将新建一张工作表，并在其中显示空白数据透视表，右侧显示出"数据透视表字段"窗格。

（4）在"数据透视表字段"窗格中将"工种"字段拖曳到"筛选器"下拉列表框中，数据表中将自动添加筛选字段，然后用同样的方法将"姓名"和"编号"字段拖曳到"筛选器"下拉列表框中。

（5）使用同样的方法按顺序将"1月份""2月份""3月份""季度总产量"字段拖到"值"下拉列表框中，如图 8-27 所示。

图 8-26　设置数据透视表的放置位置

（6）在创建好的数据透视表中单击"工种"字段后的 按钮，在打开的下拉列表中选择"流水"选项，单击 确定 按钮，如图 8-28 所示，在表格中显示该工种下所有员工的数据汇总（配套资源:\效果\项目八\员工绩效表（数据透视表）.xlsx）。

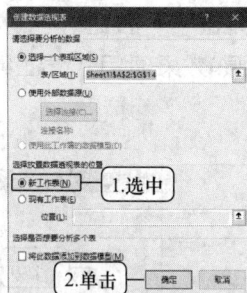

图 8-27　添加字段

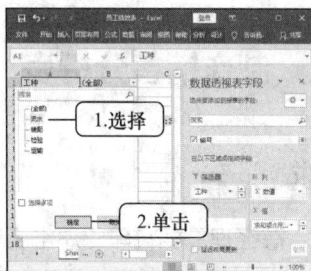

图 8-28　对汇总结果进行筛选

（五）创建数据透视图

通过数据透视表分析数据后，为了更直观地查看数据情况，还可以根据数据透视表制作数据透视图。下面介绍根据"员工绩效表.xlsx"工作簿中的数据透视表创建数据透视图的方法，其具体操作如下。

微课

创建数据透视图

（1）在"员工绩效表.xlsx"工作簿中创建数据透视表后，在"数据透视表工具 分析"/"工具"组中单击"数据透视图"按钮，打开"插入图表"对话框。

（2）切换到"柱形图"选项卡，在右侧选择"三维簇状柱形图"选项，单击 [确定] 按钮，可在数据透视表的工作表中添加数据透视图，如图 8-29 所示。

> **提示** 数据透视图和数据透视表是相互联系的，改变数据透视表中的内容，数据透视图也将发生相应的变化。另外，数据透视表中的字段可拖曳到 4 个区域，各区域的作用：筛选器区域的作用类似于自动筛选，是所在数据透视表的条件区域，在该区域内的所有字段都将作为筛选数据区域内容的条件；行和列这两个区域用于将数据横向或纵向显示，与分类汇总选项的分类字段作用相同；值区域的内容主要是数据。

（3）在创建好的数据透视图中单击 [姓名▼] 按钮，在打开的下拉列表中选中"选择多项"复选框，单击 [确定] 按钮，可在数据透视图中看到所有流水工种员工的数据求和项，如图 8-30 所示（配套资源:\效果\项目八\员工绩效表（数据透视图）.xlsx）。

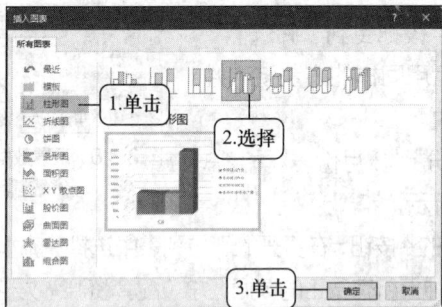

图 8-29　创建数据透视图

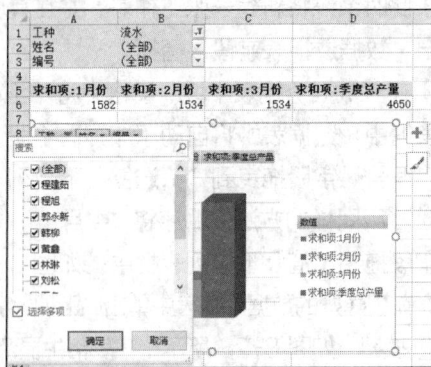

图 8-30　筛选数据

任务三　制作销售分析表

任务要求

年关将至，总经理需要在年终总结会议上制订来年的销售方案，因此，需要一份数据差异和走势明显，并且能够辅助预测发展趋势的电子表格。总经理让小夏在下周之前制作一份销售分析图表，制作完成后的效果如图 8-31 所示，具体要求如下。

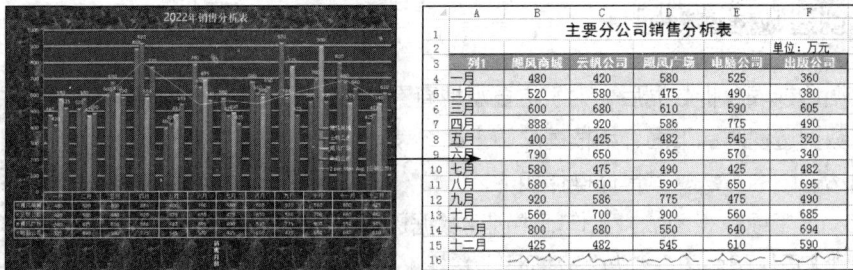

图 8-31　"销售分析表"工作簿效果

- 打开已经创建并编辑好的素材表格，根据表格中的数据创建图表，并将其移动到新的工作表中。
- 对图表进行相应的编辑处理，修改图表数据、修改图表类型、设置图表样式、调整图表布局、设置图表格式、调整图表对象的显示与分布和使用趋势线等。
- 为表格中的数据插入迷你图。

查看"销售分析表"相关知识

相关知识

（一）图表的类型

图表是 Excel 重要的数据分析工具，Excel 为用户提供了多种图表类型，包括柱形图、条形图、折线图、饼图和面积图等，用户可根据不同的情况选用不同类型的图表。下面介绍 5 种常用的图表类型及其适用情况。

- 柱形图。柱形图常用于几个项目数据之间的对比。
- 条形图。条形图与柱形图的用法相似，但数据位于 y 轴，值位于 x 轴，位置与柱形图相反。
- 折线图。折线图多用于显示等时间间隔数据的变化趋势，它强调的是数据的时间性和变动率。
- 饼图。饼图用于显示一个数据系列中各项的大小与各项总和的比例。
- 面积图。面积图用于显示每个数值的变化量，强调数据随时间变化的幅度，还能直观地体现整体和部分的关系。

（二）使用图表的注意事项

制作完成后的图表除了要具备必要的图表元素外，还需让人一目了然，在制作图表前应该注意以下 6 点。

- 在制作图表前如需先制作表格，应根据前期收集的数据制作出相应的电子表格，并对表格进行一定的美化。
- 根据表格中某些数据项或所有数据项创建相应形式的图表。选择电子表格中的数据时，可根据图表的需要视情况而定。
- 检查所创建的图表中的数据有无遗漏，及时对数据进行添加或删除，然后对图表形状样式和布局等内容进行相应的设置，完成对图表的创建与修改。
- 不同的图表类型能够进行的操作可能不同，如二维图表和三维图表就具有不同的格式设置。
- 图表中的数据较多时，应该尽量将所有数据都显示，所以一些非重点的部分，如图表标题、坐标轴标题和数据表格等都可以省略。
- 办公文件讲究简单明了，因此最好使用 Excel 自带的格式作为图表的格式等，除非有特定的要求，否则没有必要设置复杂的格式来影响图表的阅读。

任务实现

（一）创建图表

图表可以将数据表以图例的方式展现出来。创建图表时，首先需要创建或打开数据表，然后根据数据表创建图表。下面介绍如何为"销售分析表.xlsx"工作簿创建图表，其具体操作如下。

微课

创建图表

（1）打开"销售分析表.xlsx"工作簿（配套资源:\素材\项目八\销售分析表.xlsx），选择 A3:F15 单元格区域，在"插入"/"图表"组中单击"插入柱形图或条形图"按钮▮▮，在打开的下拉列表中的"二维柱形图"栏中选择"簇状柱形图"选项。

（2）此时可在当前工作表中创建一个柱形图，图表中显示了各公司每月的销售情况。将鼠标指针移动到图表中的某一系列，即可查看该系列对应的分公司在该月的销售数据，如图 8-32 所示。

> **提示** 在 Excel 2016 中，如果不选择数据而直接插入图表，则图表是空白的。这时可以在"图表工具 设计"/"数据"组中单击"选择数据"按钮▦，打开"选择数据源"对话框，在其中设置与图表数据对应的单元格区域。

（3）在"图表工具 设计"/"位置"组中单击"移动图表"按钮▣，打开"移动图表"对话框，选中"新工作表"单选项，在后面的文本框中输入工作表的名称，这里输入"销售分析图表"文本，单击 确定 按钮。

（4）此时图表将移动到新工作表中，同时图表将自动调整为适合工作表区域的大小，如图 8-33 所示。

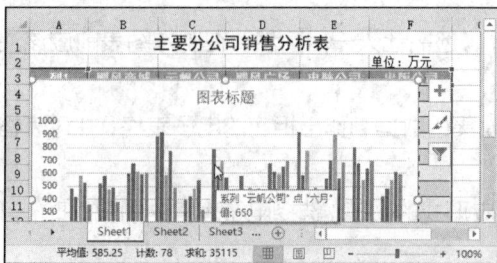

图 8-32 插入图表的效果

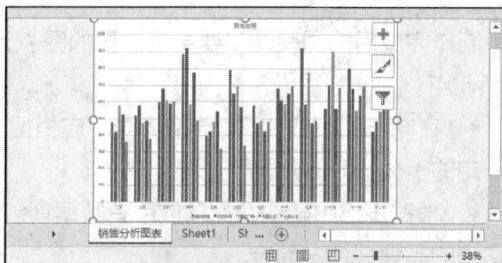

图 8-33 移动图表的效果

（二）编辑图表

编辑图表包括修改图表数据、修改图表类型、设置图表样式、调整图表布局、设置图表格式、调整图表对象的显示与分布等操作，其具体操作如下。

微课

编辑图表

（1）选择创建好的图表，在"图表工具 设计"/"数据"组中单击"选择数据"按钮▦，打开"选择数据源"对话框，单击"图表数据区域"文本框右侧的"收缩"按钮▣，收缩该对话框。

（2）在工作表中选择 A3:E15 单元格区域，单击"展开"按钮▣展开"选择数据源"对话框，在"图例项(系列)"和"水平(分类)轴标签"列表框中可看到修改的数据区域，如图 8-34 所示。

（3）单击 确定 按钮，返回图表，可以看到图表所显示的序列发生了变化，如图 8-35 所示。

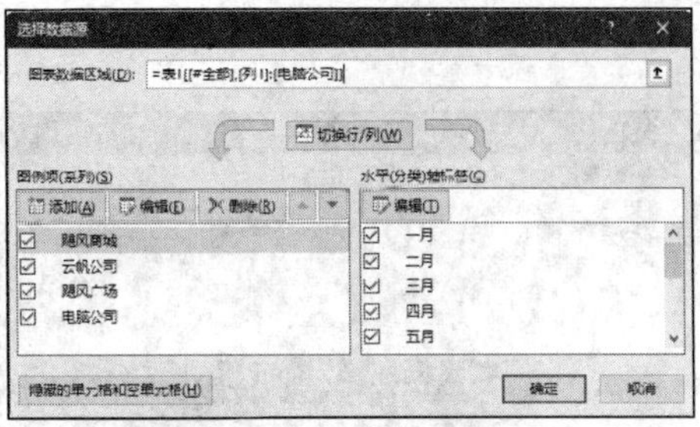

图 8-34　选择数据源

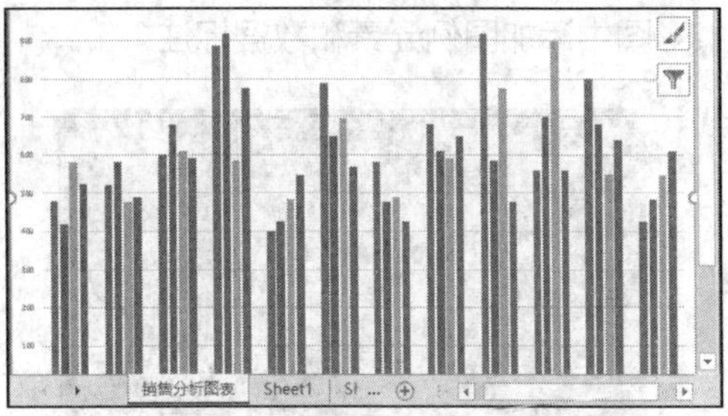

图 8-35　修改图表数据后的效果

（4）在"图表工具设计"/"类型"组中单击"更改图表类型"按钮▥，打开"更改图表类型"对话框，在左侧切换到"条形图"选项卡，在右侧选择"三维簇状条形图"选项，如图 8-36 所示，单击 确定 按钮，更改所选图表的类型与样式。更改类型与样式后，图表中展现的数据并不会发生变化。

（5）在"图表工具设计"/"图表样式"组中单击右侧的"其他"按钮▾，在打开的下拉列表中选择"样式 9"选项，更改所选图表样式。

（6）在"图表工具设计"/"图表布局"组中单击"快速布局"按钮▥，在打开的下拉列表中选择"布局 5"选项。

（7）此时可更改所选图表的布局为同时显示数据表与图表，效果如图 8-37 所示。

（8）在图表区中单击任意一条绿色数据条（如"飓风广场"系列），Excel 将自动选择图表中的所有数据系列，在"图表工具 格式"/"形状样式"组中单击"其他"按钮▾，在打开的下拉列表中选择"强烈效果-橙色，强调颜色 6"选项，图表中该序列的样式会随之发生变化。

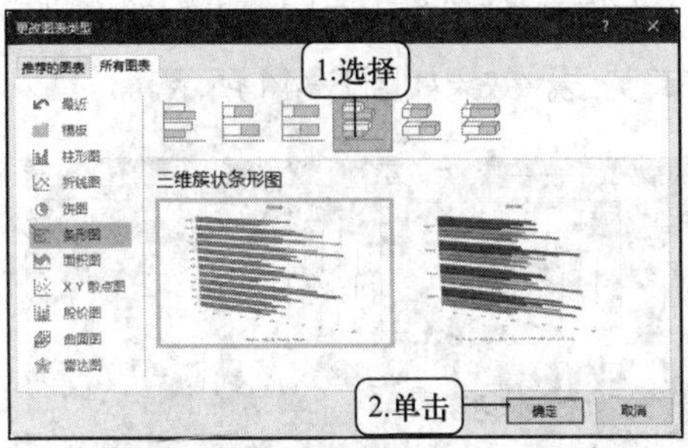

图 8-36　选择图表类型

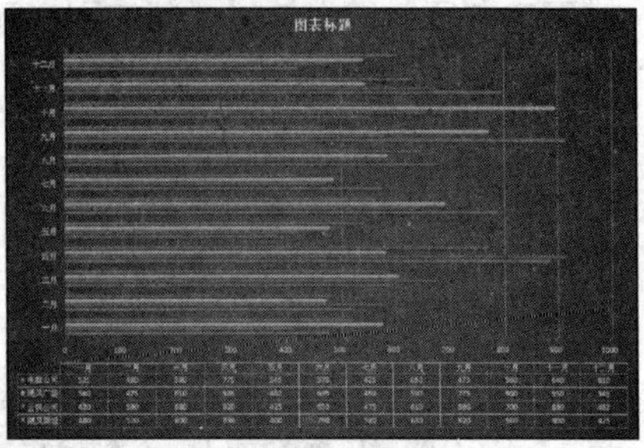

图 8-37　更改图表布局

（9）在"图表工具设计"/"当前所选内容"组中的下拉列表中选择"水平（值）轴 主要网格线"选项，在"图表工具设计"/"形状样式"组的下拉列表中选择一种网格线的样式，这里选择"粗线-强调颜色 3"选项。

（10）在图表空白处单击选择图表，在"图表工具设计"/"形状样式"组中单击"形状填充"按钮▥右侧的下拉按钮▾，在打开的下拉列表中选择"纹理"/"深色木质"选项，完成图表样式的设置，效果如图 8-38 所示。

（11）单击图表上方的图表标题，输入图表标题内容，这里输入"2022 年销售分析表"文本。

（12）在"图表工具 设计"/"图表布局"组中单击"添加图表元素"按钮▥，在打开的下拉列表中选择"坐标轴标题"/"主要纵坐标轴"选项，如图 8-39 所示。

（13）在垂直坐标轴左侧显示坐标轴标题框，单击后输入"销售月份"文本，并使用相同的方

查看删除图表数据

法在条形图中添加图例元素和数据标注。

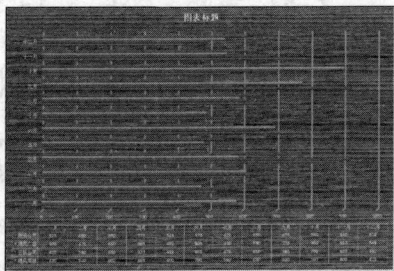

图 8-38　设置图表样式

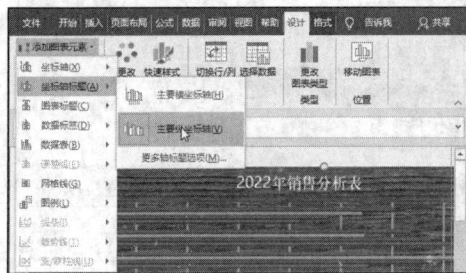

图 8-39　选择坐标轴标题的显示位置

（三）使用趋势线

　　趋势线用于标识图表数据的分布与规律，使用户能够直观地了解数据的变化趋势，或根据数据进行预测分析。下面介绍为"销售分析表.xlsx"工作簿中的图表添加趋势线的方法，其具体操作如下。

　　（1）在"图表工具 设计"/"类型"组中单击"更改图表类型"按钮，打开"更改图表类型"对话框，切换到"柱形图"选项卡，在右侧的"柱形图"栏中选择"簇状柱形图"选项，单击 确定 按钮，如图 8-40 所示。

　　（2）在图表中单击需要设置趋势线的数据系列，这里单击"云帆公司"系列；在"图表工具 设计"/"图表布局"组中单击"添加图表元素"按钮，在打开的下拉列表中选择"趋势线"/"移动平均"选项，为图表中的"云帆公司"数据系列添加趋势线，效果如图 8-41 所示。

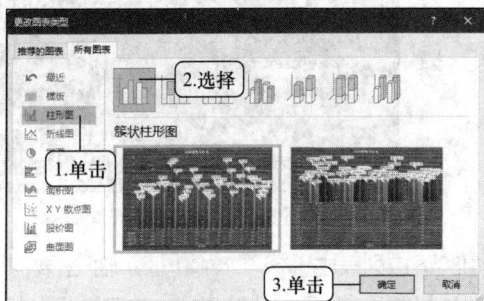

微课

使用趋势线

图 8-40　更改图表类型

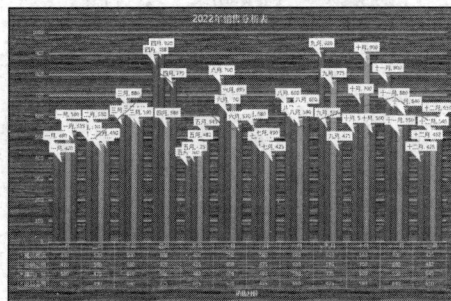

图 8-41　添加趋势线

（四）插入迷你图

　　迷你图不但简洁、美观，而且可以清晰展现数据的变化趋势，并且占用空间也很小，为数据分析工作提供了极大的便利，插入迷你图的具体操作如下。

　　（1）选择"Sheet1"工作表，选择 B16 单元格，在"插入"/"迷你图"组中单击"折线"按钮，打开"创建迷你图"对话框，在"选择所需的数据"栏的"数据范围"文本框中输入飓风商城的数据区域"B4:B15"，然后单击 确定 按

微课

插入迷你图

钮，如图 8-42 所示，返回工作表后，查看插入的迷你图。

（2）选择 B16 单元格，在"迷你图工具 设计"/"显示"组中选中"高点"和"低点"复选框，在"迷你图工具设计"/"样式"组中单击"标记颜色"按钮，在打开的下拉列表中选择"高点"/"红色"选项，如图 8-43 所示。

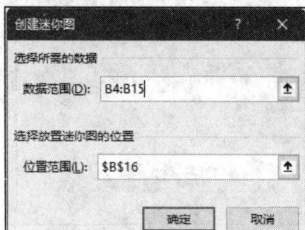

图 8-42　创建迷你图

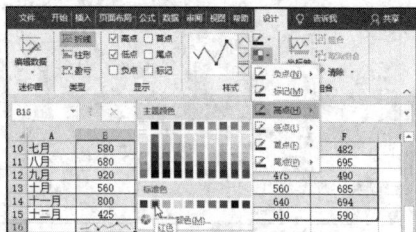

图 8-43　设置高点

（3）用同样的方法将低点设置为"绿色"，拖曳单元格控制柄为其他数据序列快速创建迷你图（配套资源:\效果\项目八\销售分析表.xlsx）。

> **提示**　迷你图无法使用"Delete"键删除，正确的删除方法：选择迷你图后，在"迷你图工具设计"/"分组"组中单击"清除"选项。

课后练习

1. 打开"员工工资明细表.xlsx"工作簿（配套资源:\素材\项目八\员工工资明细表.xlsx），按照下列要求对表格进行操作，参考效果如图 8-44 所示。

图 8-44　"员工工资明细表"工作簿效果

（1）重命名工作表并设置工作表标签的颜色，输入工资表的全部项目，调整工作表的列宽和行高，并设置表格的格式。

（2）引用其他工作表中的单元格数据，并通过公式计算应发工资的合计值。

（3）使用函数与嵌套函数计算个人所得税及实发金额（配套资源:\效果\项目八\员工工资明细表.xlsx）。

查看"员工工资明细表"具体操作

2. 打开"楼盘销售记录表.xlsx"工作簿（配套资源:\素材\项目八\楼盘销售记录表.xlsx），按照下列要求对表格进行操作，参考效果如图8-45所示。

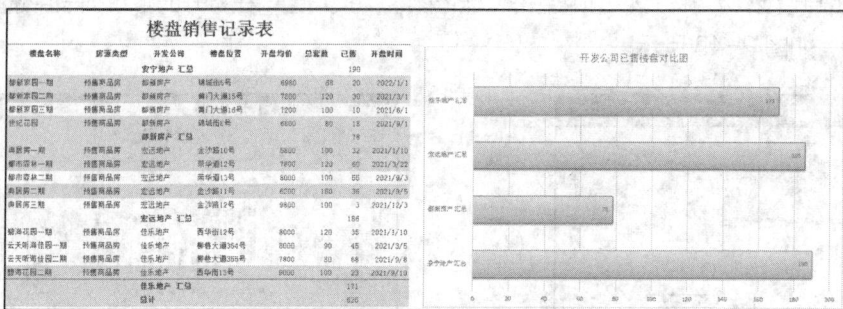

图8-45 "楼盘销售记录表"工作簿效果

（1）对"开发公司"数据序列中的数据进行升序排列；以"开发公司"为分类字段，"求和"为汇总方式，"已售"为汇总项进行分类汇总。

（2）选择2级汇总单元格区域，创建簇状条形图，为其应用"样式4"图表样式，并修改图表颜色为"彩色调色板3"。

（3）修改图表标题为"开发公司已售楼盘对比图"，并将数据标签显示在图表内，最后适当调整图表大小（配套资源:\效果\项目八\楼盘销售记录表.xlsx）。

查看"楼盘销售记录表"具体操作

3. 打开"销售额统计表.xlsx"工作簿（配套资源:\素材\项目八\销售额统计表.xlsx），按照下列要求对表格进行操作，参考效果如图8-46所示。

图8-46 "销售额统计表"工作簿效果

（1）为表格中的数据制作迷你图，主要使用迷你图中的柱形图表示。

（2）迷你图主要表现单行的数据状况，而销售额的状况需要使用图表来表现，创建与编辑柱形图样式的销售额分析图。

（3）创建数据透视表，并对创建后的数据透视表进行编辑操作。

（4）在数据透视表的基础上创建数据透视图，并对数据透视图进行美化操作（配套资源:\效果\项目八\销售额统计表.xlsx）。

查看"销售额统计表"具体操作

项目九
制作演示文稿

09

PowerPoint 作为 Office 的三大核心组件之一，主要用于制作与播放演示文稿，该软件能够应用到各种演讲、演示场合。它可以通过图示、视频和动画等多媒体形式表现复杂的内容，帮助用户制作出图文并茂、富有感染力的演示文稿，使其更容易被观众理解。本项目将通过两个典型任务来介绍制作 PowerPoint 演示文稿的基本操作，包括文件的基本操作、文本的输入与美化，以及插入艺术字、图片、形状、表格和媒体文件等。

学习目标	素养目标
• 制作工作总结演示文稿。 • 编辑国家 5A 级景区介绍演示文稿。	• 培养符合时代要求的信息化办公能力。 • 具备丰富的想象力和灵活的构思能力。

任务一　制作工作总结演示文稿

任务要求

王林大学毕业后应聘到一家公司工作，年底，公司要求员工结合自己的工作情况写一份工作总结，并且在年终总结会议上进行演讲。王林知道用 PowerPoint 来完成这个任务是再合适不过的了，但作为 PowerPoint 的初学者，王林希望尽量通过简单的操作制作出演示文稿。图 9-1 所示为制作完成后的"工作总结"演示文稿，具体要求如下。

图 9-1　"工作总结"演示文稿

• 启动 PowerPoint 2016，新建一个以"视差"为主题的演示文稿，然后以"工作总结.pptx"为文件名保存在桌面上。

- 在标题幻灯片中输入演示文稿的标题和副标题。
- 新建一张"标题和内容"版式的幻灯片，作为演示文稿的目录，再在占位符中输入文本。
- 新建一张"标题和内容"版式的幻灯片，在占位符中输入文本后，添加一个横排文本框，再在文本框中输入文本。
- 新建8张"标题和内容"版式的幻灯片，然后分别在其中输入相应内容。
- 复制第1张幻灯片到最后，然后将第4张幻灯片调整至第6张幻灯片的后面。
- 在第10张幻灯片中移动文本的位置，再复制文本，并修改复制后的文本。
- 在第12张幻灯片中修改标题文本，删除副标题文本。

查看"工作总结"
演示文稿的相关
知识

相关知识

（一）熟悉 PowerPoint 2016 工作界面

选择"开始"/"PowerPoint"命令，或双击计算机中保存的 PowerPoint 2016 演示文稿（其扩展名为.pptx），启动 PowerPoint 2016，并打开 PowerPoint 2016 工作界面，如图 9-2 所示。

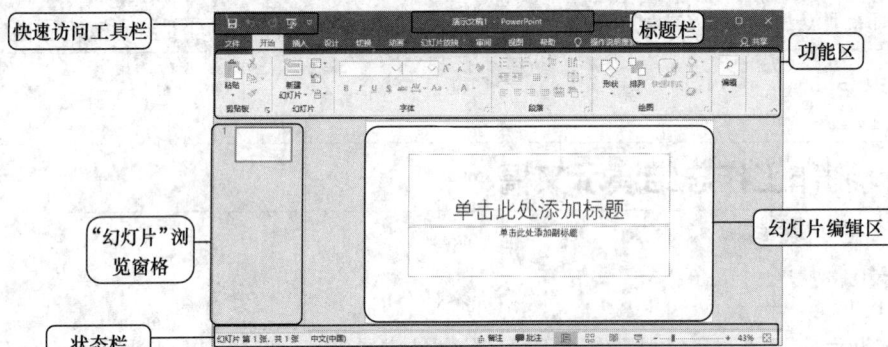

图 9-2　PowerPoint 2016 工作界面

> **提示**　以双击演示文稿的形式启动 PowerPoint 2016，将在启动的同时打开对应演示文稿；以选择命令的方式启动 PowerPoint 2016，将在启动的同时自动生成一个名为"演示文稿1"的空白演示文稿。Microsoft Office 中的软件启动方法类似，用户可触类旁通。

从图 9-2 中可以看出，PowerPoint 2016 的工作界面与 Word 2016 和 Excel 2016 的工作界面基本类似。其中，快速访问工具栏、标题栏、功能区等的结构及作用也很接近（选项卡的名称以及功能区中的按钮会因为软件的不同而不同），下面介绍 PowerPoint 2016 特有的功能。

- 幻灯片编辑区。幻灯片编辑区位于演示文稿编辑区的中心，用于显示和编辑幻灯片的内容。在默认情况下，标题幻灯片中包含一个主标题占位符和一个副标题占位符，内容幻灯片中包含一个标题占位符和一个内容占位符。
- "幻灯片"浏览窗格。"幻灯片"浏览窗格位于幻灯片编辑区的左侧，主要显示当前演示文稿中所有幻灯片的缩略图，单击某张幻灯片的缩略图，可跳转到该幻灯片并在右侧的幻灯片编辑区中显示该幻灯片的内容。

- 状态栏。状态栏位于工作界面的底端，用于显示当前幻灯片的页面信息，它主要由状态提示栏、"备注"按钮 ≜、"批注"按钮 💬、视图切换按钮组 🔲 🟦 🗐 🖵 、显示比例栏和最右侧的 🔲 按钮 6 部分组成。其中，单击"备注"按钮 ≜ 和"批注"按钮 💬，可以为幻灯片添加备注和批注内容，为演示者的演示作提醒说明；用鼠标拖曳显示比例栏中的缩放比例滑块，可以调节幻灯片的显示比例。单击状态栏最右侧的 🔲 按钮，可以使幻灯片的显示比例自动适应当前窗口的大小。

（二）认识演示文稿与幻灯片

演示文稿和幻灯片是相辅相成的两个部分，也是包含与被包含的关系，演示文稿由幻灯片组成，而每张幻灯片又有自己独立表达的主题。

演示文稿由"演示"和"文稿"两个词语组成，这说明它是用于演示某种效果而制作的文档，主要应用于会议、产品展示和教学课件等领域。

（三）认识 PowerPoint 视图

PowerPoint 2016 为用户提供了普通视图、幻灯片浏览视图、幻灯片放映视图、阅读视图和备注页视图 5 种视图模式，在工作界面下方的状态栏中单击相应的视图切换按钮或在"视图"/"演示文稿视图"组中单击相应的视图切换按钮可进入相应的视图。各视图的功能分别如下。

- 普通视图。普通视图是 PowerPoint 2016 默认的视图模式，打开演示文稿便可进入普通视图，单击"普通视图"按钮 🔲 也可切换到普通视图。在普通视图中，可以对幻灯片的总体结构进行调整，也可以对单张幻灯片进行编辑，是编辑幻灯片最常用的视图模式。

- 幻灯片浏览视图。单击"幻灯片浏览"按钮 🟦 可进入幻灯片浏览视图。在该视图中可以浏览演示文稿中所有幻灯片的整体效果，并且可以对其整体结构进行调整，如调整演示文稿的背景、移动或复制幻灯片等，但是不能编辑幻灯片中的内容。

- 幻灯片放映视图。单击"幻灯片放映"按钮 🖵 可进入幻灯片放映视图。进入幻灯片放映视图后，幻灯片将按放映设置进行全屏放映，在放映视图中，可以浏览每张幻灯片的放映情况，测试幻灯片中插入的动画和声音效果，并可控制放映过程。

- 阅读视图。单击"阅读视图"按钮 🗐 可进入幻灯片阅读视图。进入阅读视图后，可以在当前计算机上以窗口方式查看演示文稿的放映效果，单击"上一张"按钮 ◉ 和"下一张"按钮 ◉ 可切换幻灯片。

- 备注页视图。在"视图"/"演示文稿视图"组中单击"备注页"按钮 🔲，可进入备注页视图。备注页视图将"备注"窗格以整页的形式进行查看和使用，在备注页视图中可以更加方便地编辑备注内容。

（四）演示文稿的基本操作

启动 PowerPoint 2016 后，就可以对 PowerPoint 文件（即演示文稿）进行操作了，由于 Office 软件具有共通性，演示文稿的操作与 Word 文档的操作也有一定的相似之处。

1. 新建演示文稿

新建演示文稿的方法很多，如新建空白演示文稿、利用模板新建演示文稿等，用户可根据实际需求进行选择。

- 新建空白演示文稿。启动 PowerPoint 2016 后，在打开的界面中选择"空白演示文稿"选项，可新建一个名为"演示文稿 1"的空白演示文稿。另外，选择"文件"/"新建"命令，打开"新建"列表，其中显示了多种演示文稿类型，此时选择"空白演示文稿"选项，也可新建一个空白演示文稿，还可以直接按"Ctrl+N"组合键新建空白演示文稿。

- 利用模板新建演示文稿。PowerPoint 2016 提供了 20 多种模板，用户可在预设模板的基础上快速新建带有内容的演示文稿。选择"文件"/"新建"命令，在打开的"新建"列表中选择所需的模板选项，然后单击"创建"按钮 □，便可新建该模板样式的演示文稿。

2. 打开演示文稿

当用户需要对演示文稿进行编辑、查看或放映操作时，首先应将其打开。打开演示文稿的方法主要包括以下 4 种。

- 打开演示文稿。启动 PowerPoint 2016 后，选择"文件"/"打开"命令或按"Ctrl+O"组合键，打开"打开"界面，在其中选择打开方式后，打开"打开"对话框，在其中选择需要打开的演示文稿，然后单击 打开(O) ▼ 按钮。

- 打开最近使用的演示文稿。PowerPoint 2016 提供了记录最近打开的演示文稿的功能，如果想打开最近打开过的演示文稿，可选择"文件"/"打开"命令，在"打开"界面的"最近"列表中查看最近打开的演示文稿，选择需打开的演示文稿将其打开。

- 以只读方式打开演示文稿。如果用户想要以只读方式打开演示文稿，则可以打开"打开"对话框，在其中选择需要打开的演示文稿，单击 打开(O) ▼ 按钮右侧的下拉按钮 ▼，在打开的下拉列表中选择"以只读方式打开"选项。此时，打开的演示文稿标题栏中将显示"只读"字样。以只读方式打开的演示文稿在进行编辑后，不能直接进行保存操作。

- 以副本方式打开演示文稿。以副本方式打开演示文稿是指将演示文稿作为副本打开，在副本中进行编辑后，不会影响源文件的内容。在打开的"打开"对话框中选择需打开的演示文稿后，单击 打开(O) ▼ 按钮右侧的下拉按钮 ▼，在打开的下拉列表中选择"以副本方式打开"选项，此时演示文稿标题栏中将显示"副本"字样。

3. 保存演示文稿

制作好的演示文稿应及时保存在计算机中，同时用户应根据需要选择不同的保存方式。保存演示文稿的方法有很多，下面分别进行介绍。

- 直接保存演示文稿。直接保存演示文稿是最常用的保存方法，选择"文件"/"保存"命令或单击快速访问工具栏中的"保存"按钮 □，打开"另存为"界面，在右侧选择保存位置，打开"另存为"对话框，在其中输入文件名后，单击 保存(S) 按钮完成保存。当执行过一次保存操作后，再次选择"文件"/"保存"命令或单击"保存"按钮 □，可将两次保存操作之间编辑的内容再次保存。

- 另存为演示文稿。若不想改变原有演示文稿中的内容，可通过"另存为"命令将演示文稿另存为一个新的文件，并保存在其他位置或更改其名称。选择"文件"/"另存为"命令，在打开的"另存为"界面中进行操作。

- 另存为模板演示文稿。使用模板可提高制作演示文稿的速度。选择"文件"/"保存"命令，在打开的界面中设置保存位置后，打开"另存为"对话框，在"保存类型"下拉列表中选择"PowerPoint 模板"选项，单击 保存(S) 按钮。

- 保存为低版本演示文稿。如果希望保存的演示文稿可以在 PowerPoint 97 或 PowerPoint 2003 中打开或编辑，应将其保存为低版本。在"另存为"对话框的"保存类型"下拉列表中选择"PowerPoint 97-2003 演示文稿"选项，其余操作与直接保存演示文稿的操作相同。

- 自动保存演示文稿。选择"文件"/"选项"命令，打开"PowerPoint 选项"对话框，切换到"保存"选项卡，在"保存演示文稿"栏中选中前两个复选框，然后在"保存自动恢复信息时间间隔"复选框后面的数值微调框中输入自动保存的时间间隔，在"自动恢复文件位置"文本框中输入文件未保存就关闭时的临时保存位置，单击 确定 按钮。

4. 关闭演示文稿

当不再需要对演示文稿进行操作后，可将其关闭，关闭演示文稿的常用方法有以下 3 种。

- 通过单击按钮关闭。单击 PowerPoint 2016 工作界面标题栏右侧的"关闭"按钮 ⊠，关闭演示文稿并退出 PowerPoint 程序。

- 通过快捷菜单关闭。在 PowerPoint 2016 工作界面标题栏上单击鼠标右键，在弹出的快捷菜单中选择"关闭"命令。

- 通过快捷键关闭。按"Alt+F4"组合键。

（五）幻灯片的基本操作

幻灯片是演示文稿的重要组成部分，因为一个演示文稿一般由多张幻灯片组成，所以操作幻灯片就成了 PowerPoint 2016 中编辑演示文稿最主要的操作之一。

1. 新建幻灯片

在新建空白演示文稿或根据模板新建演示文稿时，一般默认只有一张幻灯片，不能满足实际的编辑需要，因此需要用户手动新建幻灯片。新建幻灯片的方法主要有以下两种。

- 在"幻灯片"浏览窗格中新建。在"幻灯片"浏览窗格中的空白区域或是已有的幻灯片上单击鼠标右键，在弹出的快捷菜单中选择"新建幻灯片"命令。

- 通过"开始"/"幻灯片"组新建。在普通视图或幻灯片浏览视图中选择一张幻灯片，在"开始"/"幻灯片"组中单击"新建幻灯片"按钮 ▤ 下方的下拉按钮 ，在打开的下拉列表中选择一种幻灯片版式。

2. 应用幻灯片版式

如果对新建的幻灯片版式不满意，可进行更改。在"开始"/"幻灯片"组中单击"版式"按钮 ▤ 右侧的下拉按钮 ，在打开的下拉列表中选择一种幻灯片版式，将其应用于当前幻灯片。

3. 选择幻灯片

选择幻灯片是编辑幻灯片的前提，选择幻灯片主要有以下 3 种方法。

- 选择单张幻灯片。在"幻灯片"浏览窗格中单击幻灯片缩略图可选择单张幻灯片。

- 选择多张幻灯片。在幻灯片浏览视图或"幻灯片"浏览窗格中按住"Shift"键并单击幻灯片可选择多张连续的幻灯片，按住"Ctrl"键并单击幻灯片可选择多张不连续的幻灯片。

- 选择全部幻灯片。在幻灯片浏览视图或"幻灯片"浏览窗格中按"Ctrl+A"组合键，可选择全部幻灯片。

4. 移动和复制幻灯片

当需要调整某张幻灯片的顺序时，可直接移动该幻灯片。当需要使用某张幻灯片中已有的版式或内容时，可直接复制该幻灯片进行更改，以提高工作效率。移动和复制幻灯片的方法主要有以下3种。

● 通过拖曳鼠标。选择需移动的幻灯片，按住鼠标左键不放拖曳到目标位置后释放鼠标完成移动操作；选择幻灯片，按住 Ctrl 键并拖曳到目标位置，完成幻灯片的复制操作。

● 通过快捷菜单中的命令。选择需移动或复制的幻灯片，在其上单击鼠标右键，在弹出的快捷菜单中选择"剪切"或"复制"命令；定位到目标位置，单击鼠标右键，在弹出的快捷菜单中选择"粘贴"命令，完成幻灯片的移动或复制。

● 通过快捷键。选择需移动或复制的幻灯片，按"Ctrl+X"组合键（剪切）或"Ctrl+C"组合键（复制），然后在目标位置按"Ctrl+V"组合键进行粘贴，完成移动或复制操作。另外，在"幻灯片"浏览窗格或幻灯片浏览视图中选择幻灯片，用同样的快捷键操作，也可完成移动或复制操作。

5. 删除幻灯片

在"幻灯片"浏览窗格或幻灯片浏览视图中均可删除幻灯片，其方法介绍如下。

● 选择要删除的幻灯片，然后单击鼠标右键，在弹出的快捷菜单中选择"删除幻灯片"命令。

● 选择要删除的幻灯片，按"Delete"键。

任务实现

（一）新建并保存演示文稿

下面将新建一个主题为"视差"的演示文稿，然后以"工作总结.pptx"为文件名保存在计算机桌面上，其具体操作如下。

（1）选择"开始"/"PowerPoint"命令，启动 PowerPoint 2016。

（2）选择"文件"/"新建"命令，在"搜索联机模板"搜索框下方单击"主题"超链接，在打开的界面中选择"视差"选项，如图9-3所示，在打开的对话框中单击"创建"按钮，从互联网上下载该模板，然后通过该模板创建演示文稿。

微课
新建并保存演示文稿

（3）在快速访问工具栏中单击"保存"按钮，打开"另存为"界面，在其中选择保存位置为"这台电脑"选项中的"桌面"选项，打开"另存为"对话框，在"文件名"下拉列表框中输入"工作总结"文本，在"保存类型"下拉列表中选择"PowerPoint 演示文稿"选项，然后单击 保存(S) 按钮，如图9-4所示。

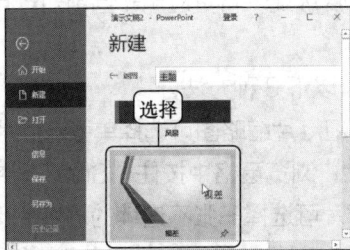

图9-3 选择模板

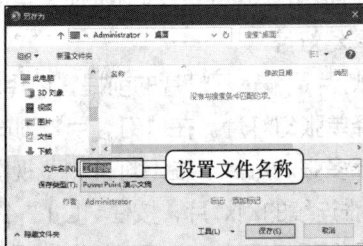

图9-4 设置保存参数

（二）新建幻灯片并输入文本

下面将制作前两张幻灯片，首先在标题幻灯片中输入主标题和副标题文本，然后新建第 2 张幻灯片，设置其版式为"内容与标题"，再在各占位符中输入演示文稿的目录内容，其具体操作如下。

（1）新建的演示文稿中有一张标题幻灯片，在"单击此处添加标题"占位符中单击，其中的文字将自动消失，切换到中文输入法，输入"工作总结"文本。

（2）在"单击此处添加副标题"占位符中单击，然后输入"2022 年度 技术部王林"文本，如图 9-5 所示。

（3）在"幻灯片"浏览窗格中将鼠标指针定位到标题幻灯片后，在"开始"/"幻灯片"组中单击"新建幻灯片"按钮▤下方的下拉按钮 ，在打开的下拉列表中选择"标题和内容"选项，新建一张"标题和内容"版式的幻灯片。

（4）在各占位符中输入图 9-6 所示的文本，在"单击此处添加文本"占位符中输入文本时，系统默认在文本前添加项目符号，用户无须手动添加，按"Enter"键对文本进行分段，完成第 2 张幻灯片的制作。

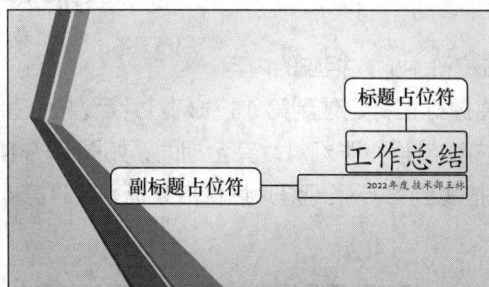

微课

新建幻灯片并
输入文本

图 9-5　制作标题幻灯片

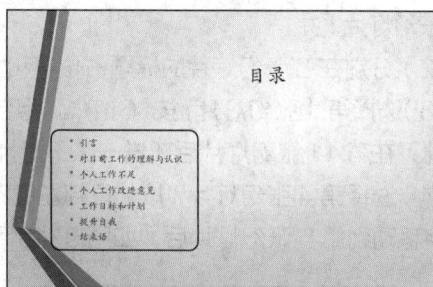

图 9-6　输入文本

（三）文本框的使用

下面制作第 3 张幻灯片，新建一张版式为"标题和内容"的幻灯片，在占位符中输入内容，并删除文本占位符前的项目符号，再在幻灯片右上角插入一个横排文本框，在其中输入文本内容，其具体操作如下。

（1）在"幻灯片"浏览窗格中将鼠标指针定位到第 2 张幻灯片后，在"开始"/"幻灯片"组中单击"新建幻灯片"按钮▤下方的下拉按钮 ，在打开的下拉列表中选择"标题和内容"选项，新建一张幻灯片，如图 9-7 所示。

（2）在标题占位符中输入"引言"文本，将鼠标指针定位到文本占位符中，按"Backspace"键，删除文本插入点前的项目符号。

（3）在文本框中输入"引言"文本下的文本内容，在"插入"/"文本"组中单击"文本框"按钮▤下方的下拉按钮 ，在打开的下拉列表中选择"绘制横排文本框"选项。

（4）此时鼠标指针呈↓形状，移动鼠标指针到幻灯片右下角，单击定位文本插入点，输入文本

微课

文本框的使用

"帮助、感恩、成长"，效果如图9-8所示。

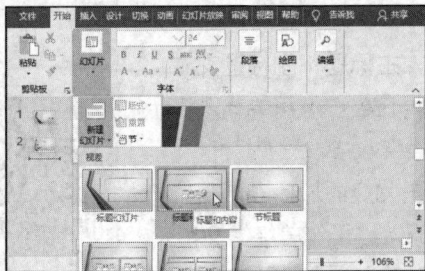

图9-7　选择新建幻灯片版式

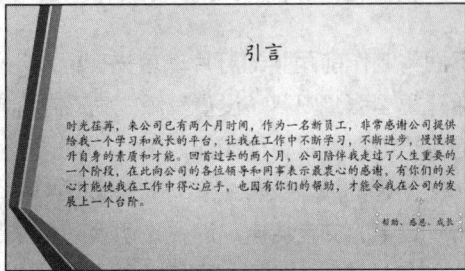

图9-8　第3张幻灯片的效果

（四）复制并移动幻灯片

下面将制作第4~12张幻灯片，首先新建8张版式为"标题和内容"的幻灯片，然后分别在其中输入需要的内容，再复制第1张幻灯片到最后，最后调整第4张幻灯片到第6张幻灯片的后面，其具体操作如下。

（1）在"幻灯片"浏览窗格中选择第3张幻灯片，按"Enter"键8次，新建8张幻灯片。

（2）分别在8张幻灯片的标题占位符和文本占位符中输入相应的内容。

（3）选择第1张幻灯片，按"Ctrl+C"组合键，将鼠标指针定位到第11张幻灯片后，按"Ctrl+V"组合键，在第11张幻灯片后新增一张幻灯片，其内容与第1张幻灯片完全相同，如图9-9所示。

（4）选择第4张幻灯片，按住鼠标左键不放，拖曳到第6张幻灯片后释放鼠标，此时第4张幻灯片将移动到第6张幻灯片后，如图9-10所示。

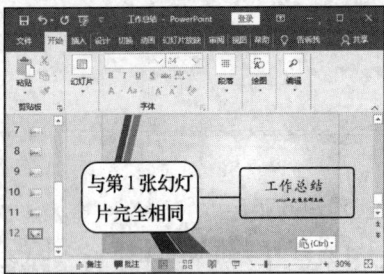

图9-9　复制幻灯片

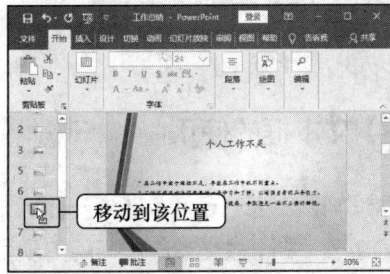

图9-10　移动幻灯片

（五）编辑文本

下面将编辑第10张和第12张幻灯片，首先在第10张幻灯片中移动文本的位置，复制文本并修改其内容，然后在第12张幻灯片中修改主标题文本，再删除副标题文本，其具体操作如下。

（1）选择第10张幻灯片，在右侧幻灯片编辑区中拖曳鼠标选择第1段和第2段文本，按住鼠标左键不放，此时鼠标指针变为 形状，拖曳鼠标到第4段文本

前，如图 9-11 所示。将选择的第 1 段和第 2 段文本移动到第 4 段文本前。

（2）选择第 4 段文本，按"Ctrl+C"组合键或在选择的文本上单击鼠标右键，在弹出的快捷菜单中选择"复制"命令。

（3）在第 5 段文本前单击，按"Ctrl+V"组合键或单击鼠标右键，在弹出的快捷菜单中选择"粘贴"命令，将被选择的第 4 段文本复制到第 5 段前，使其成为新的第 5 段文本，如图 9-12 所示。

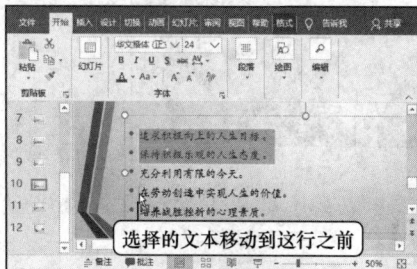

图 9-11　移动文本

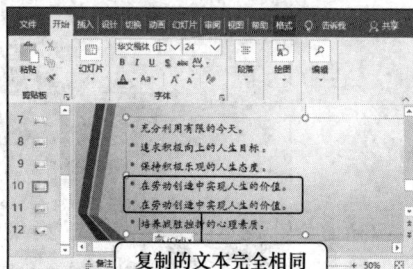

图 9-12　复制文本

（4）将鼠标指针定位到复制后的第 5 段文本的"中"字后，输入"找到工作的乐趣"文本，然后选择"实现人生价值"文本，按"Delete"键删除该文本，最终效果如图 9-13 所示。

（5）选择第 12 张幻灯片，在幻灯片编辑区中选择原来的标题"工作总结"文本，更改为文本"谢谢"。

（6）选择副标题文本，如图 9-14 所示，按"Delete"键或"Backspace"键删除，完成制作（配套资源:\素材\项目九\工作总结.pptx）。

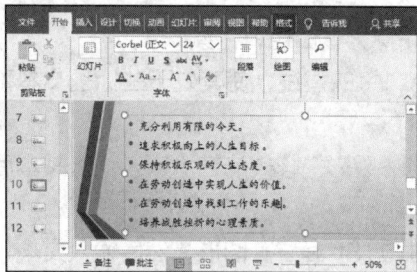

图 9-13　增加和删除文本

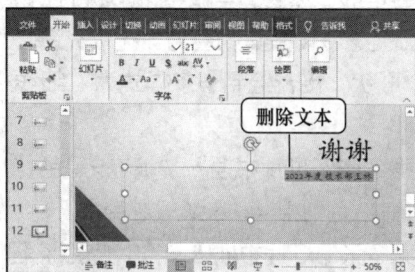

图 9-14　删除文本

> **提示**　在副标题占位符中删除文本后，将显示"单击此处添加副标题"文本，此时可不理会，在放映时将不会显示其中的内容。用户也可选择该占位符，按"Delete"键将其删除。

任务二　编辑国家 5A 级景区介绍演示文稿

任务要求

为了加强同事之间的交流和沟通，促进公司的团结协作，增强集体凝聚力，公司决定集体出游

5 天，现要求王林制作一份国家 5A 级景区介绍演示文稿，介绍景区的同时便于从中选出出游的地点。图 9-15 所示为制作完成后的"国家 5A 级景区介绍"演示文稿效果，具体要求如下。

图 9-15 "国家 5A 级景区介绍"演示文稿效果

- 新建并保存"国家 5A 级景区介绍"演示文稿，在第 1 张幻灯片中输入主标题文本和副标题文本，再分别设置主标题和副标题的格式。
- 在第 2 张幻灯片中插入一个文本框，在文本框中输入"九寨沟"文本，设置字号为"32"，然后复制、粘贴多个文本框，并修改文本框中文本的字号。
- 在第 1~8 张幻灯片中插入素材图片，然后适当调整图片的大小。
- 在第 1 张幻灯片中插入一个颜色为"白色，背景 1，深色 5%"，轮廓为"无轮廓"的矩形，然后适当调整该形状的旋转角度。
- 复制矩形，设置其颜色为"无填充颜色"，轮廓为"白色，背景 1"，再组合这两个形状，接着绘制一条样式为"细线-深色 1"的直线，使其位于主标题文本和副标题文本的中间。
- 在第 3 张幻灯片中插入"填充-黑色，文本 1，阴影"样式的艺术字，输入文本后，设置其格式，再将其粘贴到第 4~8 张幻灯片中。
- 在第 6 张幻灯片中插入"图片重点流程"样式的 SmartArt 图形，然后输入文本，并设置文本字号为"18"。
- 在 SmartArt 图形中添加图片，并更改其颜色为"彩色-个性色"。
- 复制第 1 张幻灯片并将其粘贴至最后，再将幻灯片中的"旅游景区介绍"文本修改为"谢谢观看！"文本。
- 在第 1 张幻灯片中插入一个跨幻灯片循环播放的音乐文件，并设置声音图标在播放时不显示。

查看"国家 5A 级景区介绍"相关知识

相关知识

（一）幻灯片文本设计原则

文本是制作演示文稿最重要的元素之一，文本不仅要设计美观，而且要符合观众需求，如根据演示文稿的类型设置文本的字体，为了方便用户观看，应设置相对较大的字号等。

1. 字体设计原则

字体搭配效果与演示文稿的阅读性和感染力息息相关。实际上，字体设计也有一定的原则可循，下面介绍 5 种常见的字体设计原则。

- 幻灯片标题最好选用容易阅读的较粗的字体，正文则使用比标题细的字体，以区分主次。
- 在搭配字体时，标题和正文尽量选用常用的字体，而且要考虑标题字体和正文字体的搭配效果。
- 在演示文稿中若要使用英文字体，可选择 Arial 与 Times New Roman 两种英文字体。
- PowerPoint 不同于 Word，其正文内容不宜过多，正文中只需列出较重点的标题，其余的扩展内容可留给演讲者临场发挥。
- 在商业培训等较正式场合，可使用较正规的字体，如标题使用方正粗宋简体、黑体和方正综艺简体等，正文可使用微软雅黑、方正细黑简体和宋体等；在一些相对轻松的场合，字体可随意一些，如使用方正粗倩简体、楷体（加粗）和方正卡通简体等。

2. 字号设计原则

在演示文稿中，字号不仅会影响观众接受信息的体验，还会从侧面反映出演示文稿的专业度，因此，字号的设计也非常重要。

字号的设计需根据演示文稿演示的场合和环境来决定，因此在选用字号时要注意以下两点。

- 如果演示的场合较大，观众较多，那么幻灯片中文字的字号就应该较大，以保证最远位置的观众都能看清幻灯片中的文字。此时，标题建议使用 36 号以上的字号，正文使用 28 号以上的字号。为了保证观众更易查看，一般情况下，演示文稿中的字号不应小于 20 号。
- 同类型和同级别的标题和文本内容要设置为相同的字号，这样可以保证内容的连贯性与文本的统一性，让观众能更容易将信息归类，也更容易理解和接受信息。

> **注意** 除了字体、字号之外，对文本显示影响较大的元素还有颜色，文本一般使用与背景颜色反差较大的颜色，以方便查看。另外，一个演示文稿中的文本最好用统一的颜色，只有需重点突出的文本才使用其他颜色。

（二）幻灯片对象布局原则

幻灯片中除了文本之外，还包含图片、形状和表格等对象。在幻灯片中合理、有效地将这些元素布局在各张幻灯片中，不仅可以提高演示文稿的表现力，还可以提高演示文稿的说服力。幻灯片中的各个对象在分布排列时，应遵循以下 5 个原则。

- 画面平衡。布局幻灯片时应尽量保持幻灯片页面的平衡，以避免左重右轻、右重左轻及头重脚轻的现象，使整个幻灯片画面更加协调。
- 布局简单。虽然说一张幻灯片是由多种对象组合在一起的，但在一张幻灯片中对象的数量不宜过多，否则幻灯片就会显得很拥挤，不利于传递信息。
- 统一和谐。同一演示文稿中各张幻灯片标题文本的位置、文字采用的字体、字号、颜色和页边距等应尽量统一，不能随意设置，以免破坏幻灯片的整体效果。

- 强调主题。要想使观众快速、深刻地对幻灯片中表达的内容产生共鸣，可通过颜色、字体以及样式等，强调幻灯片中要表达的核心部分和内容，以引起观众注意。
- 内容简练。幻灯片只是辅助演讲者传递信息的一种方式，且人在短时间内可接收并记忆的信息量并不多，因此，在一张幻灯片中只需列出要点或核心内容。

任务实现

（一）设置幻灯片中的文本格式

为了使演示文稿的效果更加美观，通常需要设置幻灯片中的文本格式，下面将制作"国家 5A 级景区介绍"演示文稿，并设置前两张幻灯片中文本的格式，其具体操作如下。

（1）选择"开始"/"PowerPoint"命令，启动 PowerPoint 2016，在打开的界面中选择"空白演示文稿"选项，新建一个名为"演示文稿 1"的演示文稿。

（2）在快速访问工具栏中单击"保存"按钮 ，打开"另存为"界面，选择"浏览"选项。

（3）打开"另存为"对话框，在"地址栏"下拉列表中选择演示文稿的保存路径，在"文件名"文本框中输入"国家 5A 级景区介绍"文本，在"保存类型"下拉列表中选择"PowerPoint 演示文稿(*.pptx)"选项，然后单击 保存(S) 按钮，保存演示文稿。

（4）在"幻灯片"浏览窗格中选择第 1 张幻灯片缩略图，按"Enter"键新建一张幻灯片，新建的幻灯片版式默认为"标题和内容"。

（5）在"开始"/"幻灯片"组中单击"新建幻灯片"按钮 下方的下拉按钮 ，在打开的下拉列表中选择"空白"选项，如图 9-16 所示，新建一张"空白"版式的幻灯片。

（6）选择第 1 张幻灯片，将文本插入点定位到"单击此处添加标题"占位符中，占位符中的文本将自动消失。切换到中文输入法，输入"旅游景区介绍"文本。选择文本，在"开始"/"字体"组中单击"加粗"按钮 ，加粗显示该文本。

（7）将文本插入点定位到"单击此处添加副标题"占位符中，输入"国家 5A 级景区（四川）"文本，然后在第 2 张幻灯片的"单击此处添加标题"占位符中输入"目录"文本，并设置该文本格式为"加粗"，如图 9-17 所示。

图 9-16　新建"空白"版式的幻灯片

图 9-17　编辑第 1、2 张幻灯片

> **提示** 要想更细致地设置字体格式，可以打开"字体"对话框。其打开方法：在"开始"/"字体"组中单击右下角的"对话框启动器"按钮，打开"字体"对话框，在"字体"选项卡中设置字体格式，在"字符间距"选项卡中设置字符与字符之间的距离。

（二）插入文本框

除了可以在演示文稿的占位符中输入文本外，还可在文本框中输入文本。在编辑"国家 5A 级景区介绍"演示文稿的第 2 张幻灯片时，可以添加文本框，在文本框中输入目录的具体内容，其具体操作如下。

（1）选择第 2 张幻灯片，在"插入"/"文本"组中单击"文本框"按钮，在打开的下拉列表中选择"横排文本框"选项，在幻灯片中拖曳绘制文本框。

（2）在文本框中输入"九寨沟"文本，设置文本字号为"32"。

（3）将文本插入点定位到"单击此处添加文本"占位符中，在其中输入文本，并设置文本字号为"16"，然后选择该文本所在的文本框，将鼠标指针移到文本框的边框线上，当鼠标指针变成形状时，按住鼠标左键拖曳该文本框到"九寨沟"文本的下方，再调整文本框的大小。

（4）拖曳鼠标框选"九寨沟"文本框和其下方的文本框，按"Ctrl+C"组合键复制文本框，按"Ctrl+V"组合键粘贴文本框，然后修改文本框中的内容，并将其拖曳到合适位置，再粘贴两次文本框，修改文本框中的文本，效果如图 9-18 所示。

（5）选择"目录"文本所在的文本框，在"开始"/"段落"组中单击"文字方向"按钮，在打开的下拉列表中选择"竖排"选项，如图 9-19 所示，设置该文本的显示方向。

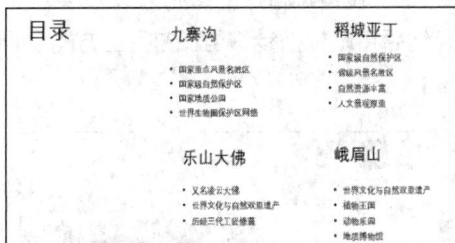

图 9-18　复制文本框并修改其中的文本

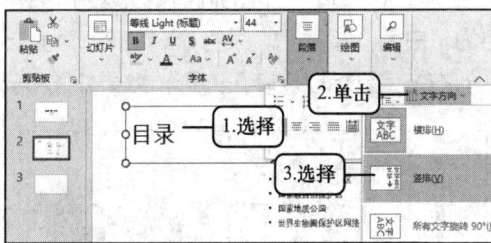

图 9-19　设置文本竖排显示

（三）插入图片

图片可以起到美化演示文稿的作用，并辅助文本说明演示文稿的内容。在"国家 5A 级景区介绍"演示文稿中添加图片，可以使演示文稿图文并茂，其具体操作如下。

（1）选择第 1 张幻灯片，在"插入"/"图像"组中单击"图片"按钮，打开"插入图片"对话框，选择"封面.png"素材图片（配套资源:\素材\项目九\景区介绍\封面.png），然后单击 插入(S) 按钮，如图 9-20 所示。

（2）将图片拖曳到幻灯片右上角，然后将鼠标指针放在图片左下角的控制点上，向左下方拖曳以放大图片。

（3）选择图片，在"图片工具 格式"/"排列"组中单击"下移一层"按钮 □下方的下拉按钮 ▾，在打开的下拉列表中选择"置于底层"选项，如图9-21所示。

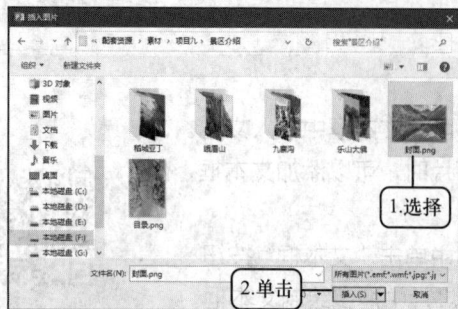

图9-20　插入图片

图9-21　设置图片的排列顺序

（四）插入形状

形状是PowerPoint提供的基础图形，通过基础图形的绘制、组合，有时可达到比图片更好的效果。下面将在"国家5A级景区介绍"演示文稿中插入形状，其具体操作如下。

（1）选择第1张幻灯片，在"插入"/"插图"组中单击"形状"按钮 ，在打开的下拉列表中选择"矩形"选项，如图9-22所示。

（2）按住"Shift"键的同时拖曳鼠标，绘制一个正方形，设置正方形的填充颜色为"白色，背景1，深色5%"，轮廓为"无轮廓"，然后将鼠标指针移至正方形上方的 图标上，向右拖曳鼠标以旋转正方形，效果如图9-23所示。

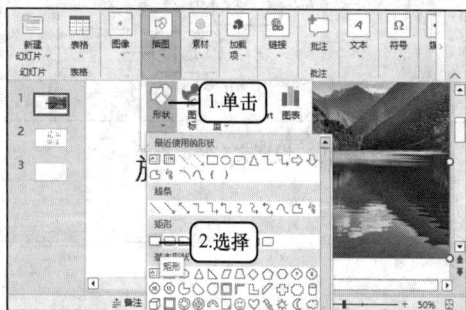

图9-22　选择"矩形"选项

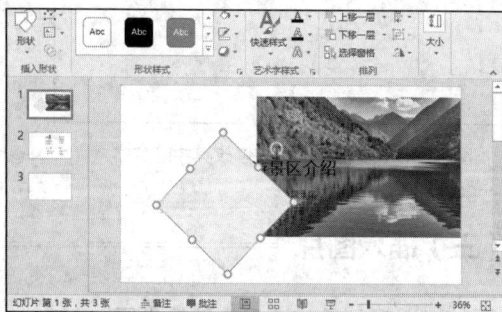

图9-23　绘制并编辑形状

（3）按"Ctrl+C"组合键复制该正方形，再按"Ctrl+V"组合键粘贴该正方形。设置粘贴得到的正方形的填充颜色为"无填充颜色"，轮廓为"白色，背景1"。适当调整两个正方形的位置，按"Ctrl+G"组合键将它们组合在一起，并将其调整到文本的下一层。

（4）将文本移动到组合形状的上层，将"旅游景区介绍"文本的字号设置为"48"，使其能完整显示在组合形状中。适当调整组合形状与文本的位置，然后使用相同的方法在"旅游景区介绍"和"国家5A级景区（四川）"文本的中间绘制一条直线，设置直线的样式为"细线-深色1"，效果如图9-24所示。

（5）使用相同的方法，在第2张幻灯片中插入"目录.png"素材图片（配套资源:\素材\项目九\景区介绍\目录.png），调整其大小并将其放置在幻灯片的左侧。在图片上层绘制一个圆角矩形，设置圆角矩形的填充颜色为"白色，背景1"，轮廓为"无轮廓"。复制圆角矩形，再粘贴圆角矩形，设置粘贴得到的圆角矩形的填充颜色为"无填充颜色"，轮廓为"黑色，文字1，淡色50%"。将"目录"文本移动到圆角矩形上层，调整文本框的大小，并设置文本对齐方式为"两端对齐"。

（6）选择第1张幻灯片中的组合形状，按"Ctrl+C"组合键复制该组合形状。选择第2张幻灯片，按"Ctrl+V"组合键粘贴该组合形状，将其填充颜色修改为"橙色"。调整组合形状的大小，绘制横排文本框，输入文本"1"，设置文本颜色为"白色，背景1"。选择组合形状和文本框，复制并粘贴3次，然后将它们依次放到"九寨沟""稻城亚丁""乐山大佛""峨眉山"文本前。修改组合形状中的文本，最后适当调整文本和组合形状的位置，效果如图9-25所示。

图9-24　绘制并设置直线

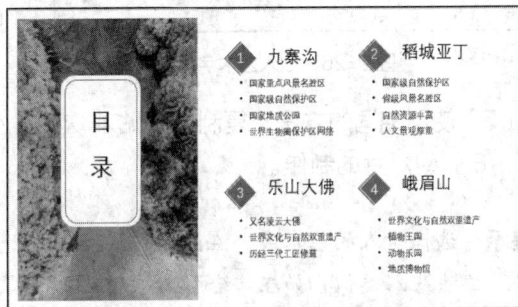

图9-25　调整文本与组合形状

提示　选择图形后，在拖曳鼠标的同时按住"Ctrl"键是为了复制图形，按住"Shift"键则是为了使复制的图形与被选择的图形在同一个方向（平行或垂直）显示，从而使最终制作完成的图形更加美观。在绘制形状的过程中，"Shift"键也是经常使用的一个键，在绘制线条和矩形等形状的操作中，按住"Shift"键可绘制水平线、垂直线、正方形、圆等。

（五）插入艺术字

艺术字比普通文字拥有更多的美化和设置功能，如渐变的颜色、不同的形状效果、立体效果等。艺术字在演示文稿中使用得十分频繁。下面将在"国家5A级景区介绍"演示文稿中使用艺术字制作景区介绍的标题文本，其具体操作如下。

（1）选择第3张幻灯片，在"插入"/"文本"组中单击"艺术字"按钮，在打开的下拉列表中选择"填充：黑色，文本1，阴影"选项，如图9-26所示。

（2）在艺术字文本框中输入"九寨沟"文本，设置文本字号为"32"并加粗，将其移动到幻灯片左上角，然后复制第2张幻灯片中的橙色组合形状，将其粘贴到第3张幻灯

片中，并将组合形状移动到艺术字左侧。

（3）使用相同的方法，在第 3 张幻灯片中插入并调整"九寨沟"素材文件夹（配套资源:\素材\项目九\景区介绍\九寨沟\）中的图片，然后输入相应的文本并绘制形状，效果如图 9-27 所示。

（4）选择第 3 张幻灯片，按"Ctrl+C"组合键复制该幻灯片，再按"Ctrl+V"组合键粘贴该幻灯片，得到第 4 张幻灯片，修改第 4 张幻灯片中的文本和图片，完成第 4 张幻灯片的制作。

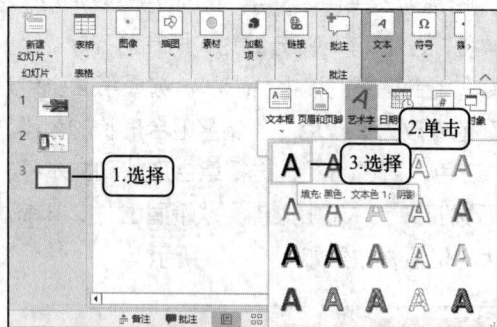

图 9-26　插入艺术字

图 9-27　编辑第 3 张幻灯片

（5）使用相同的方法，复制并粘贴 4 次第 4 张幻灯片，并修改幻灯片中的文本和图片，完成第 5~8 张幻灯片的制作。

> **提示**　选择输入的艺术字，在激活的"格式"选项卡中还可设置艺术字的多种效果，其设置方法基本类似，如在"绘图工具 格式"/"艺术字样式"组中单击"文本效果"按钮Ⓐ，在打开的下拉列表中选择"转换"选项，在打开的子列表中将列出所有变形的艺术字效果，选择任意一个效果后，可为艺术字设置相应的变形效果。

（六）插入 SmartArt 图形

SmartArt 图形用于表明各种事物之间的关系，它在演示文稿中的使用非常广泛，SmartArt 图形是从 PowerPoint 2007 开始新增的功能。下面将在"国家 5A 级景区介绍"演示文稿中插入 SmartArt 图形，其具体操作如下。

微课

插入 SmartArt 图形

（1）选择第 6 张幻灯片，在"插入"/"插图"组中单击"SmartArt"按钮，打开"选择 SmartArt 图形"对话框，切换到"流程"选项卡，在右侧列表框中选择"图片重点流程"选项，然后单击 确定 按钮，如图 9-28 所示

（2）插入 SmartArt 图形后，在其中输入文本，并设置文本字号为"18"。然后调整 SmartArt 图形的大小，将其移动到幻灯片上方的空白处。

（3）双击 SmartArt 图形中的缩略图图标，打开图 9-29 所示的"插入图片"对话框，选择"来自文件"选项，在打开的"插入图片"对话框中选择"图片 1.png"素材图片（配套资源：\素材\项目九\景区介绍\乐山大佛\图片 1.png），然后单击 插入(S) ▾ 按钮，如图 9-30 所示。

（4）使用相同的方法添加图片 2.png、图片 3.png，然后选择 SmartArt 图形，在"SmartArt

工具 设计" / "SmartArt 样式"组中单击"更改颜色"按钮✂，在打开的下拉列表中选择"彩色-个性色"选项，如图 9-31 所示。

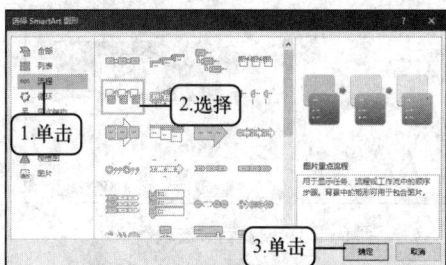

图 9-28　选择 SmartArt 图形

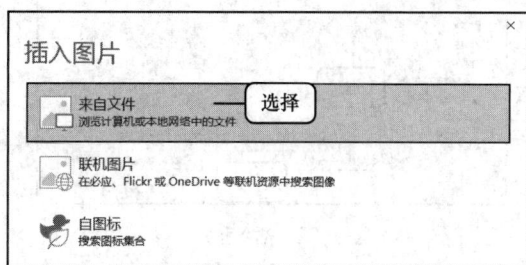

图 9-29　选择"来自文件"选项

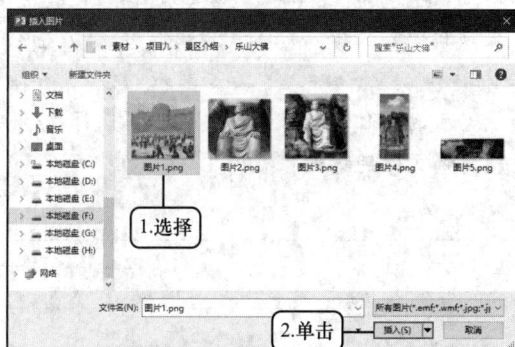

图 9-30　插入图片

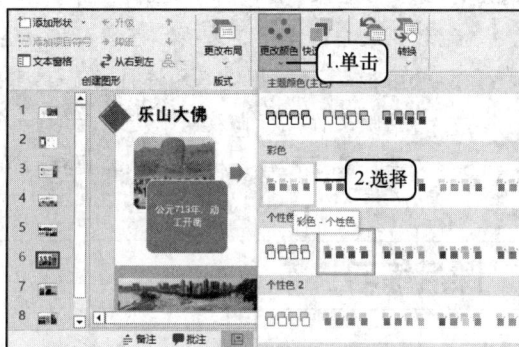

图 9-31　更改颜色

（七）插入媒体文件

　　媒体文件指音频和视频文件，PowerPoint 支持插入媒体文件。和插入图片类似，用户可根据需要插入剪贴画中的媒体文件，也可以插入计算机中保存的媒体文件。下面将在"国家 5A 级景区介绍"演示文稿中插入一个音频文件，其具体操作如下。

微课
插入媒体文件

　　（1）选择第 1 张幻灯片，复制并粘贴该幻灯片，然后将粘贴的幻灯片移动到最后，并将幻灯片中"旅游景区介绍"文本修改为"谢谢观看！"文本，完成第 9 张幻灯片的制作。

　　（2）选择第 1 张幻灯片，在"插入" / "媒体"组中单击"音频"按钮🔊，在打开的下拉列表中选择"PC 上的音频"选项，打开"插入音频"对话框，选择"背景音乐.mp3"音频文件（配套资源:\素材\项目九\景区介绍\背景音乐.mp3），然后单击 插入(S) 按钮，如图 9-32 所示。

　　（3）将声音图标移动至幻灯片左下角，然后在"音频工具 播放" / "音频选项"组中的"开始"下拉列表中选择"自动"选项，选中"跨幻灯片播放""循环播放，直到停止""放映时隐藏"复选框，如图 9-33 所示。

　　（4）按"Ctrl+S"组合键保存演示文稿，并查看制作完成后的最终效果（配套资源:\效果\项目九\国家 5A 级景区介绍.pptx）。

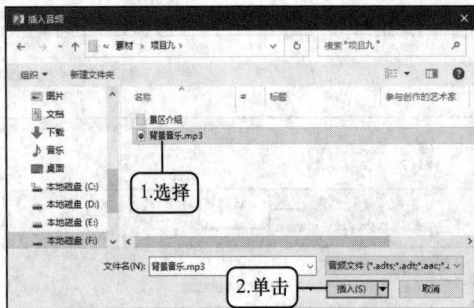

图 9-32　插入音频

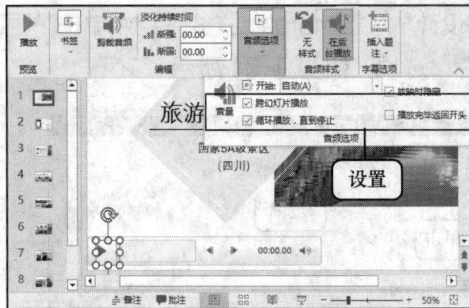

图 9-33　设置音频选项

> **提示**　选择"插入"/"媒体"组，单击"音频"按钮🔊，或单击"视频"按钮🎬，在打开的下拉列表中选择相应选项，可插入相应类型的音频和视频文件。插入音频文件后，选择声音图标🔊，在图标下方将自动显示声音工具栏▶ ━━━ ◀● 00:00.00 ，单击对应的按钮，可对音频文件执行播放、前进、后退和调整音量大小的操作。插入视频文件后，选择视频文件，其下同样会出现一个工具栏，用于控制视频文件的播放位置。

课后练习

1. 新建"工作计划.pptx"演示文稿，按照下列要求对演示文稿进行编辑并保存，参考效果如图 9-34 所示。

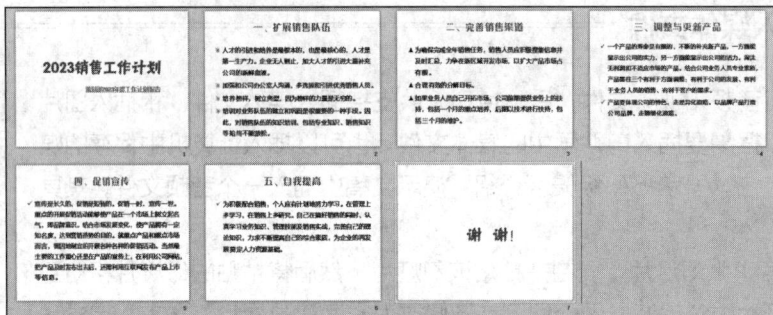

图 9-34　"工作计划"演示文稿效果

（1）在 PowerPoint 中新建一个空白演示文稿，并根据规划的内容量创建相应数目的空白幻灯片。

（2）通过"幻灯片"浏览窗格创建需要的幻灯片。

（3）对内容进行梳理，并在每一张幻灯片中输入相应的内容，注意对内容量的控制，不宜太多或太少。

（4）分别设置每一张幻灯片中标题与正文内容的文本与段落格式，完成后将其保存（配套资源:\效果\项目九\工作计划.pptx）。

查看"工作计划"
演示文稿的具体
操作

2. 打开"分销商大会.pptx"演示文稿（配套资源:\素材\项目九\分销商大会.pptx），按照下列要求对演示文稿进行编辑并保存，参考效果如图 9-35 所示。

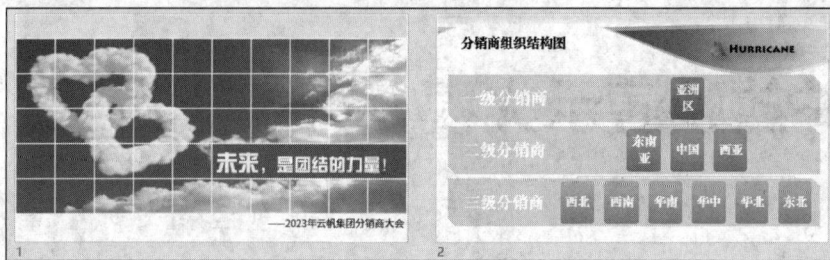

图 9-35 "分销商大会"演示文稿效果

（1）在第 1 张幻灯片中插入表格，并将提供的素材图片设置为背景。

（2）设置表格的边框为白色，更改边框的粗细和样式。

（3）插入"标记的层次结构"样式的 SmartArt 图形。

（4）通过 3 种方法在 SmartArt 图形中输入文本。

（5）设置 SmartArt 图形的形状大小，使其完全显示出文本内容。

（6）设置 SmartArt 图形的样式，如形状样式、填充颜色、边框样式及形状效果。

查看"分销商大会"演示文稿的具体操作

（7）更改不适合当前内容的形状，使 SmartArt 图形的形状样式符合当前需要（配套资源:\效果\项目九\分销商大会.pptx）。

3. 打开"新品上市计划.pptx"演示文稿（配套资源:\素材\项目九\新品上市计划.pptx），按照下列要求对演示文稿进行编辑并保存，参考效果如图 9-36 所示。

（1）在第 4 张幻灯片中降级部分文本，再分别设置降级文本和未降级文本的字体。

（2）在第 2 张幻灯片中插入艺术字样式的"目录"，设置其字体后，再使用图片填充。

（3）在第 4 张幻灯片中插入素材图片，再旋转角度、删除背景和设置其阴影效果。

图 9-36 "新品上市计划"演示文稿效果

（4）在第 5、第 6 张幻灯片中均插入 SmartArt 图形，输入文字后，再设置其版式和样式。

（5）在第 8 张幻灯片中绘制形状，然后对绘制后的形状进行组合、复制、移动，以及设置文本格式和形状样式。

（6）在第 9 张幻灯片中制作一个 5 行 5 列的表格，输入内容后增加表格的行距，再设置表格样式和合并单元格。

查看"新品上市计划"演示文稿的具体操作

（7）在第 1 张幻灯片中插入跨幻灯片循环播放的音乐文件，并设置声音图标在播放时不显示（配套资源:\效果\项目九\新品上市计划.pptx）。

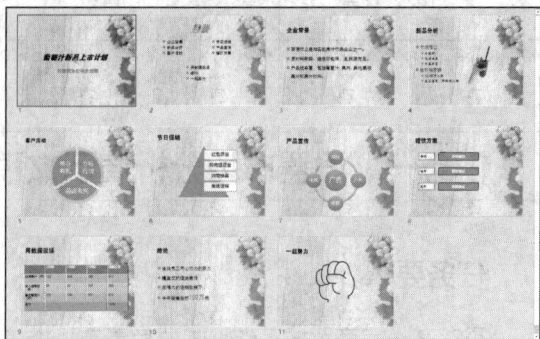

项目十

设置并放映演示文稿

10

　　PowerPoint 作为主流的多媒体演示软件，在易学性、易用性等方面得到了广大用户的肯定，其中母版、主题和背景都是常用的功能，它们可以快速美化演示文稿，简化用户操作。PowerPoint 的动画与幻灯片放映两个功能正是区别于其他办公软件的重要功能，这两个功能可以让呆板的演示文稿变得灵活起来，从某种意义上可以说，正因为这两个功能，才成就了 PowerPoint 的地位。本项目将通过两个典型任务来介绍 PowerPoint 母版的使用、幻灯片切换动画的制作、幻灯片动画效果的制作，以及放映、输出幻灯片的方法等。

学习目标	素养目标
● 设置市场分析演示文稿。 ● 放映并输出环保宣传演示文稿。	● 勤学勤问，通过多种途径提高职业素养。 ● 培养审美意识、创新意识，提高演示文稿的美观度。

任务一　设置市场分析演示文稿

任务要求

　　聂铭在一家商贸城工作，主要负责市场推广。随着公司的壮大及响应批发市场搬离中心主城区的号召，公司准备在新规划的地块上新建一座商贸城。聂铭作为一个在公司工作了多年的"老人"，接手了对这方面进行调查、分析的任务。他决定好好调查周边的商家和人员情况，为正确定位商贸城出力。通过一段时间的努力后，聂铭完成了这个任务，并制作了一个演示文稿用于向公司汇报，调整后完成的演示文稿效果如图 10-1 所示，具体要求如下。

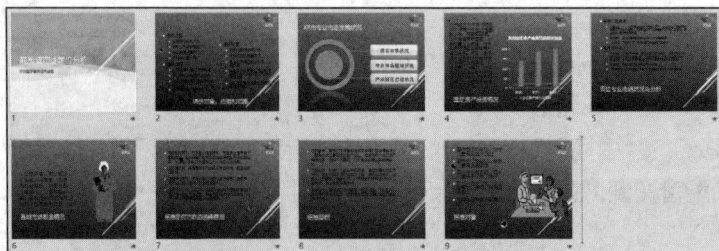

图 10-1　"市场分析"演示文稿

- 打开演示文稿，应用"切片"主题，设置"效果"为"乳白玻璃"，"颜色"为"蓝色"。

- 为演示文稿的标题页设置背景图片。

- 在幻灯片母版视图中设置正文占位符的字号为"28"，向下移动标题占位符，调整正文占位符的高度。插入名为"标志"的图片并去除图片的白色背景；插入艺术字，设置字体为"Arial"，字号为"24"；设置幻灯片的页眉与页脚效果；退出幻灯片母版视图。

- 适当调整幻灯片中各个对象的位置，使其符合应用主题和设置幻灯片母版后的效果。

- 为所有幻灯片设置"旋转"切换效果，设置切换声音为"照相机"。

- 为第 1 张幻灯片中的标题设置"浮入"动画，为副标题设置"基本缩放"动画，并设置效果为"按段落"。

- 为第 1 张幻灯片中的副标题添加一个名为"对象颜色"的强调动画，修改效果为"红色"，动画开始方式为"上一动画之后"，"持续时间"为"01:00"，"延迟"为"00:50"。最后将标题动画的顺序调整到最后，并设置播放该动画时的声音为"电压"。

相关知识

（一）认识母版

母版是演示文稿中特有的概念，通过设计、制作母版，可以快速使设置的内容在多张幻灯片、讲义或备注中生效。在 PowerPoint 中存在 3 种母版：幻灯片母版、讲义母版和备注母版。它们的作用分别如下。

- 幻灯片母版。幻灯片母版用于存储包含模板信息的设计模板，这些模板信息包括字形、占位符大小和位置、背景设计和配色方案等，只要在母版中更改了样式，对应幻灯片中相应的样式也会随之改变。

- 讲义母版。讲义是指为方便演讲者在展示演示文稿时使用的纸稿，纸稿中显示了每张幻灯片的大致内容、要点等。讲义母版用于设置幻灯片内容在纸稿中的显示方式，制作讲义母版主要包括设置每页纸张上显示的幻灯片数量、排列方式以及页面和页脚的信息等。

- 备注母版。备注是指演讲者在幻灯片下方输入的内容，根据需要可将这些内容打印出来。备注母版是指为将这些备注信息打印在纸张上，而对备注进行的相关设置。

（二）认识幻灯片动画

PowerPoint 之所以能够成为演示、演讲领域的主流软件，幻灯片动画起了非常重要的作用。在 PowerPoint 2016 中，幻灯片动画有两种类型，即幻灯片切换动画和幻灯片对象动画。动画效果在幻灯片放映时才能看到并生效。

幻灯片切换动画是指放映幻灯片时幻灯片进入、离开屏幕时的动画效果；幻灯片对象动画是指为幻灯片中的各个对象设置的动画效果，多种不同的对象动画组合在一起可形成复杂而自然的动画效果。PowerPoint 2016 中的幻灯片切换动画种类较简单，而对象动画相对较复杂，对象动画的类别主要有以下 4 种。

查看"市场分析"
演示文稿的相关
知识

- 进入动画。进入动画是指对象从幻灯片显示范围之外进入幻灯片内部的动画效果，如对象从左上角飞入幻灯片中指定的位置，对象在指定位置以翻转效果由远及近地显示出来等。

- 强调动画。强调动画是指对象本身已显示在幻灯片中，然后以指定的动画效果突出显示，从而起到强调作用，如将已存在的图片放大显示或旋转等。

- 退出动画。退出动画是指对象本身已显示在幻灯片中，然后以指定的动画效果离开幻灯片，如对象从显示位置左侧飞出幻灯片，对象从显示位置以弹跳方式离开幻灯片等。

- 路径动画。路径动画是指对象按用户自己绘制的或系统预设的路径移动的动画，如对象按圆形路径移动等。

任务实现

（一）应用幻灯片主题

主题是一系列预设的背景、字体格式等的组合，在新建演示文稿时可以使用主题，对于已经创建好的演示文稿，也可应用主题。应用主题后还可以修改搭配好的颜色、效果及字体等。下面将打开"市场分析.pptx"演示文稿，应用"切片"主题，设置效果为"乳白玻璃"，颜色为"蓝色"，其具体操作如下。

（1）打开"市场分析.pptx"演示文稿（配套资源:\素材\项目十\市场分析.pptx），在"设计"/"主题"组中的下拉列表中选择"切片"选项，为该演示文稿应用"切片"主题。

（2）在"设计"/"变体"组中单击"变体"按钮 ▲，在打开的下拉列表中选择"效果"/"乳白玻璃"选项，如图 10-2 所示。

（3）在"设计"/"变体"组中单击"变体"按钮 ▲，在打开的下拉列表中选择"颜色"/"蓝色"选项，如图 10-3 所示。

微课

应用幻灯片主题

图 10-2　选择主题效果

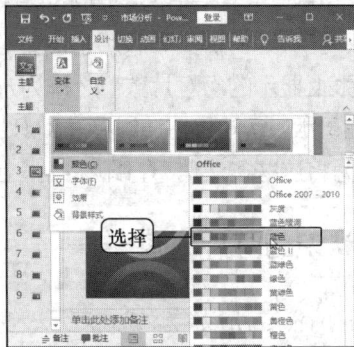

图 10-3　选择主题颜色

（二）设置幻灯片背景

幻灯片的背景可以是一种颜色，也可以是多种颜色，还可以是图片。设置幻灯片背景是快速改变幻灯片效果的方法之一。下面将"首页背景"图片设置成标题页幻灯片的背景，其具体操作如下。

（1）选择标题幻灯片，在幻灯片的空白处单击鼠标右键，在弹出的快捷菜单中选择"设置背景格式"命令。

（2）打开"设置背景格式"任务窗格，在"填充"栏中选中"图片或纹理填充"单选项，在"图片源"栏中单击 插入(R)... 按钮，打开"插入图片"对话框，在其中选择"从文件"选项，如图 10-4 所示。

（3）打开"插入图片"对话框，选择图片的保存位置后，选择"首页背景"图片（配套资源:\素材\项目十\首页背景.png），然后单击 插入(S) 按钮，如图 10-5 所示。

图 10-4　选择"从文件"选项

图 10-5　选择背景图片

（4）返回"设置背景格式"任务窗格，单击"关闭"按钮 × 关闭该任务窗格，效果如图 10-6 所示。

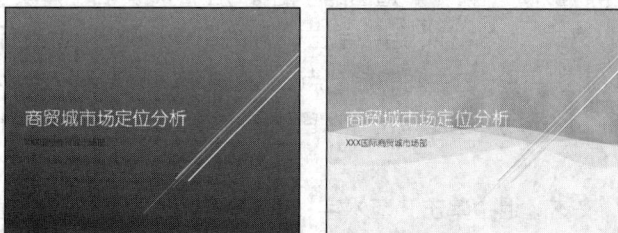

图 10-6　设置标题页幻灯片的背景

> **提示**　设置幻灯片背景后，在"设置背景格式"任务窗格中单击 应用到全部(L) 按钮，可将该背景应用到演示文稿的所有幻灯片中，否则将只应用到被选择的幻灯片中。

（三）制作并使用幻灯片母版

母版在幻灯片的编辑过程中使用频率非常高，在母版中进行的每一项操作，都可能影响使用该母版的所有幻灯片。下面进入幻灯片母版视图，设置正文占位符的字体，调整正文占位符的高度，再插入并编辑标志图片和艺术字，最后设置幻灯片的页眉和页脚效果，其具体操作如下。

（1）在"视图"/"母版视图"组中单击"幻灯片母版"按钮 ，进入幻灯片母版视图。

（2）选择第 1 张幻灯片母版，表示在该幻灯片中进行的编辑操作将应用于整个演示文稿，将鼠标指针移动到标题占位符右侧中间的控制点处，按住鼠标左键向右拖曳，使占位

符中的所有文本内容都显示出来。

（3）选择正文占位符的第 1 项文本，在"开始"/"字体"组中的"字号"下拉列表框中输入"28"，如图 10-7 所示。

（4）选择标题占位符，将其向下拖曳至正文占位符的下方；将鼠标指针移动到正文占位符下方中间的控制点上，向下拖曳以增加占位符的高度，如图 10-8 所示。

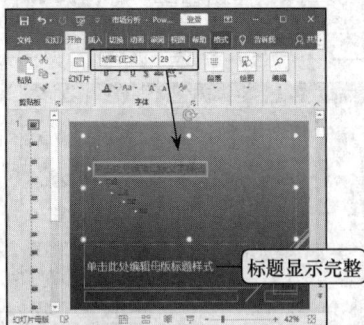

图 10-7　设置正文占位符中文本的字号

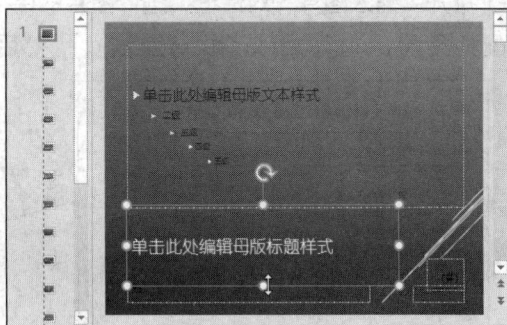

图 10-8　调整占位符

（5）在"插入"/"图像"组中单击"图片"按钮，打开"插入图片"对话框，在地址栏中选择图片位置，在中间选择"标志"图片（配套资源:\素材\项目十\标志.png），然后单击 插入(S) 按钮。

（6）将"标志"图片插入幻灯片中，适当缩小后移动到幻灯片右上角。

（7）在"图片工具 格式"/"调整"组中单击"删除背景"按钮，激活"背景消除"选项卡，在幻灯片中使用鼠标拖曳图片每一边中间的控制点，使"标志"的所有内容均显示出来。

（8）在"背景消除"/"关闭"组中单击"保留更改"按钮✓，"标志"图片的白色背景将消失，如图 10-9 所示。

（9）在"插入"/"文本"组中单击"艺术字"按钮，在打开的下拉列表中选择第 1 列的第 1 个艺术字效果。

（10）在艺术字占位符中输入"XXX"，在"开始"/"字体"组中的"字体"下拉列表中选择"Arial"选项，在"字号"下拉列表中选择"24"选项，并移动艺术字到"标志"图片下方。

（11）在"插入"/"文本"组中单击"页眉和页脚"按钮，打开"页眉和页脚"对话框。

（12）默认显示"幻灯片"选项卡，选中"日期和时间"复选框，下方的日期和时间选项将自动激活，再选中"自动更新"单选项，在每张幻灯片下方显示日期和时间，并根据每次打开日期的不同而自动更新日期。

（13）选中"幻灯片编号"复选框，将根据幻灯片的顺序显示编号。

（14）选中"页脚"复选框，下方的文本框将自动激活，然后在其中输入"市场定位分析"文本。

（15）选中"标题幻灯片中不显示"复选框，所有的设置都不在标题幻灯片中生效，第（11）～（15）步的操作如图 10-10 所示，然后单击 全部应用(Y) 按钮。

（16）在"幻灯片母版"/"关闭"组中单击"关闭母版视图"按钮，退出该视图，此时可发现设置已应用于各张幻灯片，图 10-11 所示为前两页幻灯片修改后的效果。

（17）依次查看每一张幻灯片，适当调整标题、正文和图片等对象的位置，使幻灯片中各对象的显示效果更协调。

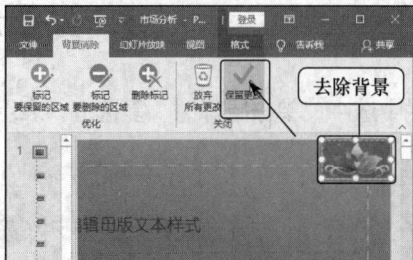

图 10-9　插入并调整标志

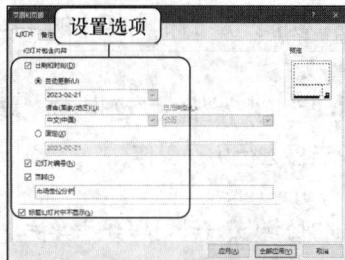

图 10-10　"页眉和页脚"对话框

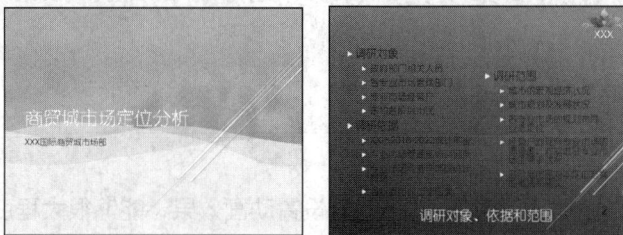

图 10-11　设置母版后的效果

> **提示**　在"视图"/"母版视图"组中单击"讲义母版"按钮██或"备注母版"按钮██，将进入讲义母版视图或备注母版视图，然后在其中设置讲义页面或备注页面的版式。

（四）设置幻灯片切换动画

　　PowerPoint 2016 提供了多种预设的幻灯片切换动画效果，在默认情况下，上一张幻灯片和下一张幻灯片之间没有设置切换动画效果，但在制作演示文稿的过程中，用户可根据需要为幻灯片添加合适的切换动画。下面将为所有幻灯片设置"旋转"切换效果，然后设置切换声音为"照相机"，其具体操作如下。

　　（1）在"幻灯片"浏览窗格中按"Ctrl+A"组合键，选择演示文稿中的所有幻灯片，在"切换"/"切换到此幻灯片"组中单击"切换效果"按钮██，在打开的下拉列表中选择"旋转"选项，如图 10-12 所示。

微课

设置幻灯片切换
动画

图 10-12　选择切换动画

201

（2）在"切换"/"计时"组中的"声音"下拉列表中选择"照相机"选项，将设置应用到所有幻灯片中。

（3）在"切换"/"计时"组中的"换片方式"栏中选中"单击鼠标时"复选框，表示在放映幻灯片时，单击将进行切换操作。

> **提示** 在"切换"/"计时"组中单击"应用到全部"按钮，可将设置的切换动画效果应用到当前演示文稿的所有幻灯片中，其效果与选择所有幻灯片再设置切换动画效果的效果相同。设置幻灯片切换动画后，在"切换"/"预览"组中单击"预览"按钮，可查看设置的切换动画。

（五）设置幻灯片动画效果

设置幻灯片动画效果即为幻灯片中的各对象设置动画效果，能够很大程度地提升演示文稿的演示效果。下面先为第1张幻灯片中的各对象添加动画效果，再设置动画效果的开始方式、持续时间和延迟时间，最后设置播放该动画时的声音，其具体操作如下。

微课

设置幻灯片动画效果

（1）选择第1张幻灯片的标题，在"动画"/"动画"组中的列表框中选择"浮入"动画效果。

（2）选择副标题，在"动画"/"高级动画"组中单击"添加动画"按钮，在打开的下拉列表中选择"更多进入效果"选项。

（3）打开"添加进入效果"对话框，选择"温和"栏中的"基本缩放"选项，然后单击"确定"按钮，如图10-13所示。

（4）在"动画"/"动画"组中单击"效果选项"按钮，在打开的下拉列表中选择"按段落"选项，修改动画效果，如图10-14所示。

（5）继续选择副标题，在"动画"/"高级动画"组中单击"添加动画"按钮，在打开的下拉列表中选择"强调"栏中的"对象颜色"选项。

（6）在"动画"/"动画"组中单击"效果选项"按钮，在打开的下拉列表中选择"红色"选项。

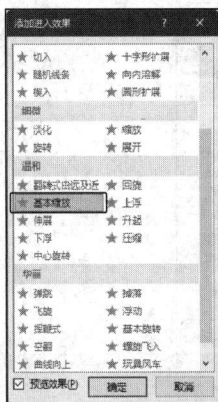

图10-13　添加进入效果

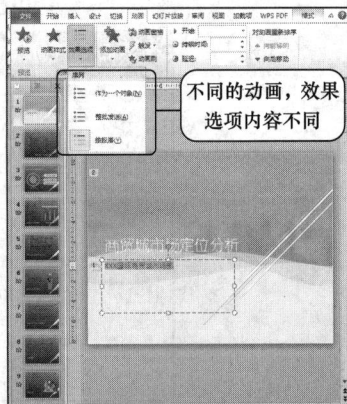

图10-14　修改动画的效果选项

提示 通过第（5）步和第（6）步的操作，可为副标题再增加一个"对象颜色"动画，用户可根据需要为一个对象设置多个动画。设置动画后，在对象前方将显示一个数字，它表示动画的播放顺序。

（7）在"动画"/"高级动画"组中单击"动画窗格"按钮 ，在工作界面右侧将打开一个窗格，其中显示了当前幻灯片中所有对象已设置的动画。

（8）选择第 3 个选项，在"动画"/"计时"组中的"开始"下拉列表中选择"上一动画之后"选项，在"持续时间"数值微调框中输入"01.00"，在"延迟"数值微调框中输入"00.50"，如图 10-15 所示。

（9）选择动画窗格中的第一个选项，按住鼠标左键不放，将其拖曳到最后，调整动画的播放顺序。

（10）在调整后的最后一个动画选项上单击鼠标右键，在弹出的快捷菜单中选择"效果选项"命令，打开"上浮"对话框，在"声音"下拉列表中选择"电压"选项，单击其后的 按钮，在打开的下拉列表中拖曳滑块，调整音量大小，单击 确定 按钮，如图 10-16 所示（配套资源:\效果\项目十\市场分析.pptx）。

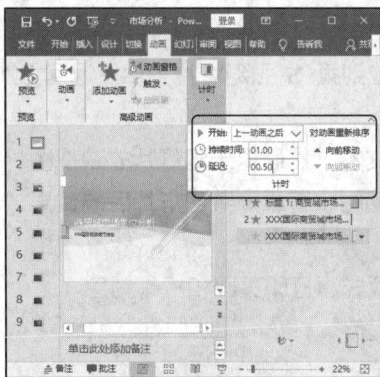

图 10-15　设置动画计时

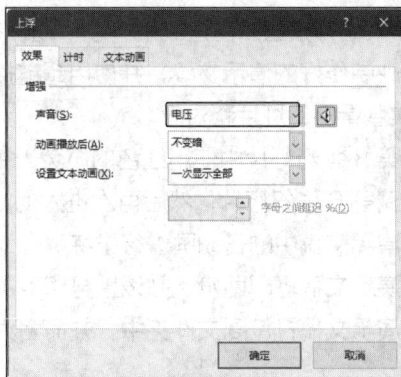

图 10-16　设置动画效果选项

提示 "开始"下拉列表中各选项的含义如下："单击时"表示单击时开始播放动画；"与上一动画同时"表示播放前一动画的同时播放该动画；"上一动画之后"表示前一动画播放完之后，到设定的时间自动播放该动画。

任务二　放映并输出环保宣传演示文稿

任务要求

大自然是人类赖以生存发展的基本条件。而垃圾分类可以提高垃圾的资源价值和经济价值，减少垃圾处理量和处理设备的使用，降低处理成本，减少土地资源的消耗，具有社会、经济、生态等多方面的效益。为了践行"绿色低碳发展"的要求，刘莉制作了一份"环保宣传"演示文稿，并准备在会议上放映。图 10-17 所示为创建好超链接，并准备放映的演示文稿，具体要求如下。

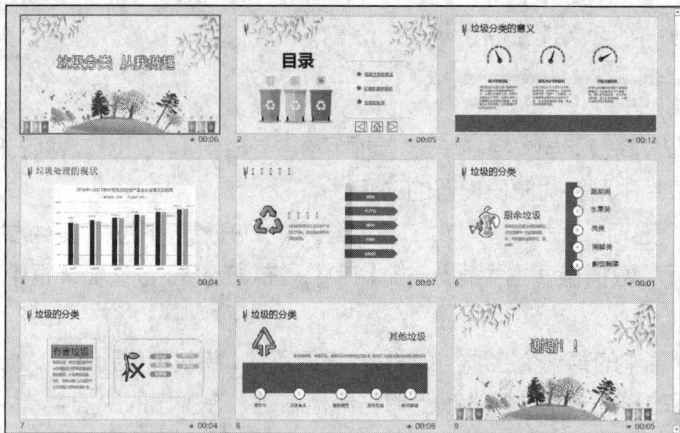

图 10-17 "环保宣传"演示文稿

- 根据第 2 张幻灯片中各项文本的内容创建超链接，并链接到对应的幻灯片中。
- 在第 2 张幻灯片右下角插入"动作按钮：第一张"动作按钮、"动作按钮：后退或前一项"动作按钮和"动作按钮：前进或下一项"动作按钮。
- 放映制作好的演示文稿，并使用超链接快速定位到第 3 张幻灯片，然后返回上次查看的幻灯片，依次查看各幻灯片和对象。
- 在第 8 张幻灯片中使用红色的"荧光笔"标记文本，然后退出幻灯片放映视图。
- 隐藏第 6 张幻灯片，然后再次进入幻灯片放映视图，查看隐藏幻灯片后的效果。
- 对演示文稿中的各动画进行排练。
- 将演示文稿打印两份，并设置打印范围、打印版式、打印页面和打印颜色。
- 将演示文稿打包到文件夹中，并命名为"环保宣传"。

相关知识

（一）幻灯片放映类型

制作演示文稿的最终目的是放映，在 PowerPoint 2016 中，用户可以根据实际的演示场合选择不同的幻灯片放映类型，PowerPoint 2016 提供了 3 种放映类型。其设置方法为在"幻灯片放映"/"设置"组中单击"设置幻灯片放映"按钮，打开"设置放映方式"对话框，在"放映类型"栏中选中不同的单选项，选择相应的放映类型，如图 10-18 所示，设置完成后单击 确定 按钮。各种放映类型的作用和特点如下。

- 演讲者放映（全屏幕）。演讲者放映（全屏幕）是默认的放映类型，此类型将以全屏幕的状态放映演示文

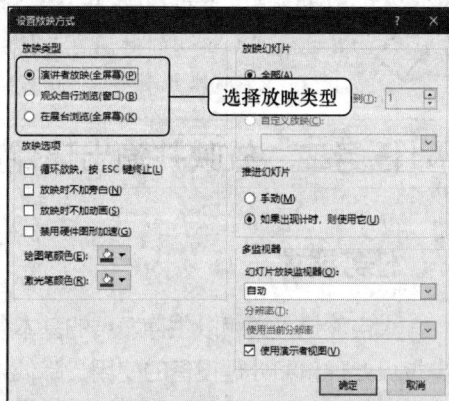

图 10-18 "设置放映方式"对话框

稿。在演示文稿放映过程中，演讲者具有完全的控制权，演讲者可手动切换幻灯片和动画效果，也可以将演示文稿暂停、添加细节等，还可以在放映过程中录下旁白。

- 观众自行浏览（窗口）。此类型将以窗口形式放映演示文稿，在放映过程中可利用滚动条、"PageDown"键、"PageUp"键切换幻灯片，但不能通过单击的方式切换。

- 在展台浏览（全屏幕）。此类型是最简单的一种放映类型，不需要人为控制，系统将自动全屏循环放映演示文稿。使用这种类型的方式进行放映时，不能单击切换幻灯片，但可以单击幻灯片中的超链接和动作按钮来切换，按"Esc"键可结束放映。

（二）幻灯片输出格式

在 PowerPoint 2016 中除了可以将制作的文件保存为演示文稿外，还可以将其输出为其他格式。操作方法较简单，选择"文件"/"另存为"命令，打开"另存为"对话框，选择文件的保存位置，在"保存类型"下拉列表中选择需要输出的格式选项，然后单击 保存(S) 按钮。下面讲解 4 种常见的输出格式。

- 图片。选择"GIF 可交换的图形格式（*.gif）""JPEG 文件交换格式（*.jpg）""PNG 可移植网络图形格式（*.png）""TIFF Tag 图像文件格式（*.tif）"选项，单击 保存(S) 按钮，根据提示进行相应操作，可将当前演示文稿中的幻灯片保存为一张对应格式的图片。如果要在其他软件中使用，还可以将这些图片插入对应的软件中。

- 视频。选择"Windows Media 视频（*.wmv）"选项，可将演示文稿保存为视频，如果在演示文稿中排练了所有幻灯片，则保存的视频将自动播放这些动画。保存为视频文件后，文件播放的随意性更强，不受字体、PowerPoint 版本的限制，只要计算机中安装了视频播放软件，就可以播放，这在一些需要自动展示演示文稿的场合非常实用。

- 自动放映的演示文稿。选择"PowerPoint 放映（*.ppsx）"选项，可将演示文稿保存为自动放映的演示文稿，以后双击该演示文稿将不再打开 PowerPoint 2016 的工作界面，而是直接启动放映模式，开始放映幻灯片。

- 大纲文件。选择"大纲/RTF 文件（*.rtf）"选项，可将演示文稿中的幻灯片保存为大纲文件，生成的大纲文件中将不再包含幻灯片中的图形、图片以及插入幻灯片的文本框中的内容。

任务实现

（一）创建超链接与动作按钮

超链接用于链接幻灯片中的多个对象，以达到执行单击操作时自动跳转到对应位置的目的，这是放映演示文稿时的常用操作。在放映演示文稿的过程中，还可以通过动作按钮来控制放映的内容。在制作"环保宣传"演示文稿时，可以为目录中的相关内容创建超链接，然后添加动作按钮以便控制页面，其具体操作如下。

（1）打开"环保宣传.pptx"演示文稿（配套资源:\素材\项目十\环保宣传.pptx），选择第 2 张幻灯片，选择"垃圾分类的意义"文本，在"插入"/"链接"组中单击"超链接"按钮。

微课

创建超链接与动作按钮

（2）打开"插入超链接"对话框，在"链接到"列表框中选择"本文档中的位置"选项，在"请选择文档中的位置"列表框中选择要链接到的第3张幻灯片，然后单击 确定 按钮，如图10-19所示。

（3）返回幻灯片编辑区可看到设置了超链接的文本颜色已发生变化，并且文本下方有一条横线。使用相同方法将"垃圾处理的现状"文本链接到第4张幻灯片，将"垃圾的分类"文本链接到第5张幻灯片，效果如图10-20所示。

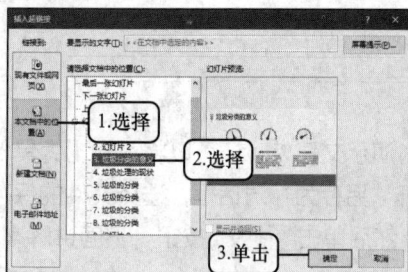

图10-19 "插入超链接"对话框

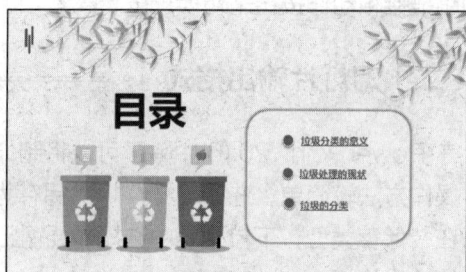

图10-20 设置超链接后的效果

（4）在"插入"/"插图"组中单击"形状"按钮，在打开的下拉列表中选择"动作按钮"栏中的"动作按钮：第一张"选项，此时鼠标指针将变为+形状。在幻灯片右下角的空白处按住鼠标左键并拖曳鼠标，绘制一个动作按钮，如图10-21所示。

（5）绘制好动作按钮后将自动打开"操作设置"对话框，选中"超链接到"单选项，在下方的下拉列表中选择"幻灯片"选项，如图10-22所示。

（6）打开"超链接到幻灯片"对话框，在"幻灯片标题"列表框中选择第3张幻灯片，然后依次单击 确定 按钮，使超链接生效，如图10-23所示。

（7）使用相同的方法绘制"动作按钮：后退或前一项"动作按钮和"动作按钮：前进或下一项"动作按钮，并保持"操作设置"对话框中的默认设置。

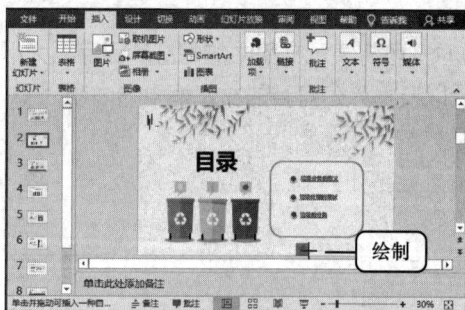

图10-21 绘制动作按钮

图10-22 设置链接到的幻灯片

（8）拖曳鼠标框选3个动作按钮，在"绘图工具 格式"/"形状样式"组中设置动作按钮的填充颜色为"无填充颜色"，效果如图10-24所示。

> **提示**　如果进入幻灯片母版，在其中绘制动作按钮，并创建好超链接，该动作按钮将应用到该幻灯片版式对应的所有幻灯片中。

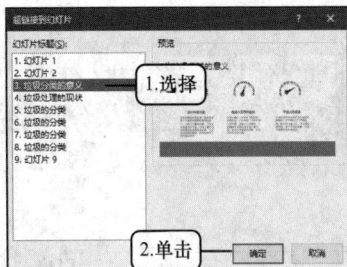

图 10-23 "超链接到幻灯片"对话框

图 10-24 动作按钮的效果

（二）放映幻灯片

制作演示文稿的最终目的是将其展示给观众，即放映演示文稿。在放映演示文稿的过程中，放映者需要掌握一些放映的方法，特别是定位到某个具体的幻灯片、返回上次查看的幻灯片、标记幻灯片的重要内容等，其具体操作如下。

（1）在"幻灯片放映"/"开始放映幻灯片"组中单击"从头开始"按钮，进入幻灯片放映视图。

（2）此时演示文稿将从第 1 张幻灯片开始放映，单击或滚动鼠标滚轮可依次放映下一个动画效果或下一张幻灯片。

（3）将鼠标指针移动到"垃圾分类的意义"文本上，鼠标指针将变为形状，如图 10-25 所示。

（4）单击可切换到超链接到的目标幻灯片，使用步骤（2）中的方法可继续放映幻灯片。在幻灯片上单击鼠标右键，在弹出的快捷菜单中选择"上次查看过的"命令，如图 10-26 所示。

（5）返回上一次查看的幻灯片，然后依次放映幻灯片，当放映到第 8 张幻灯片时，单击鼠标右键，在弹出的快捷菜单中选择"指针选项"/"荧光笔"命令，然后再次单击鼠标右键，在弹出的快捷菜单中选择"指针选项"/"墨迹颜色"/"红色"命令，如图 10-27 所示。

微课

放映幻灯片

图 10-25 单击超链接

图 10-26 选择"上次查看过的"命令

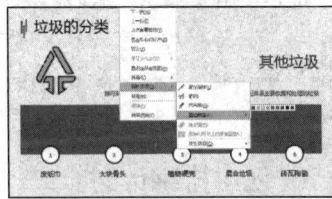

图 10-27 选择标记使用的颜色

（6）此时鼠标指针变为形状，按住鼠标左键并拖曳鼠标，标记出重要的内容。放映完最后一张幻灯片后，单击，将打开一个黑色页面，提示"放映结束，单击鼠标退出。"，单击可退出放映状态。

（7）由于前面在幻灯片中标记了内容，退出时将打开是否保留墨迹注释的提示对话框，单击 放弃(D) 按钮，放弃保留添加的标记，如图 10-28 所示。

图 10-28 选择是否保留墨迹注释

> **提示** 单击"从当前幻灯片开始"按钮🖵或在状态栏中单击"幻灯片放映"按钮🖵，可从选择的幻灯片开始播放。在播放过程中，通过右键快捷菜单，可快速定位到上一张、下一张或具体某张幻灯片。

（三）隐藏幻灯片

微课

隐藏幻灯片

放映幻灯片时，系统将自动按设置的放映方式依次放映每张幻灯片，但在实际放映"环保宣传".pptx演示文稿的过程中，可以暂时隐藏不需要放映的幻灯片，等到需要时再将其显示出来，其具体操作如下。

（1）在"幻灯片"浏览窗格中选择第6张幻灯片，在"幻灯片放映"/"设置"组中单击"隐藏幻灯片"按钮🗔，隐藏幻灯片，如图10-29所示。

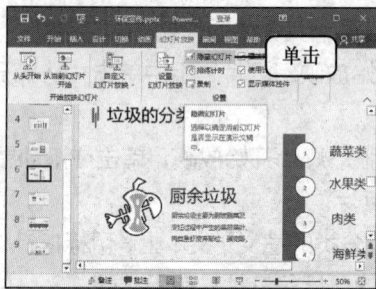
图10-29　隐藏幻灯片

（2）隐藏了第6张幻灯片后，第6张幻灯片左上角将出现🗋标记。在"幻灯片放映"/"开始放映幻灯片"组中单击"从头开始"按钮🗔，隐藏的幻灯片将不再被放映。

> **提示** 若要显示隐藏的幻灯片，在放映幻灯片时，单击鼠标右键，在弹出的快捷菜单中选择"查看所有幻灯片"命令，再在弹出的页面中选择已隐藏的幻灯片的名称。如果要取消隐藏幻灯片，可再次执行隐藏操作，即在"幻灯片放映"/"设置"组中单击"隐藏幻灯片"按钮🗔。

（四）排练计时

微课

排练计时

若需要自动放映"环保宣传.pptx"演示文稿，可以进行排练计时设置，使演示文稿根据排练的时间和顺序放映，而不需要人为操作。下面为"环保宣传.pptx"演示文稿设置排练计时，其具体操作如下。

（1）在"幻灯片放映"/"设置"组中单击"排练计时"按钮🗔，进入放映排练状态，同时打开"录制"工具栏，如图10-30所示。

（2）单击或按"Enter"键控制幻灯片中下一个动画出现的时间，如果用户明确该幻灯片的播放时间，则可直接在"录制"工具栏的时间框中输入时间值。

（3）一张幻灯片播放完成后，单击切换到下一张幻灯片，"录制"工具栏中将从头开始为该张幻灯片的放映计时。

（4）放映结束后，将打开提示对话框，询问是否保留新的幻灯片排练时间，单击 是(Y) 按钮保存，如图 10-31 所示。

图 10-30 "录制"工具栏

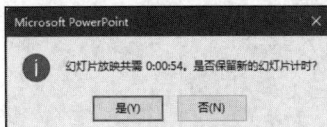

图 10-31 是否保留排练时间

（5）切换到幻灯片浏览视图模式，每张幻灯片的右下角将显示其放映时间，如图 10-32 所示。

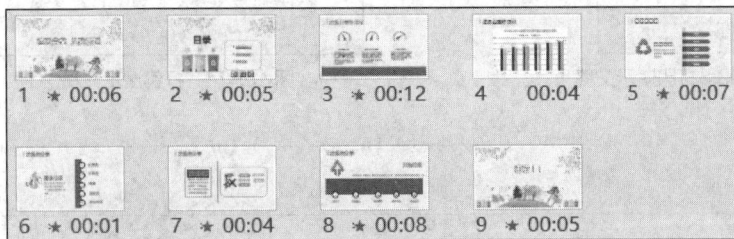

图 10-32 显示放映时间

> **提示** 如果不想使用排练好的时间自动放映该幻灯片，可选择"幻灯片放映"/"设置"组，取消选中"使用计时"复选框，这样在放映幻灯片时就能手动进行切换。

（五）打印与打包演示文稿

演示文稿不仅可以现场演示，还可以打印在纸上，由演讲者手执作为演讲稿或分发给观众作为演讲提示等。此外，若需要在其他计算机上放映演示文稿，则可对演示文稿进行打包操作。下面对"环保宣传.pptx"演示文稿进行打印与打包操作，其具体操作如下。

微课

打印与打包演示文稿

（1）选择"文件"/"打印"命令，在"份数"数值微调框中输入"2"，即打印两份演示文稿。

（2）在"打印机"下拉列表中选择与计算机相连的打印机，在"设置"下拉列表中选择打印的范围（如"打印全部幻灯片"），在"幻灯片"文本框下方选择打印版式、打印页面和颜色（如"整页幻灯片""单面打印""颜色"），单击"打印"按钮🖨，开始打印幻灯片，如图 10-33 所示。

（3）打印完成后选择"文件"/"导出"命令，在弹出的窗口左侧选择"将演示文稿打包成 CD"选项，然后单击"打包成 CD"按钮💿。

（4）打开"打包成 CD"对话框，单击 复制到文件夹(F)… 按钮，打开"复制到文件夹"对话框，在"文件夹名称"文本框中输入"环保宣传"文本，在"位置"文本框中选择打包后的文件的保存位置，然后单击 确定 按钮，如图 10-34 所示。

（5）打开是否保存链接文件的提示对话框，单击 是(Y) 按钮，完成打包操作。此时，打包文件夹中将包含制作演示文稿时使用的所有文件（配套资源:\效果\项目十\环保宣传.pptx、环保宣传\）。

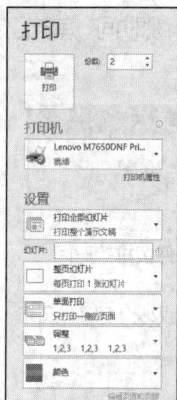

图 10-33 打印演示文稿

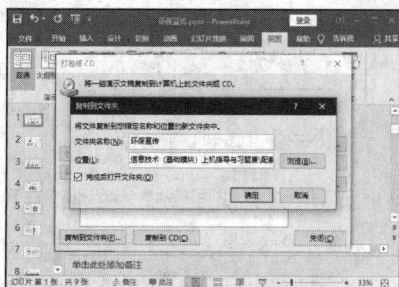

图 10-34 打包演示文稿

课后练习

1. 新建"公司形象宣传.pptx"演示文稿，按照下列要求对演示文稿进行操作，参考效果如图 10-35 所示。

（1）新建"公司形象宣传.pptx"演示文稿，将设置的背景颜色应用到所有幻灯片中。

（2）在第 1 张幻灯片中添加素材图片，再绘制和编辑圆形和矩形，然后输入文本，设置文本的字体，并根据需要调整字号。

（3）新建第 2 张幻灯片，在幻灯片左上角绘制圆形，并输入数字。在其下方添加素材图片，为其应用内置样式、取消描边效果、调整图片大小和位置。在图片右侧绘制线条和矩形，然后插入文本框并输入文本。

查看"公司形象
宣传"演示文稿
的具体操作

（4）复制第 2 张幻灯片左上角的形状和文本，新建第 3 张幻灯片，粘贴复制的内容，并修改文本和添加素材图片。

（5）使用相同的方法制作第 4~6 张幻灯片，依次在其中添加素材图片，绘制形状，插入文本框并添加文本。

（6）为第 1 张和第 6 张幻灯片设置切换效果，再设置持续时间。为第 2~5 张幻灯片添加切换效果，再设置持续时间。

（7）为对象添加动画效果后，从头开始放映演示文稿，然后为其设置排练计时（配套资源:\效果\项目十\公司形象宣传.pptx）。

图 10-35 "公司形象宣传"演示文稿效果

2. 打开"电话营销.pptx"演示文稿（配套资源:\素材\项目十\电话营销.pptx），按照下列要求对演示文稿进行编辑，参考效果如图 10-36 所示。

图 10-36 "电话营销"演示文稿效果

（1）为幻灯片中的对象添加并设置动画效果，并为幻灯片设置不同样式的切换效果。

（2）设置幻灯片的交互动作，使幻灯片能够按照移动的顺序播放。

（3）添加声音并对设置好的幻灯片设置放映方式，完成后设置幻灯片的放映时间以方便查看。

（4）设置幻灯片的放映方式，对幻灯片进行打包操作，并使用播放器播放打包后的效果（配套资源:\效果\项目十\电话营销.pptx、电话营销\ ）。

查看"电话营销"演示文稿的具体操作

3. 打开"企业资源分析.pptx"演示文稿（配套资源:\素材\项目十\企业资源分析.pptx），按照下列要求对演示文稿进行编辑并保存，参考效果如图 10-37 所示。

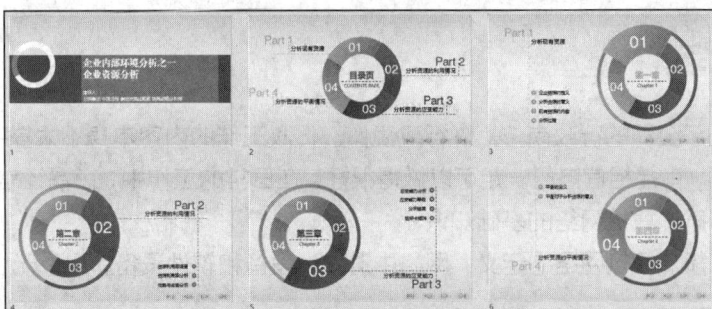

图 10-37 "企业资源分析"演示文稿效果

（1）通过插入形状的方式绘制动作按钮。

（2）设置动作按钮的提示音、超链接等。

（3）通过更改形状的方式设置动作按钮的样式。

（4）为需要的文本框创建超链接（配套资源:\效果\项目十\企业资源分析.pptx ）。

查看"企业资源分析"演示文稿的具体操作

项目十一

认识并使用计算机网络

11

随着信息技术的不断发展，计算机网络已经成为计算机应用的重要领域。计算机网络将计算机连入网络，然后共享网络中的资源并进行信息传输。计算机要连入网络必须具备相应的条件。现在最常用的网络是因特网（Internet），它是一个全球性的网络，它将全世界的计算机联系在一起，通过这个网络，用户可以实现对多种功能的应用。本项目将通过 3 个典型任务来介绍计算机网络的基础知识、Internet 的基础知识，以及如何在 Internet 中浏览信息、下载资源、使用流媒体、远程登录桌面、网上求职等。

学习目标	素养目标
• 认识计算机网络。 • 认识 Internet。 • 应用 Internet。	• 培养规范使用计算机网络的意识和良好的自我学习能力。 • 具有责任心和团队协作能力。

任务一　认识计算机网络

任务要求

肖磊最近调到了公司的行政岗位上做行政工作。行政工作的内容本身不太复杂，用大学学习的知识加上勤学苦干，肖磊相信自己一定可以做得很好。在日常的工作中，肖磊经常需要与网络接触，因此，他决定先了解计算机网络的基础知识。

本任务要求了解计算机网络的定义、网络中的硬件设备和软件设备，以及无线局域网。

任务实现

（一）计算机网络的定义

在计算机网络发展的不同阶段，人们对计算机网络的理解和侧重点不同，针对不同的阶段，人们对计算机网络提出了不同的定义。就目前计算机网络的发展现状来看，从资源共享的观点出发，通常将计算机网络定义为以能够相互共享资源的方式连接起来的独立计算机系统的集合，也就是说，将相互独立的计算机系统以通信线路相连接，按照全网统一的网络协议进行数据通信，从而实现网络资源共享。

从计算机网络的定义中可以看出，构成计算机网络有以下 4 点要求。

- 计算机之间相互独立。从分布的地理位置来看，它们是独立的，既可以相距很近，也可以相隔千里；从数据处理功能来看，它们也是独立的，既可以联网工作，也可以脱离网络独立工作，而且联网工作时，也没有明确的主从关系，即网内的任何一台计算机都不能强制性地控制另一台计算机。

- 用通信线路相连接。各计算机系统必须用传输介质和互连设备实现互连，传输介质可以是双绞线、同轴电缆、光纤、微波和无线电等。

- 采用统一的网络协议。全网中的各计算机在通信过程中必须共同遵守"全网统一"的通信规则，即网络协议。

- 资源共享。计算机网络中的其中一台计算机的资源，包括硬件、软件和信息可以提供给全网的其他计算机系统共享。

（二）网络中的硬件

要形成一个能传输信号的网络，必须有硬件设备的支持。由于网络的类型不一样，使用的硬件设备可能有所差别，总体说来，网络中的硬件设备有传输介质、网卡、路由器和交换机等。

1. 传输介质

传输介质是网络中信息传递的媒介，传输介质的性能对传输速率、通信距离、网络节点数目和传输的可靠性均有很大的影响。网络中常用的传输介质包括双绞线、同轴电缆和光导纤维，还包括微波和红外线等无线传输介质。下面分别进行介绍。

- 双绞线。它是由两条相互绝缘的导线按照一定的规格互相缠绕（一般以顺时针缠绕）在一起而制成的一种通用配线，属于信息通信网络传输介质。双绞线一般由两根 22～26 号绝缘铜导线相互缠绕而成，实际使用时，多对双绞线一起包在一个绝缘电缆套管里。典型的双绞线一般有 4 对，此外也有更多对双绞线同时放在一个电缆套管里。这些我们称为双绞线电缆。

- 同轴电缆。它是计算机网络中常见的传输介质之一，它是一种宽带大、误码率低、性价比较高的传输介质，在早期的局域网中应用广泛。顾名思义，同轴电缆是由一组共轴心的电缆构成的。其具体的结构由内到外包括中心铜线、绝缘层、网状屏蔽层和塑料封套 4 个部分。应用于计算机网络的同轴电缆主要有两种，即"粗缆"和"细缆"。同轴电缆同样可以组成宽带系统，主要有双缆系统和单缆系统两种类型。同轴电缆网络一般可分为主干网、次主干网和线缆 3 类。

- 光导纤维。光导纤维简称光纤，是一种性能非常优秀的网络传输介质。目前，光纤是网络传输介质中发展最为迅速的一种，也是未来网络传输介质的发展方向。光纤主要是在要求传输距离较长、布线条件特殊的情况下用于主干网的连接。根据需要还可以将多根光纤合并在一根光缆里面。光纤是一种新型的传输介质，具有频带宽、损耗低、重量轻、抗干扰能力强、保真度高、工作性能可靠、成本不断下降的优点。按光在光纤中的传输模式可将光纤分为单模光纤和多模光纤。目前，光纤主要应用在大型局域网中。

- 无线传输介质。无线传输是指利用可以在空气中传播的微波、红外线等无线传输介质进行传输，无线局域网就是使用无线传输介质的局域网。利用无线通信技术，可以有效扩展通信空间，摆脱有线介质的束缚。无线传输所使用的频段很广，人们现在已经利用了好几个波段进行通信。常用的无线传输介质有无线电波、微波和红外线，紫外线和更高的波段目前还不能用于通信。

2. 网卡

网卡（Network Interface Card，NIC）又称网络适配器、网络卡或者网络接口卡，是以太网的必备设备。网卡通常工作在开放系统互连（Open System Interconnection，OSI）参考模型的物理层和数据链路层，在功能上相当于广域网的通信控制处理机，通过它将工作站或服务器连接到网络，实现网络资源共享和相互通信。

网络有许多种不同的类型，如以太网、令牌环和无线网络等，不同的网络必须采用与之相适应的网卡。网卡的种类有很多，根据不同的标准，有不同的分类方式。但最常用的网卡分类方式是将网卡分为有线网卡和无线网卡两种。其中，有线网卡是指必须将网络连接线连接到网卡中才能访问网络的网卡，而无线网卡则是指无线局域网的无线网络信号覆盖下通过无线连接网络进行上网使用的无线终端设备。

3. 路由器

路由器（Router）是一种连接多个网络或网段的网络设备，它能对不同网络或网段之间的数据信息进行"翻译"，使不同网段和网络之间能够相互"读懂"对方的数据，从而构成一个更大的网络。路由器的主要工作就是为经过路由器的每个数据帧寻找一条最佳传输路径，并将该数据有效地传送到目的站点。路由器是网络与外界的通信出口，也是联系内部子网的桥梁。在网络组建的过程中，路由器的选择是极为重要的，选择路由器时需要考虑的因素有安全性能、处理器、控制软件、容量、网络扩展能力、支持的网络协议和是否支持带线拔插等。

4. 交换机

交换机（Switch）是一种用于电信号转发的网络设备。交换机可以为接入它的任意两个网络节点提供独享的电信号通路。最常见的交换机是以太网交换机，其他常见的还有电话语音交换机、光纤交换机等。交换机的雏形是电话交换机系统，经过发展和不断创新，才形成了如今的交换机技术。交换机的主要功能包括物理编址、网络拓扑结构、错误校验、帧序列以及流量控制。目前一些高档交换机还具备了一些新的功能，如对 VLAN（Virtual Local Area Network，虚拟局域网）的支持、对链路汇聚的支持，有的还具有路由器和防火墙的功能。

（三）网络中的软件

网络软件是计算机网络中不可或缺的组成部分。网络的正常工作需要网络软件的控制，如同单个计算机需要在软件的控制下工作一样。一方面网络软件授权用户对网络资源进行访问，帮助用户方便、快速地访问网络；另一方面，网络软件也能够管理和调度网络资源，提供网络通信和用户所需要的各种网络服务。网络软件包括通信支撑平台软件、网络服务支撑平台软件、网络应用支撑平台软件、网络应用系统、网络管理系统以及用于特殊网络站点的软件等。从网络体系结构模型不难看出，通信软件和各层网络协议软件是网络软件的主体。

通常情况下，网络软件分为通信软件、网络协议软件和网络操作系统 3 个部分。

- 通信软件。通信软件用于监督和控制通信工作,除了作为计算机网络软件的基础组成部分外,还可用作计算机与自带终端或附属计算机之间实现通信的软件,通常由线路缓冲区管理程序、线路控制程序以及报文管理程序组成。

- 网络协议软件。网络协议软件是网络软件的重要组成部分,按网络所采用的协议层次模型(如 ISO 建议的 OSI 参考模型)组织而成。除物理层外,其余各层协议大都由软件实现,每层协议软件通常由一个或多个进程组成,其主要任务是完成相应层协议所规定的功能,以及与上、下层的连接功能。

- 网络操作系统。网络操作系统是指能够控制和管理网络资源的软件。网络操作系统的功能作用在两个级别上:在服务器上为任务提供资源管理;在每个工作站上,向用户和应用软件提供一个网络环境的“窗口”,从而向网络操作系统的用户和管理人员提供整体的系统控制能力。网络服务器操作系统要提供目录管理、文件管理、网络打印、存储管理和通信管理等主要服务;工作站的操作系统主要完成工作站任务的识别和与网络的连接,即首先判断应用程序提出的服务请求是使用本地资源还是使用网络资源,若使用网络资源则需完成与网络的连接。常用的网络操作系统有 NetWare 系统、Windows NT 系统、UNIX 系统和 Linux 系统等。

(四)无线局域网

随着技术的发展,无线局域网(Wireless Local Area Network,WLAN)已逐渐代替有线局域网,成为现在家庭、小型公司主流的局域网组建方式。WLAN 是利用射频技术,使用电磁波取代双绞线构成的局域网。

WLAN 的实现协议有很多,其中应用最为广泛的是无线保真(Wireless Fidelity,Wi-Fi)技术,它提供了一种能够将各种终端都使用无线进行互连的技术,为用户屏蔽了各种终端之间的差异性。要实现无线局域网功能,目前一般需要一台无线路由器、多台有无线网卡的计算机和手机等可以上网的智能移动设备。

无线路由器可以看作一个转发器,它将宽带网络信号通过天线转发给附近的无线网络设备,同时它还具有其他网络管理功能,如 DHCP(Dynamic Host Configuration Protocol,动态主机配置协议)服务、网络地址转换(Network Address Translation,NAT)防火墙、MAC(Media Access Control,媒体访问控制)地址过滤和动态域名等。

任务二　认识 Internet

任务要求

在肖磊学习了一些基本的计算机网络知识后,同事告诉他,计算机网络不等同于因特网(Internet),Internet 是使用最为广泛的一种网络,也是现在世界上最大的一种网络,在该网络上可以实现很多特有的功能。肖磊决定再好好补习 Internet 的基础知识。

本任务要求认识 Internet 与万维网,了解 TCP/IP,认识 IP 地址和域名系统,掌握连入 Internet 的各种方法。

任务实现

（一）认识 Internet 与万维网

Internet 和万维网是两种不同类型的网络，其功能各不相同。

1. Internet

Internet 是全球最大、连接能力最强，由遍布全世界的众多大大小小的网络相互连接而成的计算机网络，是由美国的阿帕网（ARPANET）发展起来的。Internet 主要采用 TCP/IP，它使网络上各个计算机可以相互交换各种信息。目前，Internet 通过全球的信息资源和覆盖五大洲的 160 多个国家和地区的数百万个网点，在网上提供数据、电话、广播、出版、软件分发、商业交易、视频会议以及视频节目点播等服务。Internet 在全球范围内提供了极为丰富的信息资源，一旦连接到 Web 节点，就意味着你的计算机已经进入 Internet。

Internet 将全球范围内的网站连接在一起，形成一个资源十分丰富的信息库。Internet 在人们的工作、生活和社会活动中起着越来越重要的作用。

2. 万维网

万维网（World Wide Web，WWW）又称环球信息网、环球网和全球浏览系统等。WWW 起源于位于瑞士日内瓦的欧洲粒子物理实验室。WWW 是一种基于超文本的、方便用户在 Internet 上搜索和浏览信息的信息服务系统。它通过超链接把世界各地不同 Internet 节点上的相关信息有机地组织在一起，只要用户发出检索要求，它就能自动进行定位并找到相应的检索信息。用户可用 WWW 在 Internet 上浏览、传递和编辑超文本格式的文件。WWW 是 Internet 上最受欢迎、最为流行的信息检索工具之一，它能把各种类型的信息（文本、图像、声音和影像等）集成起来供用户查询。WWW 为全世界的人们提供了查找和共享知识的手段。

WWW 还具有连接文件传输协议（File Transfer Protocol，FTP）和公告板系统（Bulletin Board System，BBS）等功能。总之，WWW 的应用和发展已经远远超出网络技术的范畴，影响着新闻、广告、娱乐、电子商务和信息服务等诸多领域。可以说，WWW 的出现是 Internet 应用的一个里程碑。

（二）了解 TCP/IP

计算机网络要有网络协议，网络中每个主机系统都应配置相应的协议软件，以确保网中不同系统之间能够可靠、有效地相互通信和合作。TCP/IP 是 Internet 最基本的协议之一，它被译为传输控制协议/互联网协议，又名网络通信协议，也是 Internet 国际互联网络的基础。

微课

ping 命令

TCP/IP 由网络层的 IP 和传输层的 TCP 组成。它定义了电子设备如何连入 Internet，以及数据在它们之间传输的标准。TCP 即传输控制协议，位于传输层，负责向应用层提供面向连接的服务，确保网上发送的数据包可以被完整接收；如果发现传输有问题，则要求重新传输，直到所有数据安全、正确地被传输到目的地。IP 即互联网协议，负责给 Internet 的每一台互联网设备规定一个地址，即常说的 IP 地址。同时，IP 还有另一个重要的功能，即路由选择功能，用于选择从网上一个节点到另一个节点的传输路径。

TCP/IP 共分为 4 层——网络接口层、互连网络层、传输层和应用层，分别介绍如下。

● 网络接口层（Host-to-Network Layer）。网络接口层用于规定数据包从一个设备的网络层传输到另一个设备的网络层的方法。

● 互连网络层（Internet Layer）。互连网络层负责提供基本的数据封包传送功能，让每一个数据包都能够到达目的主机，使用 IP、互联网控制报文协议（Internet Control Message Protocol，ICMP）。

● 传输层（Transport Layer）。传输层用于为两台联网设备提供端到端的通信功能，在这一层有 TCP 和用户数据报协议（User Datagram Protocol，UDP）。其中 TCP 是面向连接的协议，它提供可靠的报文传输和对上层应用的连接服务；UDP 是面向无连接的不可靠传输的协议，主要用于不需要 TCP 的排序和流量控制等功能的应用程序。

● 应用层（Application Layer）。应用层包含所有的高层协议，用于处理特定的应用程序数据，为应用软件提供网络接口，包括 FTP、简单邮件传输协议（Simple Mail Transfer Protocol，SMTP）、域名服务（Domain Name Service，DNS）、网络新闻传输协议（Network News Transfer Protocol，NNTP）等。

（三）认识 IP 地址和域名系统

微课

设置 IP 地址

Internet 连接了众多的计算机，想要有效地分辨这些计算机，需要通过 IP 地址和域名来实现。

1. IP 地址

IP 地址即网络协议地址。连接在 Internet 上的每台主机都有一个在全世界范围内唯一的 IP 地址。一个 IP 地址由 4 字节（32 位）组成，通常用圆点分隔，其中每字节可用一个十进制数来表示。例如，192.168.1.51 就是一个 IP 地址。

IP 地址通常可分成两部分：第一部分是网络号，第二部分是主机号。

Internet 的 IP 地址可以分为 A、B、C、D 和 E 这 5 类。其中，0～127 为 A 类地址；128～191 为 B 类地址；192～223 为 C 类地址；D 类地址留给 Internet 体系结构委员会使用；E 类地址保留在今后使用。也就是说每字节的数字由 0～255 的数字组成，大于或小于该数字的 IP 地址都不正确，通过数字所在的区域可判断该 IP 地址的类别。

> **提示** 由于网络的迅速发展，已有协议（IPv4）规定的 IP 地址已不能满足用户的需要，IPv6 采用 128 位地址长度，几乎可以不受限制地提供地址。IPv6 除解决了地址短缺问题以外，还解决了在 IPv4 中存在的其他问题，如端到端 IP 连接、服务质量（Quality of Service，QoS）、安全性、多播、移动性和即插即用等。IPv6 成为新一代的网络协议标准。

2. 域名系统

数字形式的 IP 地址难以记忆，故在实际使用时常采用字符形式来表示 IP 地址，即域名系统（Domain Name System，DNS）。域名系统由若干子域名构成，子域名之间用圆点来分隔。

域名系统的层次结构如下。

…….三级子域名.二级子域名.顶级子域名

每一级的子域名都由英文字母和数字组成（不超过 63 个字符，并且不区分大小写字母），级别最低的子域名写在最左边，而级别最高的顶级域名写在最右边。一个完整的域名不超过 255 个字符，其子域名级数一般没有限制。

> **提示** 在顶级域名下，二级域名又分为类别域名和行政区域名。类别域名共 6 个，包括用于科研机构的 ac、用于工商金融企业的 com、用于教育机构的 edu、用于政府部门的 gov、用于互联网络信息中心和运行中心的 net、用于非营利组织的 org。行政区域名有 34 个。

（四）连入 Internet

将用户的计算机连入 Internet 的方法有多种，一般都是通过联系因特网服务提供方（Internet Service Provider，ISP），对方派专人根据当前的情况实际查看、连接后，分配 IP 地址、设置网关及 DNS 等，从而实现上网。目前，连入 Internet 的方法主要有 ADSL（Asymmetric Digital Subscriber Line，非对称数字用户线）拨号上网和光纤宽带上网两种，下面对它们分别进行介绍。

- ADSL。ADSL 可直接利用现有的电话线路，通过 ADSL Modem 传输数字信息，理论上 ADSL 连接速率可达 1～8Mbit/s。它具有速率稳定、带宽独享、语音数据不受干扰等优点，适用于家庭、个人等用户的大多数网络应用需求。它可以与普通电话线共存于一条电话线上，接听、拨打电话的同时进行 ADSL 传输，且它们互不影响。
- 光纤宽带。光纤是目前宽带网络中多种传输介质中最理想的一种，它具有传输容量大、传输质量高、损耗小、中继距离长等优点。通过光纤连入 Internet 一般有两种方法，一种是通过光纤接入小区节点或楼道，再由网线连接到各个共享点上；另一种是"光纤入户"，将光缆一直扩展到每一台计算机终端上。

任务三　应用 Internet

任务要求

通过一段时间的基础知识的学习，肖磊迫不及待地想进入 Internet 的神奇世界。老师告诉他，Internet 可以实现的功能很多，不仅可以查看和搜索信息，还可以下载资料等。在信息技术如此发达的今天，不管是办公还是日常生活，都离不开 Internet。肖磊决定系统地学习 Internet 的使用方法。

本任务要求掌握常见的 Internet 操作，包括使用 Microsoft Edge 浏览器、使用搜索引擎、下载资源、使用流媒体、远程登录桌面和网上求职等。

相关知识

（一）Internet 的相关概念

Internet 可以实现的功能很多，在使用 Internet 之前，用户应先了解 Internet 的相关概念，以便后期学习。

1. 浏览器

浏览器是用于浏览 Internet 中的信息的工具，Internet 中的信息内容繁多，有文字、图像等多媒体信息，还有连接到其他网址的超链接。通过浏览器，用户可迅速浏览各种信息，并可将用户反馈的信息转换为计算机能够识别的命令。在 Internet 中，这些信息一般都集中显示在 HTML 格式的网页上。

浏览器的种类众多，常用的有 Microsoft Edge 浏览器、Internet Explorer、QQ 浏览器、Firefox、Safari、Opera、百度浏览器、搜狗浏览器、360 浏览器和 UC 浏览器等。

2. URL

URL（Uniform Resource Locator，统一资源定位符）即网页地址，简称网址，是 Internet 上标准的资源的地址。URL 由资源类型、主机域名、资源文件路径和资源文件名 4 部分组成，其格式是"资源类型：//主机域名/资源文件路径/资源文件名"。

3. 超链接

超链接是超级链接的简称，网页中包含的信息众多，这些信息通常不可能在一个页面中全部显示出来，因此出现了超链接。超链接是指从一个网页指向一个目标的连接关系，这个目标可以是另一个网页，也可以是相同网页上的不同位置，还可以是一张图片、一个电子邮件地址、一个文件，甚至可以是一个应用程序等。而在一个网页中用来超链接的对象，可以是一段文本或者一张图片等。

在一些大型的综合网站中，首页一般都是超链接的集合，单击这些超链接，可一步步指定具体可以阅读的网页。

4. FTP

FTP 可将一个文件从一台计算机传送到另一台计算机中，而不管这两台计算机使用的操作系统是否相同，相隔的距离有多远。

在使用 FTP 的过程中，经常会遇到两个概念，即下载（Download）和上传（Upload）。下载就是将文件从远程计算机复制到本地计算机上；上传就是将文件从本地计算机复制到远程计算机上。用 Internet 语言来说，用户可通过客户机程序向（从）远程计算机上传（下载）文件。

> **提示** 百度云是百度公司提供的公有云平台，于 2015 年正式开放运营。百度云提供的百度网盘类似于计算机中安装的硬盘，通过百度网盘不仅可以把文件上传到互联网中进行保存，而且可以将保存在互联网中的文件下载到计算机中。

（二）认识 Microsoft Edge 浏览器窗口

Microsoft Edge 浏览器是目前主流的浏览器之一。单击"开始"按钮⊞，在打开的菜单中选择"Microsoft Edge"命令启动该程序，即可打开图 11-1 所示的窗口。

Microsoft Edge 浏览器窗口中的标题栏、"前进"按钮、"后退"按钮的作用与前面介绍的应用程序中的类似，下面介绍 Microsoft Edge 浏览器窗口中的其他部分。

● 地址栏。地址栏用来显示用户当前所打开网页的地址，也就是常说的网站的网址，单击地址栏右边的☆按钮，可将当前网址添加到收藏夹中，单击 按钮，可将当前浏览的网页快速切换为阅读模式进行浏览。

图 11-1　Microsoft Edge 浏览器窗口

- 网页选项卡。通过网页选项卡可以使用户在单个浏览器窗口中查看多个网页，即当打开多个网页时，单击不同的网页选项卡可以在打开的网页间快速切换。
- 工具栏。工具栏中包含浏览网页时所需的常用工具按钮，单击相应的按钮可以快速对浏览的网页进行相应的设置或操作。
- 网页浏览窗口。所有的网页文字、图片、声音和视频等信息都显示在网页浏览窗口中。

（三）流媒体

流媒体是一种以"流"的形式在网络中传输音频、视频和其他多媒体文件的方式。它将视频和音频等多媒体文件经过特殊的压缩方式分成一个个压缩包，由服务器连续地、实时地向用户的计算机进行传送。在使用流媒体传输方式的系统中，用户只需要很短的时间，便可在计算机上播放正在下载的视频或音频等流媒体文件。

1. 实现流媒体的条件

实现流媒体需要两个条件，一是传输协议，二是缓存，其作用分别如下。

- 传输协议。流式传输有实时流式传输和顺序流式传输两种。实时流式传输适合现场直播，需要另外使用 RTSP（Real-Time Streaming Protocol，实时流协议）或 MMS（Microsoft Media Server，微软媒体服务器）传输协议；顺序流式传输适合传输已有媒体文件，这时用户可观看已下载的那部分文件，但不能跳到还未下载的部分，由于标准的 HTTP 服务器可以直接发送这种形式的文件，所以无须使用其他特殊协议即可实现。
- 缓存。流媒体技术之所以可以实现，是因为它首先在使用者的计算机上创建了一个缓冲区。通过流媒体技术传输视频、音频等多媒体文件时，会在播放文件前预先下载一部分数据作为缓存，在网络实际连接速度小于播放所耗用数据的速度时，播放程序就会取用缓冲区内的数据，从而避免播放中断，实现流媒体连续不断的效果。

2. 流媒体传输过程

通过流媒体传输方式在服务器和客户端之间进行文件传输的过程如下。

（1）客户端 Web 浏览器与媒体服务器之间交换控制信息，检索出需要传输的实时数据。

（2）Web 浏览器启动客户端的音频/视频程序，并初始化该程序，包括目录信息、音频/视频数据的编码类型和相关的服务地址等信息。

（3）客户端的音频/视频程序和媒体服务器之间运行流媒体传输协议，交换音频/视频传输所需的控制信息，实时流协议提供播放、快进、快退和暂停等功能。

（4）媒体服务器通过传输协议将音频/视频数据传输给客户端，当数据到达客户端时，客户端程序便可播放正在通过流媒体传输方式传输的文件。

任务实现

（一）使用 Microsoft Edge 浏览器

Microsoft Edge 浏览器用于浏览 Internet 的信息，并实现信息交换的功能。Microsoft Edge 浏览器作为 Windows 操作系统集成的浏览器，拥有浏览网页、保存网页中的资料、使用历史记录和使用收藏夹等多种功能。

1. 浏览网页

使用 Microsoft Edge 浏览器打开网页，并查看网页中的内容。

下面使用 Microsoft Edge 浏览器打开网易官网，然后进入"旅游"专题，查看其中的内容。

（1）单击任务栏上的 Microsoft Edge 图标█启动浏览器，在上方的地址栏中输入网易网址的关键部分，按"Enter"键确认，Microsoft Edge 浏览器系统会自动补充剩余部分，并打开该网页。

（2）网页中有很多目录索引，将鼠标指针移动到"旅游"超链接上时，鼠标指针变为🖑形状，单击，如图 11-2 所示。

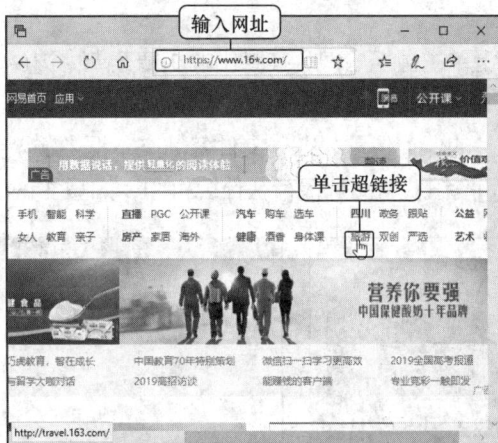

图 11-2　打开网页

> **提示**　启动 Microsoft Edge 浏览器后自动打开的网页称为主页，用户可对其进行修改，具体方法如下：在工具栏中单击"设置及其他"按钮，在打开的下拉列表中选择"设置"选项，在打开的面板中将"显示主页按钮"设置为"开"状态，在下方的"设置您的主页"下拉列表中选择"特定页"选项，在下方的文本框中输入需要设置为主页的网址，然后单击🖫按钮保存。

（3）打开"旅游"专题，滚动鼠标滚轮上下移动网页，在该网页中找到自己感兴趣的内容的超链接后，再次单击，如图 11-3 所示，将在打开的网页中显示其具体内容，如图 11-4 所示。

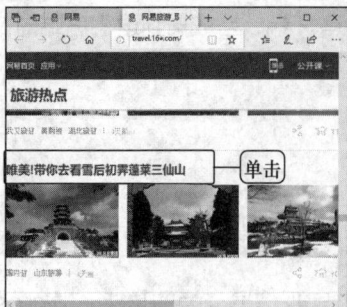

图 11-3　单击超链接

图 11-4　浏览具体内容

2. 保存网页中的资料

Microsoft Edge 浏览器为用户提供了信息保存功能，当用户浏览的网页中有自己需要的内容时，可将其长期保存在计算机中，以备使用。

以下为保存打开的网页中的文字信息和图片信息，最后保存整个网页内容的步骤。

保存网页中的资料

（1）打开一个有需要保存的资料的网页，选择需要保存的文字，在被选择的文字区域中单击鼠标右键，在弹出的快捷菜单中选择"复制"命令或按"Ctrl+C"组合键。

（2）启动记事本程序或 Word，按"Ctrl+V"组合键，将从网页中复制的文字信息粘贴到新建的记事本或 Word 文档中。

（3）在快速访问工具栏中单击"保存"按钮，在打开的对话框中进行相应的设置后，将文档保存在计算机中。

（4）在需要保存的图片上单击鼠标右键，在弹出的快捷菜单中选择"将目标另存为"命令，打开"另存为"对话框。

（5）在地址栏中设置图片的保存位置，在"文件名"文本框中输入要保存图片的名称，这里输入"杜甫草堂"，单击 保存(S) 按钮，将图片保存在计算机中，如图 11-5 所示。

图 11-5　保存图片

3. 使用历史记录

用户使用 Microsoft Edge 浏览器查看过的网页，将被记录在 Microsoft Edge 浏览器中，当需要再次打开该网页时，可通过历史记录找到该网页并打开。下面使用历史记录查看今天曾经打开过的一个网页。

使用历史记录

（1）在窗口右侧单击"设置及其他"按钮，在打开的下拉列表中选择"历史记录"选项。

（2）在下方将以星期形式列出日期列表，选择"今天"选项，在展开的子列表中将列出今天查看过的所有网页文件夹。

（3）选择一个网页文件夹，将在下方显示出今天在相应网站查看过的所有网页的列表，选择一个网页选项，可在网页浏览窗口中显示该网页的内容，如图 11-6 所示。

图 11-6　使用历史记录

提示　在打开的窗格中单击右上角的"清除历史记录"超链接可将当前的历史记录清除，单击"固定此窗格"按钮⊐可将当前窗格固定到浏览器中一直显示。

4. 使用收藏夹

对于需要经常浏览的网页，可以将其添加到收藏夹中，以便快速打开。下面将京东网页添加到收藏夹的"购物"文件夹中，具体操作步骤如下。

（1）在地址栏中输入京东官网的网址，按"Enter"键打开该网页，在右侧单击"收藏夹"按钮☆。

（2）在网页右侧将打开"收藏夹"窗格，单击上方的"创建新的文件夹"按钮⊐，在文本框中输入"购物"文本，创建文件夹，如图 11-7 所示。

（3）在地址栏中单击"收藏"按钮☆，在"保存位置"下拉列表中选择"购物"选项，单击 添加 按钮，如图 11-8 所示。

微课

使用收藏夹

（4）再次打开收藏夹，可发现多了一个"购物"文件夹，选择该文件夹，下面将显示被保存在该文件夹中的"京东"网页选项，如图 11-9 所示，单击该选项可打开该网页。

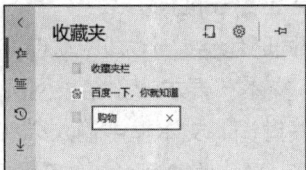

图 11-7　创建文件夹　　　　图 11-8　添加到收藏夹　　　　图 11-9　收藏后的网页

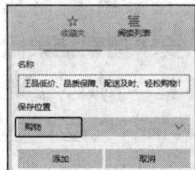

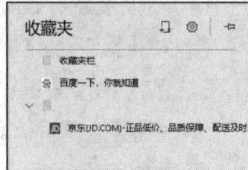

（二）使用搜索引擎

搜索引擎是专门用来查询信息的网站，搜索引擎可以提供全面的信息查询功能。目前，常用的搜索引擎有百度、搜狗、必应、360搜索、搜搜等。使用搜索引擎搜索信息的方法有很多，下面介绍常用的方法。

1. 只搜索标题含有关键词的信息

输入关键词，搜索引擎会拆分所输入的词语，只要信息中包含所拆分的关键词，不管是标题还是内容都会显示出来，因此会导致用户搜索到很多无用的信息。要想避免这种情况，可通过输入括号来解决。

下面在百度搜索引擎中搜索只包含"计算机等级考试"的内容。

（1）在地址栏中输入百度的网址，按"Enter"键打开百度网站首页。

（2）在搜索框中输入关键词"（计算机等级考试）"文本，单击 百度一下 按钮，如图11-10所示。

（3）在打开的网页中将会列出搜索到的结果，如图11-11所示，单击任意一个超链接，可在打开的网页中查看具体内容。

图11-10　输入关键词

图11-11　搜索结果

> **提示**　在搜索引擎网页的上方单击不同的超链接可在对应板块的网页下搜索信息，如搜索视频信息和搜索地图信息等，这样可以帮助用户更加精确地搜索需要的信息。

2. 百度的高级查询

用户在使用搜索引擎搜索信息时，可以对包含完整关键词、包含任意关键词或不包含某些关键词的情况进行搜索，从而获得更加符合要求的搜索结果。

下面在百度搜索引擎中筛选十大励志人物的相关信息，其具体操作如下。

（1）将鼠标指针移至百度搜索结果页面右上角的"设置"超链接上，在打开的下拉列表中选择"高级搜索"选项。

（2）打开"高级搜索"面板，在"搜索结果"栏的"包含全部关键词"文本框中输入"十大 励志 人物"文本，要求搜索结果网页中要同时包含"十大""励志""人物"3个关键词；在"包含完整关键词"文本框中输入"励志人物"文本，要求搜索结果网页中要包含"励志人物"这一完整关键词，使其不被拆分；在"包含任意关键词"文本框中输入"2023 励志人物"文本，要求搜索结果网页中要包含"2023"或者"励志人物"关键词；在"不包括关键词"文本框中输入"经典 传记 颁奖"文本，要求搜索结果网页中不包含"经典""传记"或"颁奖"关键词。

（3）在"关键词位置"栏选中"仅网页标题中"单选项，最后单击 高级搜索 按钮进行搜索，如图11-12所示。搜索结果如图11-13所示。

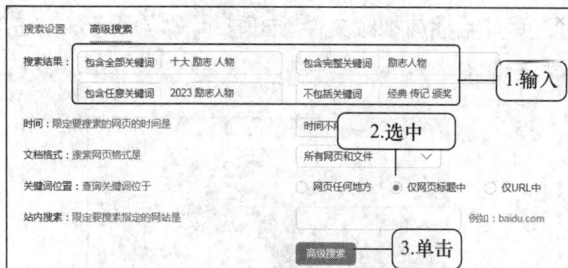

图 11-12　设置搜索参数

图 11-13　搜索结果

（三）下载资源

Internet 的网站中有很多资源，除了可以在 FTP 站点中下载之外，用户还可以在普通的网站中下载。

下面将"搜狗输入法"软件下载到本地计算机中，其具体操作如下。

（1）在 Microsoft Edge 浏览器的地址栏中输入百度的网址，按"Enter"键打开百度网站首页，输入"搜狗输入法下载"文本，然后单击 ZOL 软件下载超链接，在打开的页面中单击 ↓ ZOL高速下载 按钮。

（2）在浏览器的下方将打开提示框，在其中单击 保存 按钮右侧的下拉按钮 ∧，在打开的下拉列表中选择"另存为"选项，如图 11-14 所示。

（3）打开"另存为"对话框，设置文件的保存位置和文件名后，单击 保存(S) 按钮，如图 11-15所示。软件开始下载，下载完成后，可在保存位置查看下载的资源。

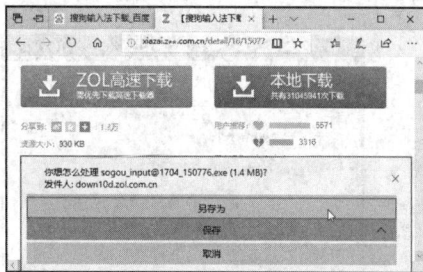

微课

下载资源

图 11-14　选择"另存为"选项

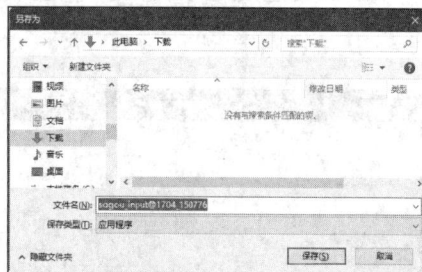

图 11-15　下载文件

（四）使用流媒体

现在很多网站提供了在线播放音频/视频的服务，如优酷、爱奇艺等。它们的使用方法基本相同，但每个网站中保存的音频/视频文件各有不同。

在爱奇艺网站中播放视频文件（动画片）的具体操作如下。

（1）在浏览器中打开爱奇艺网站，单击首页的"儿童"超链接，打开少儿频道。

（2）依次单击超链接，选择喜欢看的视频文件，视频文件将在网页浏览窗口中显示，如图 11-16 所示。

（3）在窗口右侧选择需要播放的视频文件，在视频播放窗口下方拖动进度条

微课

使用流媒体

或单击进度条上的某一个点，可从该点所对应的时间开始播放视频文件，如图 11-17 所示。在进度条下方有一个时间表，表示当前视频的播放时长和总时长。

图 11-16　选择视频文件

图 11-17　播放任意时间点的视频

（4）单击 ▌▌按钮可暂停播放视频文件，单击 ▷ 按钮可继续播放视频文件，单击"全屏"按钮 ▣，将以全屏模式播放视频文件。

（五）远程登录桌面

设置远程登录桌面可以让用户在两台计算机之间进行桌面连接，以便查阅资料。下面介绍设置远程登录桌面的具体操作。

（1）在桌面上的"此电脑"图标上单击鼠标右键，在弹出的快捷菜单中选择"属性"命令，打开"系统"窗口，在左侧单击"高级系统设置"超链接，如图 11-18 所示。

（2）打开"系统属性"对话框，切换到"远程"选项卡，在"远程桌面"栏中选中"允许远程连接到此计算机"单选项，单击 ▢确定 按钮，如图 11-19 所示。

微课
远程登录桌面

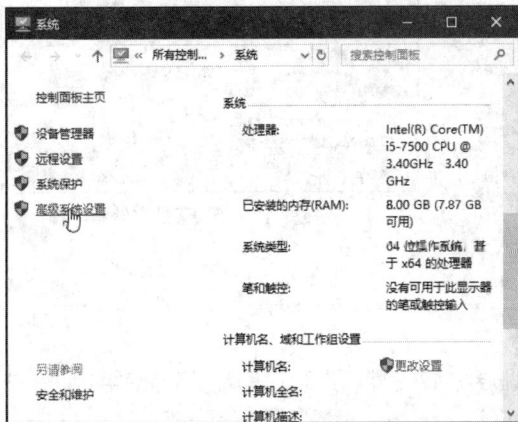

图 11-18　单击"高级系统设置"超链接

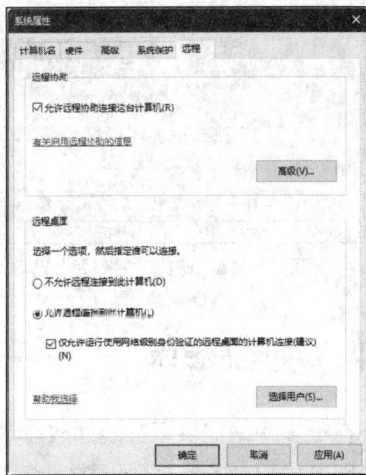

图 11-19　选择"允许远程连接到此计算机"单选项

（3）在桌面右下角单击"网络"图标 ▣，在打开的面板中单击"打开网络和共享中心"超链接，在打开的窗口右侧单击"更改适配器选项"，如图 11-20 所示。

（4）在打开的窗口中的"本地连接"上单击鼠标右键，在弹出的快捷菜单中选择"属性"命令，如图 11-21 所示。

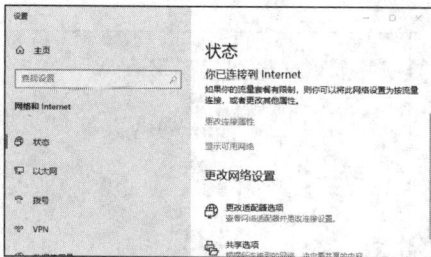

图 11-20　单击"更改适配器选项"

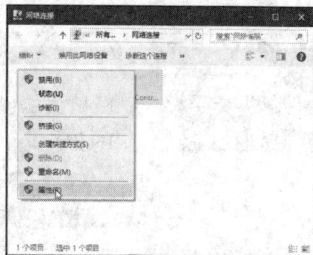

图 11-21　选择"属性"命令

（5）打开"本地连接属性"对话框，双击"Internet 协议版本 4"，在打开的对话框中可查看当前计算机的 IP 地址，如图 11-22 所示。

（6）在另外一台计算机上选择"开始"/"所有程序"/"Windows 附件"/"远程桌面连接"命令，打开"远程桌面连接"对话框，在其中输入需要连接的 IP 地址，如图 11-23 所示。

（7）单击 连接(N) 按钮，打开"远程桌面连接"提示对话框，显示连接进度，稍等片刻后，便可连接到远程计算机桌面，如图 11-24 所示。

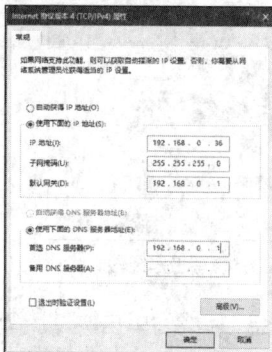

图 11-22　查看 IP 地址

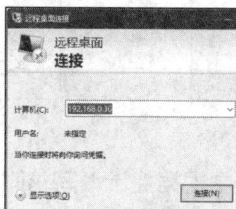

图 11-23　输入计算机 IP 地址

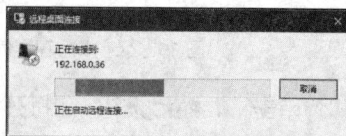

图 11-24　远程桌面连接进度

（六）网上求职

随着互联网的发展，许多企业也选择通过互联网来开展招聘工作，这样不但可以节约成本，而且人员的选择范围也更广。

1. 注册并填写简历

互联网平台上的招聘网站非常多，如智联招聘、前程无忧和猎聘网等，要通过这些网站进行求职，首先需要注册成为网站的用户，并创建电子简历，下面介绍其具体操作。

微课

注册并填写简历

（1）在浏览器中打开前程无忧网站，在右侧切换到"邮箱注册"选项卡，在下方的文本框中输入邮箱名称和密码，单击 免费注册 按钮，如图 11-25 所示。

（2）在打开的页面中根据提示输入相关的注册信息，选中"我已阅读并同意服务声明"复选框，然后单击 免费注册 按钮，如图 11-26 所示。

（3）稍等片刻后，可完成注册，并打开提示对话框提示创建简历，单击"马上创建简历"超链接，在打开的窗口中根据提示信息填写简历的基本信息部分，如图 11-27 所示。

图 11-25　单击"免费注册"按钮

图 11-26　填写注册信息

（4）单击 下一步 按钮，在打开的窗口中根据提示填写工作经验信息，如图 11-28 所示。

图 11-27　填写基本信息

图 11-28　填写工作经验

（5）单击 下一步 按钮，在打开的窗口中根据提示填写求职意向信息，完成后单击 创建完成 按钮，完成简历的创建，如图 11-29 所示。

图 11-29　完成简历创建

2. 投递简历

用户在网站中创建简历后，就可以搜索感兴趣的职位，然后投递简历，下面介绍其具体操作。

（1）打开前程无忧网站首页，在网页右侧单击"已有账号，去登录"超链接，输入登录信息，然后单击 登录 按钮登录网站，在网页的导航栏中选择"地

区频道"选项，在打开的窗口中单击"成都"超链接，如图 11-30 所示。

（2）在打开的页面搜索框中输入"编辑"文本，单击 搜索 按钮，如图 11-31 所示。

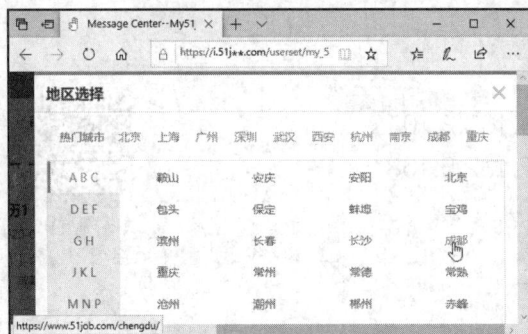

图 11-30　选择求职城市

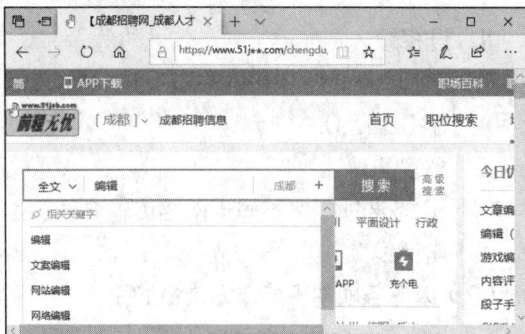

图 11-31　搜索职位

（3）此时将根据搜索的内容显示相关职位，单击需要求职的超链接，如图 11-32 所示。

（4）在打开的页面左侧可浏览该职位的相关介绍，在右侧单击 ⇧ 申请职位 按钮，如图 11-33 所示。

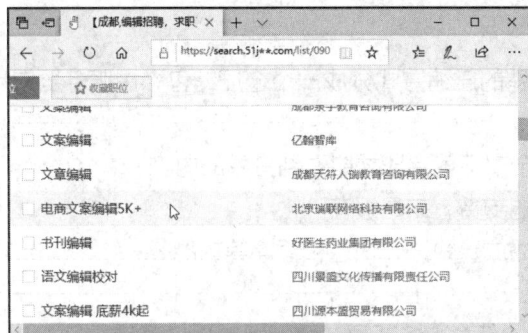

图 11-32　单击职位超链接

图 11-33　申请职位

（5）稍等片刻后，"申请职位"按钮将变为"已申请"按钮，如图 11-34 所示。

（6）在网页上方的用户名处单击，在打开的下拉列表中选择"我的 51Job"选项，在打开的页面中可以查看职位的申请情况和反馈意见等，如图 11-35 所示。

图 11-34　完成申请

图 11-35　查看申请情况和反馈意见

课后练习

1. 选择题

（1）以下 IP 地址中正确的是（　　　）。

A. 323.112.0.1 　　　　　　　　B. 134.168.2.10.2

C. 202.202.1 　　　　　　　　　D. 202.132.5.168

（2）以下选项中，不属于网络传输介质的是（　　　）。

A. 电话线 　　　　B. 光纤 　　　　C. 网桥 　　　　　D. 双绞线

（3）以下各项中不能作为域名的是（　　　）。

A. www.ptpress.com.cn 　　　　　B. www,baidu.com

C. www.ryjiaoyu.com 　　　　　　D. mail.qq.com

（4）不属于 TCP/IP 层次的是（　　　）。

A. 网络访问层 　　B. 交换层 　　C. 传输层 　　　D. 应用层

（5）未来的 IP 是（　　　）。

A. IPv4 　　　　B. IPv5 　　　　C. IPv6 　　　　　D. IPv7

（6）下面关于流媒体的说法，错误的是（　　　）。

A. 流媒体将视频和音频等多媒体文件经过特殊的压缩方式分成一个个压缩包，由服务器向用户计算机连续、实时传送

B. 使用流媒体技术观看视频，用户应将文件全部下载完毕才能看到其中的内容

C. 实现流媒体需要两个条件，一是传输协议的支持，二是缓存

D. 使用流媒体技术观看视频，用户可以执行播放、快进、快退和暂停等功能

2. 操作题

（1）打开网易官网，进入体育频道，浏览其中的任意一条新闻。

（2）在百度搜索引擎中搜索"流媒体"的相关信息，然后将流媒体的信息复制到记事本文档中，并将记事本文档保存到桌面。

（3）将百度首页添加到收藏夹中。

（4）在百度搜索引擎中搜索"FlashFXP"的相关信息，然后将该软件下载到计算机的桌面上。

（5）将家里的计算机设置为可以远程登录，然后在办公室使用远程登录方式登录家里的计算机。

（6）在智联招聘网站注册账号，然后创建简历，并在网站中搜索"行政"职位，投递简历。

查看项目十一
答案与解析

项目十二
计算机维护与安全

12

　　由于计算机的功能十分强大，因此做好计算机的维护与安全工作十分重要。在日常工作中，计算机的磁盘、系统等都需要进行相应的维护和优化，在保证计算机正常运行的情况下还可适当提高效率。随着网络的发展，计算机安全也成了用户关注的重点之一，病毒和木马等都是计算机面临的各种不安全因素。本项目将通过两个典型任务，介绍计算机磁盘和系统维护的基础知识、磁盘的常用维护操作、设置虚拟内存、管理自启动程序、自动更新系统、计算机病毒的特点和分类、计算机感染病毒的表现、计算机病毒的防治方法、启用 Windows 防火墙以及使用第三方软件保护系统等内容。

学习目标	素养目标
<ul><li>维护磁盘与计算机系统。</li><li>防治计算机病毒</li></ul>	<ul><li>具备较高的专业水平和较强的动手能力。</li><li>树立网络安全意识与防范意识。</li></ul>

任务一　维护磁盘与计算机系统

任务要求

　　肖磊使用计算机办公也有一段时间了，他深知计算机的磁盘和系统对工作的重要性，于是决定学习磁盘与系统维护的相关知识，这样一来，当遇到简单问题时也可以自行处理，不用再求助于系统管理员。

　　本任务要求了解磁盘维护和系统维护的基础知识，如认识常见的系统维护场所；同时要求可以进行简单的磁盘与系统维护操作，包括硬盘分区与格式化、清理磁盘、整理磁盘碎片、检查磁盘、关闭程序、设置虚拟内存、管理自启动程序和自动更新系统等。

相关知识

（一）磁盘维护基础知识

　　磁盘是计算机中使用频率非常高的一种硬件设备，在日常的使用中应注意对其进行维护，下面讲解在磁盘维护过程中需要了解的一些基础知识。

1. 认识磁盘分区

一个磁盘由若干磁盘分区组成，磁盘分区可分为主分区和扩展分区，其含义分别如下。

- 主分区。主分区通常位于硬盘的第一个分区中，即 C 盘。主分区主要用于存放当前计算机操作系统的内容，其中的主引导程序用于检测硬盘分区的正确性，并确定活动分区，同时负责把引导权移交给活动分区的 Windows 或其他操作系统。在一个硬盘中最多只能存在 4 个主分区。
- 扩展分区。除主分区以外的分区都是扩展分区，扩展分区不是一个实际意义上的分区，而是一个指向下一个分区的指针。扩展分区中可建立多个逻辑分区，逻辑分区是可以实际存储数据的磁盘，如 D 盘、E 盘等。

2. 认识磁盘碎片

计算机使用时间长了之后，磁盘上会保存大量文件，并分散在不同的磁盘空间中，这些零散的文件被称作"磁盘碎片"。由于硬盘在读取文件时需要在多个磁盘碎片之间跳转，因此磁盘碎片过多会降低硬盘的运行速度，从而降低整个 Windows 系统的运行性能。磁盘碎片产生的原因主要有以下两种。

- 下载。在下载电影之类的大文件时，用户可能也在使用计算机处理其他工作，因此下载的文件就被迫分割成若干碎片存储于硬盘中。
- 文件的操作。在删除文件、添加文件和移动文件时，如果文件空间不够大，就会产生大量的磁盘碎片，随着对文件的频繁操作，磁盘碎片会日益增多。

（二）系统维护基础知识

计算机安装操作系统后，用户需要时常对其进行维护，操作系统的维护一般有固定的设置场所，下面讲解 4 个常用的系统维护场所。

- "系统配置"对话框。"系统配置"对话框可以帮助用户确定可能阻止 Windows 系统正确启动的问题，使用它可以在禁用服务和程序的情况下启动 Windows 系统，从而提高系统运行速度。在搜索框中输入"msconfig"，按"Enter"键确认，可打开"系统配置"对话框，如图 12-1 所示。
- "计算机管理"窗口。"计算机管理"窗口中集合了一组管理本地或远程计算机的 Windows 系统管理工具，如任务计划程序、事件查看器、设备管理器和磁盘管理等。在桌面的"此电脑"图标上单击鼠标右键，在弹出的快捷菜单中选择"管理"命令，或在任务栏的搜索框中输入"compmgmt.msc"，按"Enter"键确认，均可打开"计算机管理"窗口，如图 12-2 所示。

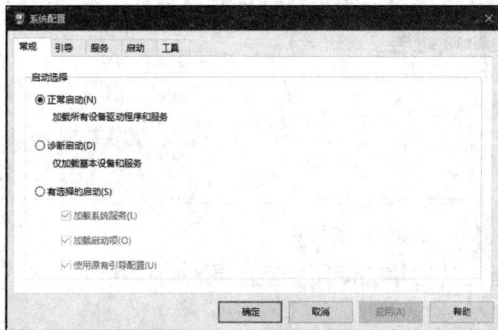

图 12-1 "系统配置"对话框

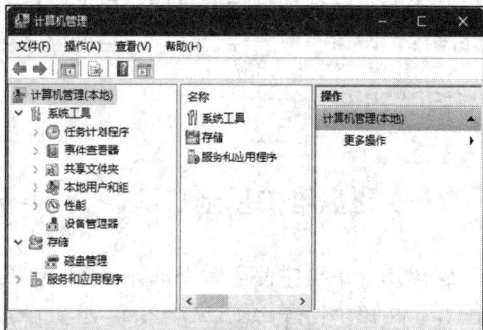

图 12-2 "计算机管理"窗口

• "任务管理器"窗口。"任务管理器"窗口提供了计算机性能的信息和在计算机上运行的程序和进程的详细信息，如果连接到网络，还可查看网络状态。按"Ctrl+Shift+Esc"组合键或在任务栏的空白处单击鼠标右键，在弹出的快捷菜单中选择"任务管理器"命令，均可打开"任务管理器"窗口，如图 12-3 所示。

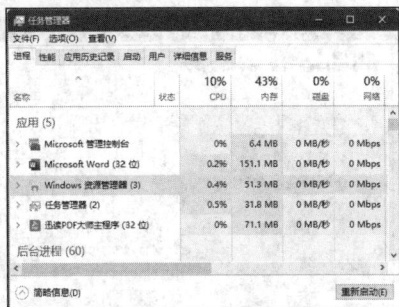

• "注册表编辑器"窗口。注册表是 Windows 操作系统中的一个重要数据库，用于存储系统和应用程序的设置信息，在整个系统中起着核心作用。在任务栏中的搜索框中输入"regedit"，按"Enter"键确认，可打开"注册表编辑器"窗口，如图 12-4 所示。

图 12-3　"任务管理器"窗口

图 12-4　"注册表编辑器"窗口

任务实现

（一）硬盘分区与格式化

一个新硬盘默认只有一个分区，若要使硬盘能够存储数据，就必须为硬盘分区并进行格式化。下面通过"计算机管理"窗口将 E 盘划分出一部分，新建一个 H 分区，然后对其进行格式化，具体操作如下。

（1）在桌面的"此电脑"图标上单击鼠标右键，在弹出的快捷菜单中选择"管理"命令，打开"计算机管理"窗口。

（2）展开左侧的"存储"目录，选择"磁盘管理"选项，打开磁盘列表窗口，在 E 盘上单击鼠标右键，在弹出的快捷菜单中选择"压缩卷"命令，如图 12-5 所示。

（3）打开"压缩 E:"对话框，在"输入压缩空间量"数值微调框中输入划分的空间的大小，单击 压缩(S) 按钮，如图 12-6 所示。

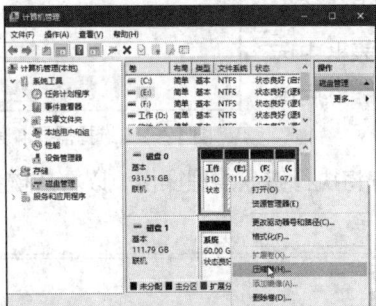

图 12-5　选择需划分空间的磁盘

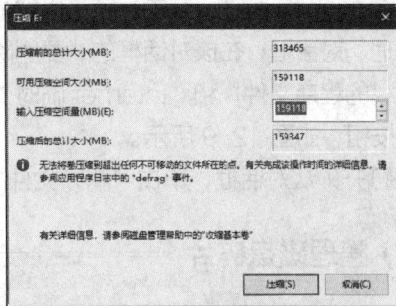

图 12-6　设置划分的空间大小

（4）返回"计算机管理"窗口，此时将增加一个可用空间，单击要创建简单卷的动态磁盘上的可用空间，一般显示为绿色，然后选择"操作"/"所有任务"/"新建简单卷"命令，或在要创建简单卷的动态磁盘的可分配空间上单击鼠标右键，在弹出的快捷菜单中选择"新建简单卷"命令，打开"新建简单卷向导"对话框，直接单击 下一步(N) 按钮，打开"指定卷大小"界面，在"简单卷大小"数值框中设置简单卷的大小，然后再次单击 下一步(N) 按钮，如图 12-7 所示。

（5）分配驱动器号和路径后，继续单击 下一步(N) 按钮。

（6）设置所需参数，格式化新建分区后，继续单击 下一步(N) 按钮，如图 12-8 所示。

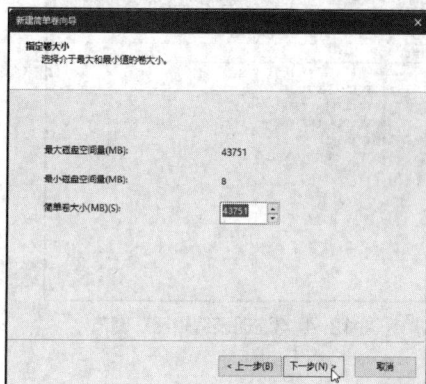

图 12-7　指定卷大小

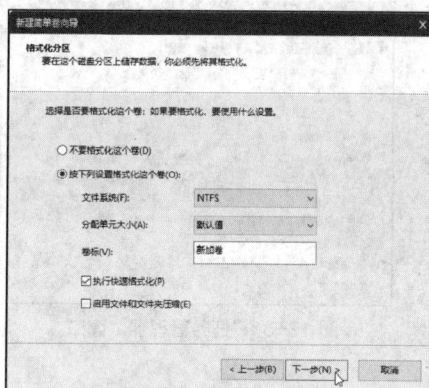

图 12-8　格式化分区

（二）清理磁盘

　　在使用计算机的过程中会产生一些垃圾文件和临时文件，这些文件会占用磁盘空间，定期清理磁盘可提高系统运行速度。下面对 C 盘中已下载的程序文件和 Internet 临时文件进行清理，其具体操作如下。

微课

清理磁盘

（1）选择"开始"/"所有程序"/"Windows管理工具"/"磁盘清理"命令，打开"磁盘清理：驱动器选择"对话框。

（2）在"磁盘清理：驱动器选择"对话框中选择需要进行清理的 C 盘，单击 确定 按钮，系统计算可以释放的空间后打开"（C:）的磁盘清理"对话框，在该对话框的"要删除的文件"列表框中选中"已下载的程序文件"和"Internet 临时文件"复选框，然后单击 确定 按钮，如图 12-9 所示。

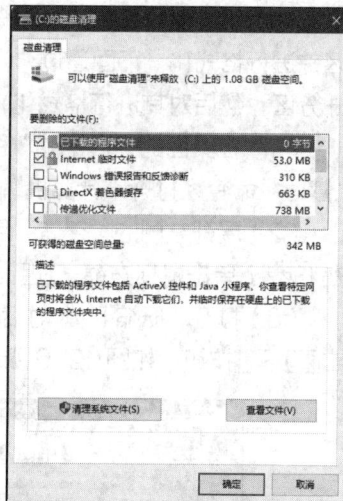

图 12-9　选择需要清理的内容

（3）打开确认对话框，单击"删除文件"按钮，系统将执行磁盘清理操作，以释放磁盘空间。

（三）整理磁盘碎片

　　计算机使用太久，系统运行速度会慢慢降低，其中有一部分原因是系统磁盘碎片太多，整理磁盘碎片可以让系统运行得更流畅。对磁盘碎片进行整理是指系统将碎片文件与文件夹的不同部分移动到卷上的相邻位置，使其在一个独立的连续空间中。对磁盘进行碎片整理需要在"磁盘碎片整理程序"窗口中进行。下面整理 C 盘中的碎片，其具体操作如下。

（1）选择"开始"/"所有程序"/"Windows 管理工具"/"碎片整理和优化驱动器"命令，打开"优化驱动器"窗口。

（2）选择要整理的 C 盘，单击 分析(A) 按钮，开始对所选的磁盘进行分析，当分析结束后，单击 优化(O) 按钮，开始对所选的磁盘进行碎片整理，如图 12-10 所示。在"优化驱动器"窗口中，还可以同时选择多个磁盘进行分析和优化。

微课

整理磁盘碎片

图 12-10　对 C 盘进行碎片整理

（四）检查磁盘

当计算机出现频繁死机、蓝屏或者系统运行速度变慢的情况时，可能是磁盘中出现了逻辑错误。这时可以使用 Windows 10 自带的磁盘检查程序检查磁盘中是否存在逻辑错误。当磁盘检查程序检查到逻辑错误时，还可以使用该程序修复逻辑错误。下面对 E 盘进行检查，其具体操作如下。

微课

检查磁盘

（1）双击"此电脑"图标，打开"此电脑"窗口，在需检查的磁盘 E 上单击鼠标右键，在弹出的快捷菜单中选择"属性"命令。

（2）打开"本地磁盘（E:）属性"对话框，切换到"工具"选项卡，单击"查错"栏中的 检查(C) 按钮，如图 12-11 所示。

（3）打开"错误检查（本地磁盘（E:））"对话框，选择"扫描驱动器"选项，如图 12-12 所示，程序将开始自动检查磁盘逻辑错误。

（4）扫描结束后，系统将打开提示对话框提示已成功扫描，单击 关闭(C) 按钮完成磁盘检查操作，如图 12-13 所示。

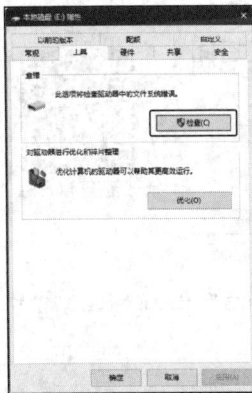

图 12-11　"本地磁盘（E:）属性"对话框

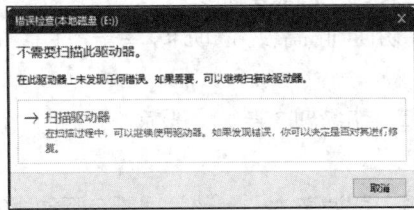

图 12-12　设置磁盘检查选项

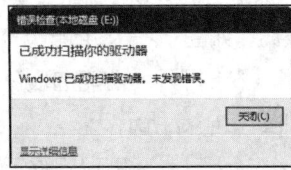

图 12-13　已成功扫描提示对话框

（五）关闭程序

在使用计算机的过程中，可能会遇到某个应用程序无法操作的情况，即程序无响应，此时通过正常的方法已无法关闭程序，程序也无法继续使用。在这种情况下，可以使用任务管理器关闭该程序。

下面使用任务管理器关闭程序，其具体操作如下。

（1）按"Ctrl+Shift+Esc"组合键，打开"任务管理器"窗口。

（2）默认显示"进程"选项卡，在"应用"栏中选择需要关闭的程序选项，单击 结束任务(E) 按钮关闭程序，如图 12-14 所示。

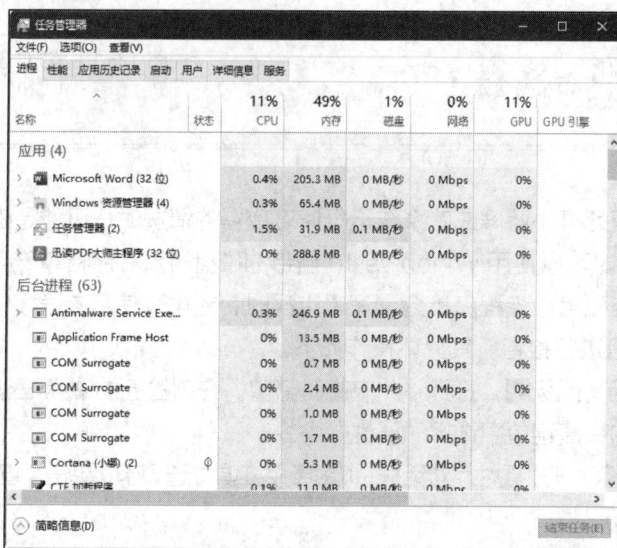

微课

关闭程序

图 12-14　关闭程序

（六）设置虚拟内存

计算机中的程序均需经由内存执行，若执行的程序占用内存过多，就会导致计算机运行缓慢甚至死机。通过设置 Windows 的虚拟内存，可将部分硬盘空间划分出来充当内存使用。下面为 C 盘设置虚拟内存，其具体操作如下。

微课

设置虚拟内存

（1）在"此电脑"图标 上单击鼠标右键，在弹出的快捷菜单中选择"属性"命令，打开"系统"窗口，单击左侧的"高级系统设置"超链接。

（2）打开"系统属性"对话框，切换到"高级"选项卡，单击"性能"栏的 设置(S)... 按钮，如图 12-15 所示。

（3）打开"性能选项"对话框，切换到"高级"选项卡，单击"虚拟内存"栏中的 更改(C)... 按钮，如图 12-16 所示。

（4）打开"虚拟内存"对话框，取消选中"自动管理所有驱动器的分页文件大小"复选框，在"每个驱动器的分页文件大小"栏中选择"C:"选项。选中"自定义大小"单选项，在"初始大小"

文本框中输入"1000"，在"最大值"文本框中输入"5000"，如图 12-17 所示，依次单击 设置(S) 按钮和 确定 按钮完成设置。

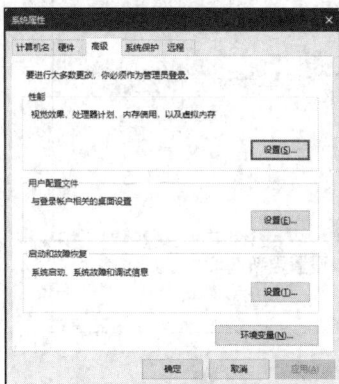

图 12-15 "系统属性"对话框

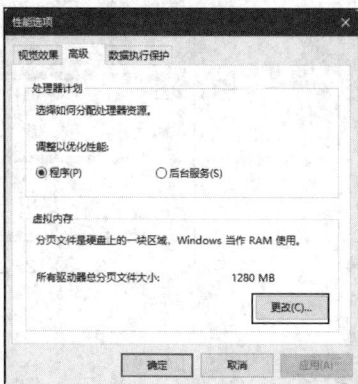

图 12-16 "性能选项"对话框

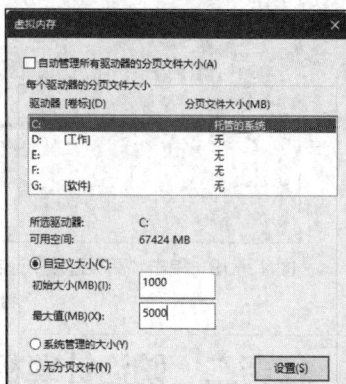

图 12-17 设置 C 盘虚拟内存

（七）管理自启动程序

在安装软件时，有些软件会自动设置为在计算机启动时一起启动，这种方式虽然方便了用户，但是如果随计算机启动的软件过多，开机速度会变慢，而且即使开机成功，也会消耗过多的内存。下面设置相关软件在开机时不自动启动，其具体操作如下。

（1）在任务栏中单击鼠标右键，在弹出的快捷菜单中选择"任务管理器"命令，打开"任务管理器"窗口。

（2）切换到"启动"选项卡，在列表框中选择不需要开机启动的软件，然后单击 禁用(A) 按钮，如图 12-18 所示。

微课
管理自启动程序

图 12-18 设置开机时不自动启动的程序

（八）设置系统自动更新

微软每隔一段时间都会发布系统的更新文件，以完善和加强系统功能。Windows 系统的更新功能可自动下载和安装更新文件，当然用户也可以手动检查和更新系统。下面设置系统自动更新，其具体操作如下。

（1）选择"开始"/"设置"命令，打开"设置"窗口，在其中单击"更新和安全"选项，在打开的界面中选择"Windows 更新"选项，打开"Windows 更新"窗口，单击"高级选项"超链接，如图 12-19 所示。

（2）在打开的"高级选项"界面中可设置系统更新的方式，如图 12-20 所示。

微课
自动更新系统

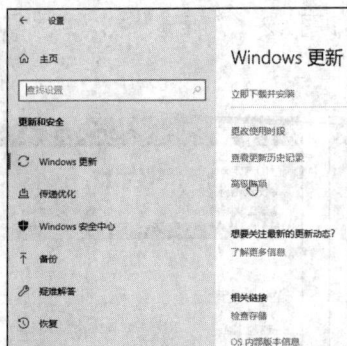

图 12-19　单击"高级选项"超链接

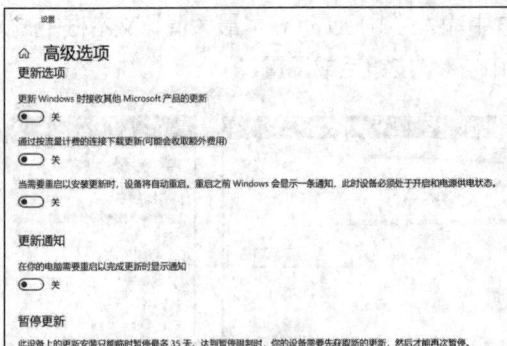

图 12-20　设置更新选项

任务二　防治计算机病毒

任务要求

通过前面的学习，肖磊对磁盘和系统的维护已经有了一定的认识，简单的问题也可以自行解决了，同时，他也明白了计算机中存储的文件非常重要，维护计算机的信息安全是非常重要的工作。肖磊工作时，很多事情都需要在网上处理，一方面，Internet 给了他一个广阔的空间，不但有很多资源可以共享，还可以拉近与朋友之间的距离；可是另一方面，Internet 也让计算机面临被攻击和被病毒感染的风险。如何在享受 Internet 带来的便利的同时让计算机不受到病毒的侵害，是肖磊面临的新问题。

本任务要求认识计算机病毒的特点和分类、计算机感染病毒的表现，以及计算机病毒的防治方法，然后通过实际操作，了解防治计算机病毒的各种途径，如启动 Windows 防火墙、使用第三方软件保护系统等。

相关知识

（一）计算机病毒的特点和分类

计算机病毒是一种具有破坏计算机功能或数据、影响计算机使用，并且能够自我复制和传播的计算机程序代码，它常常寄生于系统启动区、设备驱动程序以及一些可执行文件内，并能利用系统资源进行自我复制和传播。计算机感染病毒后会出现运行速度突然变慢、自动打开不知名的窗口或者对话框、突然死机、自动重启、无法启动应用程序和文件被损坏等情况。

1. 计算机病毒的特点

计算机病毒虽然是一种程序，但是和普通的计算机程序有很大的区别，计算机病毒通常具有以下特点。

- 传染性。计算机病毒具有极强的传染性，病毒一旦侵入，就会不断地自我复制，占据磁盘空间，寻找适合其传染的介质，向与该计算机联网的其他计算机传播，达到破坏数据的目的。
- 危害性。计算机病毒的危害性是显而易见的，计算机一旦感染上病毒，将会影响系统的正常运行，造成运行速度减慢、存储数据被破坏，甚至系统瘫痪等。

- 隐蔽性。计算机病毒具有很强的隐蔽性，它通常是一个没有文件名的程序，计算机感染上病毒一般是无法事先知道的，因此只有定期对计算机进行病毒扫描和查杀才能最大限度地减少病毒入侵。

- 潜伏性。当计算机系统或数据被病毒感染后，有些病毒并不立即发作，而是等达到引发病毒的条件（如到达发作的时间等）时才开始破坏系统。

- 诱惑性。计算机病毒会充分利用人们的好奇心理通过网络浏览或邮件等多种方式进行传播，所以一些看似免费或内容刺激的超链接不可贸然单击。

2. 计算机病毒的分类

计算机病毒从产生之日起到现在，发展了很多年，也产生了很多不同类型的病毒，总体说来，病毒的分类可根据病毒名称的前缀判断，主要有以下 9 种。

- 系统病毒。系统病毒是指可以感染 Windows 操作系统中扩展名为.exe 和.dll 的文件，并且可以通过这些文件进行传播的病毒，如 CIH 病毒。系统病毒的前缀名有 Win32、PE、Win95、W32 和 W95 等。

- 蠕虫病毒。蠕虫病毒通过网络或者系统漏洞传播，很多蠕虫病毒都有向外发送带毒邮件、阻塞网络的特性，如冲击波病毒和小邮差病毒。蠕虫病毒的前缀名为 Worm。

- 木马病毒、黑客病毒。二者通常一起出现，木马病毒负责入侵用户的计算机，即通过网络或者系统漏洞进入用户的系统，然后向外界泄露用户信息；而黑客病毒则通过该木马病毒来对用户的计算机进行远程控制。木马病毒的前缀名为 Trojan，黑客病毒的前缀名一般为 Hack。

- 脚本病毒。脚本病毒是使用脚本语言编写，通过网页传播的病毒，如红色代码（ Script. Redlof ）。脚本病毒的前缀名一般为 Script，有时还会有表明以何种脚本编写的前缀名，如 VBS、JS 等。

- 宏病毒。宏病毒主要用于感染 Office 系列文档，然后通过 Office 模板进行传播，如美丽莎（ Macro.Melissa ）。宏病毒也属于脚本病毒的一种，其前缀名为 Macro、Word、Word 97、Excel 和 Excel 97 等。

- 后门病毒。后门病毒通过网络传播找到系统，会给用户的计算机带来安全隐患。后门病毒的前缀名为 Backdoor。

- 病毒种植程序病毒。该病毒的特征是运行时从病毒体内释放出一个或几个新的病毒到系统目录下，由释放出来的新病毒进行破坏，如冰河播种者（ Dropper.BingHe2.2C ）、MSN 射手（ Dropper.Worm.Smibag ）等。病毒种植程序病毒的前缀名为 Dropper。

- 破坏性程序病毒。该病毒通过好看的图标来引诱用户单击，从而对用户的计算机进行破坏，如格式化 C 盘（ Harm.formatC.f ）、杀手命令（ Harm.Command.Killer ）等。破坏性程序病毒的前缀名为 Harm。

- 捆绑机病毒。该病毒使用特定的捆绑程序将病毒与应用程序捆绑起来，当用户运行这些程序时，表面上看只是运行了一个正常的应用程序，实际上同时还运行了捆绑在一起的病毒，从而给用户的计算机造成危害，如捆绑 QQ（ Binder.QQPass.QQBin ）、系统杀手（ Binder.killsys ）等。捆绑机病毒的前缀名为 Binder。

> **提示** 按寄生场所不同，计算机病毒可分为引导型病毒和文件型病毒两大类；按对计算机的破坏程度的不同，计算机病毒可分为良性病毒和恶性病毒两大类。

（二）计算机感染病毒的表现

计算机在感染病毒之后，不一定会立刻影响到其正常工作，这时可以通过计算机在运行方面的细微变化来判断计算机是否感染了病毒。计算机感染病毒后的症状很多，以下几种是最为常见的。

- 磁盘文件的数量无故增多。
- 计算机系统的内存空间明显变小，运行速度明显减慢。
- 文件的日期或时间被修改。
- 经常无缘无故地死机或重新启动。
- 丢失文件或文件被损坏。
- 打开某网页后弹出大量对话框。
- 文件无法正常读取、复制或打开。
- 以前能正常运行的软件经常发生内存不足的错误，甚至死机。
- 出现异常对话框，要求用户输入密码。
- 显示器屏幕出现花屏、奇怪的信息或图像。
- 浏览器自动链接到一些陌生的网站。
- 鼠标或键盘不受控制等。

（三）计算机病毒的防治方法

预防计算机病毒的侵害是保护计算机的主要方式，一旦计算机出现了感染病毒的症状，就要及时清除计算机病毒。

1. 预防计算机病毒

计算机病毒通常通过移动存储介质（如 U 盘、移动硬盘等）和计算机网络两大途径传播。对计算机病毒的防治，应以预防为主，堵塞病毒的传播途径。对计算机病毒的防治应遵循以下原则。

- 安装杀毒软件，并进行安全设置。及时升级杀毒软件的病毒库，开启病毒实时监控。
- 扫描系统漏洞，及时更新系统补丁。
- 下载文件、浏览网页时选择正规的网站。
- 禁用远程功能，关闭不需要的服务。
- 分类管理数据。
- 尽量使用具有查毒功能的电子邮箱，尽量不要打开陌生的、可疑的邮件。
- 关注目前流行的计算机病毒的感染途径、发作形式及防范方法，做到预先防范，感染后及时查毒，以避免更大的损失。
- 有效管理系统内创建的 Microsoft 账户、Guest 账户以及用户创建的账户，包括密码管理、权限管理等。

- 修改浏览器中与安全相关的设置。
- 在使用未经过病毒检测的文件、光盘、U 盘及移动存储设备前应先使用杀毒软件查毒。
- 按照反病毒软件的要求制作应急盘/急救盘/恢复盘，以便恢复系统时急用。
- 不要使用盗版软件。
- 有规律地备份文件，养成备份重要文件的习惯。
- 注意计算机有没有异常现象，发现可疑情况及时通报以获取帮助。
- 若硬盘资料已经遭到破坏，不必急着格式化，因为病毒不可能在短时间内破坏全部硬盘资料，可利用"灾后重建"程序加以分析和重建。

2. 清除计算机病毒

清除病毒的方法有用防病毒软件清除病毒、重载系统并格式化硬盘清除病毒和手动清除病毒 3 种。用防病毒软件检测和清除病毒是当前比较流行的方法，下面分别对这 3 种方法进行介绍。

- 用防病毒软件清除病毒。如果发现计算机感染了病毒，需要立即关闭计算机，因为如果继续使用则会使更多的文件感染。对于这种已经感染病毒的计算机，最好使用防病毒软件进行全面杀毒，此类软件都具有清除病毒并恢复原有文件内容的功能。杀毒后，被破坏的文件有可能恢复成正常的文件。对于未感染的文件，用户可以打开系统中防病毒软件的"系统监控"功能，从注册表、系统进程、内存、网络等多方面对各种操作进行主动防御。一般来说，使用防病毒软件是能清除病毒的，但考虑到病毒在正常模式下比较难清理，所以需要重新启动计算机，然后在安全模式下查杀。若遇到比较顽固的病毒可下载专杀工具来清除，再恶劣点的病毒则只能通过重装系统进行彻底清除。

- 重装系统并格式化硬盘清除病毒。对硬盘进行格式化会破坏硬盘上的所有数据，包括病毒，所以重装系统并对硬盘进行格式化是一种比较彻底的清除计算机病毒方法。但是，在格式化硬盘之前必须确定硬盘中的数据是否还需要保留，对于重要的文件要先做好备份工作。另外，一般是进行高级格式化，最好不要轻易进行低级格式化，因为低级格式化是一种损耗性操作，它对硬盘寿命有一定的负面影响。

- 手动清除病毒。手动清除计算机病毒对技术要求高，需要熟悉机器指令和操作系统，难度比较大，一般只能由专业人员操作。

任务实现

（一）启用 Windows 防火墙

防火墙是协助用户确保信息安全的硬件或者软件，使用防火墙可以过滤掉不安全的网络访问服务，提高上网安全性。Windows 10 提供了防火墙功能，用户应将其开启。

下面启用 Windows 10 的防火墙，其具体操作如下。

（1）选择"开始"/"设置"命令，打开"设置"窗口，在其中单击"更新和安全"选项，在打开的界面中选择"Windows 安全中心"选项，打开"Windows 安全中心"窗口，在右侧选择"防火墙和网络保护"选项。

（2）打开"防火墙和网络保护"界面，单击需要设置的网络超链接，这里单击"公用网络"超

微课

启用 Windows
防火墙

链接，如图 12-21 所示。

（3）在打开的界面中将"Windows Defender 防火墙"设置为"开"，如图 12-22 所示。

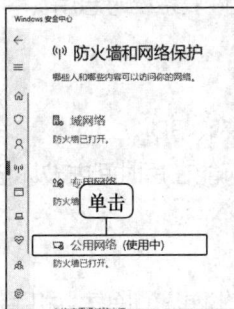

图 12-21　单击超链接

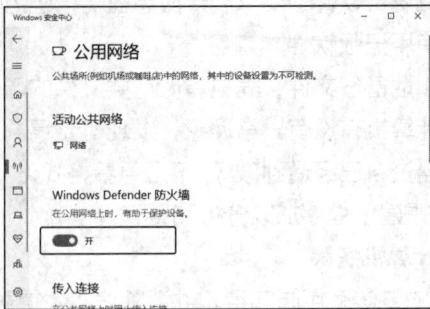

图 12-22　开启 Windows 防火墙

（二）使用第三方软件保护系统

对普通用户而言，防范计算机病毒、保护计算机最有效、最直接的措施是使用第三方软件。一般使用两类软件可满足用户保护计算机的需求，一是安全管理软件，如 QQ 电脑管家、360 安全卫士等；二是杀毒软件，如 360 杀毒和百度杀毒等。

各种杀毒软件的使用方法类似，下面以 360 杀毒软件为例介绍如何使用杀毒软件，方法是：使用 360 杀毒软件快速扫描计算机中的文件，然后清理有威胁的文件；接着在 360 安全卫士（旗舰版）软件中对计算机进行体检，修复后再扫描计算机，检查计算机中是否存在木马病毒。其具体操作如下。

微课

使用第三方软件
保护系统

（1）安装 360 杀毒软件后，在启动计算机的同时就会默认自动启动该软件，其图标在状态栏右侧的通知栏中显示，单击"360 杀毒"图标 。

（2）打开 360 杀毒工作界面，选择扫描方式，这里单击"快速扫描"选项，如图 12-23 所示。

（3）程序开始扫描指定位置的文件，将疑似病毒的文件和对系统有威胁的文件都扫描出来，并显示在打开的界面中，如图 12-24 所示。

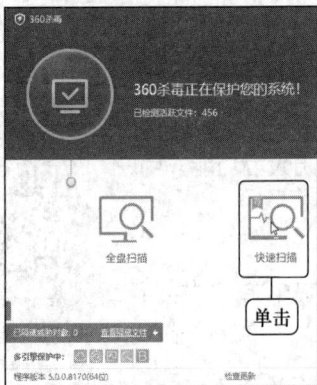

图 12-23　选择扫描方式

图 12-24　扫描文件

（4）扫描完成后，选中要清理的文件前的复选框，单击 立即处理 按钮，如图 12-25 所示，在打开的提示对话框中单击 确认 按钮确认清理文件。清理完成后，打开的对话框提示本次扫描和清理文件的结果，并提示需要重新启动计算机，单击 立即重启 按钮。

（5）单击状态栏中的"360 安全卫士"图标 ，启动 360 安全卫士并打开其工作界面，单击中间的 立即体检 按钮，如图 12-26 所示，软件将会自动运行并扫描计算机中的各个位置。

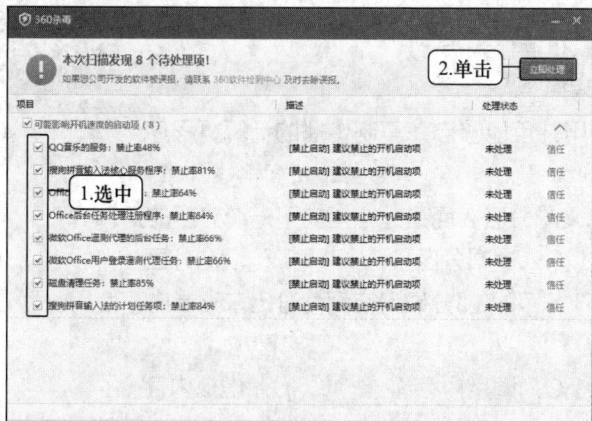

图 12-25　清理文件

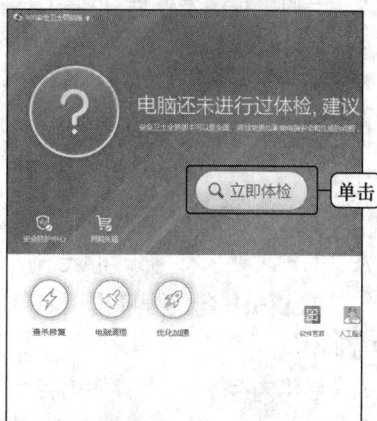

图 12-26　立即体检

（6）360 安全卫士将检测到的不安全的选项列在窗口中，单击 一键修复 按钮，对其进行修复，如图 12-27 所示。

图 12-27　修复系统

（7）返回 360 安全卫士工作界面，单击左下角的"查杀修复"按钮 ，在打开的界面中单击"快速扫描"按钮 ，开始扫描计算机中的文件，查看其中是否存在木马文件，如存在，则根据提示单击相应的按钮进行清除。

> **提示** 在使用杀毒软件杀毒时，用户若怀疑某个位置可能有病毒，可只针对该位置查杀病毒，方法是：在软件工作界面中单击"自定义扫描"按钮 ，打开"选择扫描目录"对话框，选中需要扫描的文件前的复选框，单击 扫描 按钮。

课后练习

1. 选择题

（1）下列关于计算机病毒的说法中，正确的是（　　）。

A. 计算机病毒发作后，将对计算机硬件造成损坏

B. 计算机病毒可通过计算机传染计算机操作人员

C. 计算机病毒是一种有编写错误的程序

D. 计算机病毒是一种影响计算机使用并且能够自我复制传播的计算机程序代码

查看项目十二
答案与解析

（2）硬盘的（　　）不是一个实际意义的分区，而是一个指向下一个分区的指针。

A. 主分区　　　　　B. 扩展分区　　　　C. 逻辑分区　　　　　D. 活动分区

（3）计算机执行的程序占用内存过多时，可将部分硬盘空间划分出来充当内存使用，划分出来的内存叫作（　　）。

A. 借用内存　　　　B. 假内存　　　　　C. 调用内存　　　　　D. 虚拟内存

（4）（　　）是木马病毒名称的前缀。

A. Worm　　　　　B. Script　　　　　C. Trojan　　　　　D. Dropper

2. 操作题

（1）清理 C 盘中的无用文件，然后整理 D 盘的磁盘碎片。

（2）设置虚拟内存的"初始大小"为"2000"，"最大值"为"7000"。

（3）开启计算机的自动更新功能。

（4）扫描 F 盘中的文件，如有病毒则将其清理。

（5）使用 360 安全卫士对计算机进行体检，修复有问题的部分。